Stromversorgung ohne Stress

Band 4

Entwurf und Bau von linearen Stromversorgungssystemen

für kleine und große Leistungen

Grundlagen, technische Details, Fallstricke, Tipps und Tricks

Franz Peter Zantis

1. Auflage 2024

ISBN 978-3-89576-616-9 Print
ISBN 978-3-89576-617-6 eBook

Satz und Aufmachung: D-Vision, Julian van den Berg | Oss (NL)
Druck: Ipskamp Printing, Enschede (NL)

Elektor Verlag GmbH, Aachen
www.elektor.de

Inhaltsverzeichnis

Vorwort

Mittlerweile gibt es fast nur noch Schaltnetzteile. Diese sind leicht und billig herzustellen und sie verursachen vergleichsweise wenig Wärme. Aber nicht für alle Einsatzzwecke sind Schaltnetzteile die beste Wahl, denn sie rauschen und stören. Das gilt primär für die vom Netzteil gelieferte Versorgungsspannung selbst. Aber es gilt auch für die Umgebung. Ursache sind durch den Schaltbetrieb quasi als Nebenprodukt erzeugte Hochfrequenzschwingungen, die über parasitäre (oder vorgesehene) Kapazitäten das Schaltnetzteil verlassen und in die Netzleitung und die Umgebung strahlen.

Hier im Physikalischen Institut III der RWTH geht es um die Erfassung sehr schwacher Signale von atomaren Teilchen. Jedes auch noch so geringe Rauschen stört - deshalb müssen wir hier lineare Netzteile einsetzen. Diese liefern Gleichspannungen von höchster Qualität. Nur die aus Batterien oder Akkumulatoren kommende Spannung ist noch sauberer bzw. rauschärmer.

Auch die Funkamateure sind über Schaltnetzteile nicht begeistert. Häufig stören diese den Funkbetrieb. Funker lieben saubere Gleichspannungen ohne Brumm und Störung.

Aber auch jenseits der superempfindlichen Anwendungen sind lineare Netzteile nicht nachteilig. Verwendet man lineare Netzteile muss man sich grundsätzlich über Brumm und Rauschen wenig Sorgen machen. Auch der Aufbau ist im Vergleich zu Schaltnetzteile unkritisch. Wenn man überhaupt von Nachteilen bei linearen Netzteilen sprechen kann wäre nur das höhere Gewicht zu nennen. Die erhöhte Abwärme ist bei genauer Betrachtung, zumindest in Gebieten mit fast ganzjährigem Heizbedarf, kein Nachteil. Die Heizungen haben alle Thermostate und was das lineare Netzteil an Wärme abgibt spart die Heizung ganz automatisch an z.B. Gas. Betrachtet man nun noch, dass elektrische Energie zu einem großen Teil aus Sonne und Wind entsteht, stellt die Abwärme der linearen Netzteile in Innenräumen ein umweltbewusster und klimafreundlicher Nebeneffekt dar. Es wird also höchste Zeit für die Renaissance der linearen Stromversorgungen.

Neben diesen grundsätzlichen Vorteilen sind lineare Stromversorgungen auch einfach zu verstehen, können aus Standard-Bauteilen aufgebaut werden, sind leicht zu modifizieren und reparaturfähig und damit nachhaltig.

In diesem Buch geht es um den Entwurf und den Bau von linearen Stromversorgungssystemen für kleine und große Leistungen. Aber auch Randthemen wie die lineare Steuerung von Verbrauchern und Kompromissen aus Kombinationen von Schaltnetzteil und linearem Netzteil oder Hilfsschaltungen wie lineare Lasten sind Bestandteil des Buches. ... Und bei dieser Gelegenheit gibt es ausreichend Raum für die Besprechung der Grundlagen, der technischen Details, der Fallstricke und der Tricks und Tipps.

Um Fragen vorzugreifen: Die Schaltungen und Layouts sowie die Frontplatten habe ich mit dem Programm „Target" der Firma IBF aus Eichenzell erstellt. Die Mikrocontroller habe ich mit Hilfe der Freeware „CodeComposer" von Texas Instruments programmiert. Für die Texterstellung und Kalkulationen verwendete ich „Libre Office". Für praktische Aufbauten/

Arbeiten nutze ich eine Lötstation von „StarTec“ aus Bremen.

Alsdorf, im November 2023
Franz Peter Zantis

1 • Ungeregelte lineare Stromversorgungen

Bei linearen Stromversorgungen gibt es im Leistungskreis – also zwischen Energiequelle und Verbraucher - keine Schaltvorgänge. Eingang und Ausgang sind über Widerstände miteinander verbunden. Diese können variabel sein, um eine einstellbare Ausgangsspannung zu erhalten, sie können auch unsichtbar sein, weil sie nur parasitär sind.

Lineare Stromversorgungen haben generelle Vorteile: Die Ausgangsspannung ist vergleichsweise rauscharm, ihre Restwelligkeit ist leicht beherrschbar und kann sehr klein sein. Bei konsequenter Umsetzung mit einem Transformator als Spannungsumsetzer am Eingang wird im Netz keine Blindleistung erzeugt. Wegen der einfachen Bauweise ist die Ausfallwahrscheinlichkeit, verglichen mit schaltenden Stromversorgungen, deutlich geringer.

Im einfachsten Fall besteht ein lineares Stromversorgungsgerät aus einem Netztransformator, einem Gleichrichter und einer Siebung bestehend aus einem RC- oder LC-Glied (Bild 1.1). Der Netztransformator bildet eine galvanische Trennung zwischen Primär- und Sekundärseite. An der Primärseite liegt die Wechselspannung des Versorgungsnetzes an (in Europa *230 V~ / 50 Hz*). Die Spannung auf der Sekundärseite ist zur Versorgung von Transistorschaltungen meistens eine Kleinspannung in der Größe zwischen *3 V* und *24 V*. Zur Versorgung von Röhrenschaltungen liegt die Ausgangsspannung typischerweise im Bereich *200 V* bis *500 V*.

Die absolute Ausgangsspannung $U_A = U_{C1}$ in der Schaltung nach Bild 1.1 ist nicht stabil, denn sie ist ungeregelt. Wie stark sie in Abhängigkeit von der Belastung schwankt, hängt von der Dimensionierung der Bauteile ab und natürlich von der Belastung. Ungeachtet dessen kann die Qualität der erzeugten Gleichspannung sehr gut sein. Details dazu im „Intermezzo"-Abschnitt 1.1.

Die höchste Ausgangsspannung ergibt sich, wenn die Quelle nicht belastet wird. Sie ist dann für die Einwegschaltung (Bild 1.1 oben)

$$\hat{U}_A = \hat{U}_{C1} = U_N \cdot F \cdot \sqrt{2} - U_F \qquad \{1.1\}$$

U_N = sekundäre Nennspannung des Transformators
F = Verhältnis *Uleer/Ulast*; abhängig vom Transformatortyp; siehe [1]
U_F = Schleusenspannung (Forward Voltage) der Gleichrichterdiode

und für die Zweiwegschaltung (Bild 1.1 unten)

$$\hat{U}_A = \hat{U}_{C1} = U_N \cdot F \cdot \sqrt{2} - 2 \cdot U_F \qquad \{1.2\}$$

Fließt der Nennstrom des Transformators, sinkt die Ausgangsspannung auf den Nennwert, abzüglich der Schleusenspannung der Dioden.

Es gibt genügend Anwendungen, bei denen diese Spannungsschwankung keine Rolle spielt. Zum Beispiel, wenn ein Verbraucher versorgt wird, der die auftretenden Spannungsschwankungen toleriert oder der immer den gleichen Strom aufnimmt. Häufig wird die Spule bzw. der Widerstand, der anstelle der Spule benutzt wird, einfach weggelassen. Die Restwelligkeit der Ausgangsspannung ist dann größer. Auch die Ströme, die während der Leitphase der Diode fließen erreichen dann größere Scheitelwerte. Sie sind dann nur noch vom Innenwiderstand des Transformators und der Gleichrichterdiode begrenzt.

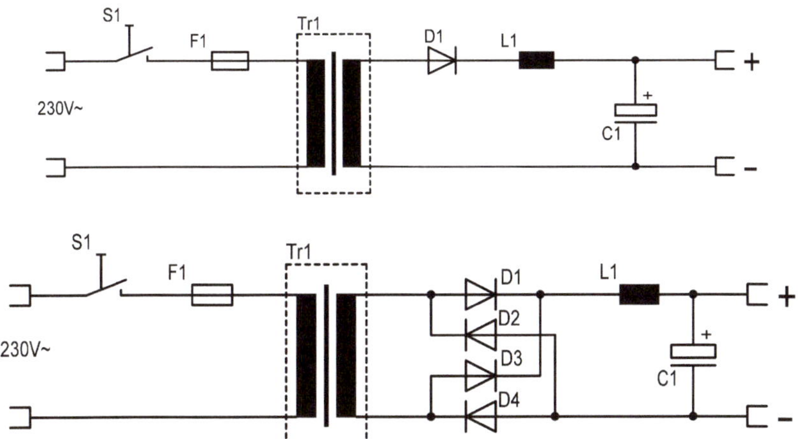

Bild 1.1: Einfachste Variante einer linearen Stromversorgung mit Einweggleichrichtung (oben) und Zweiweggleichrichter (unten).

1.1 Intermezzo: Absolute Spannung und Spannungsqualität

Eingangs habe ich von absoluter Spannung und der Qualität der Gleichspannung geschrieben. Mit absoluter Spannung meine ich den Wert der tatsächlichen Gleichspannung, d.h. den Wert, den man mit einem Gleichspannungsmessgerät (z.B. mit einem analogen Drehspulinstrument oder einem digitalen RMS-Messgerät; RMS: Root Mean Square) messen würde. Kleine überlagerte Wechselanteile werden dabei „weggemittelt". Man nennt diesen Teil auch DC-Wert oder Gleichspannungswert (DC: Direct Current).

Mit der Qualität einer Gleichspannung meine ich allerdings deren Reinheit. Eine „reine" Gleichspannung hat keinen Wechselanteil. Nur Batterien und Akkumulatoren können diese liefern. Wird die Gleichspannung aus dem 50 Hz-Versorgungsnetz gewonnen sind mindestens *50 Hz*- und/oder *100 Hz*-Wechselanteile der Gleichspannung überlagert. Es bedarf viel Aufwand hinsichtlich der Bauteile und des Designs, damit diese Wechselanteile vernachlässigbar klein sind. Den Wechselanteil einer Gleichspannung kann man im einfachsten Fall messen, indem man sein Multimeter auf „AC" schaltet (AC: Alternating Current). Dann wird nur der Wechselanteil angezeigt. Zu beachten ist dabei, dass die meisten verbreiteten digitalen Multimeter im Wechselspannungsbereich nur bis zu einer Frequenz von vielleicht *400 .... 800 Hz* messen können. Am besten misst man den Wechselspannungsanteile deshalb mit einem Oszilloskop.

Bei ungeregelten Stromversorgungen können die Wechselanteile mit relativ wenig Aufwand klein gehalten werden. Der absolute Spannungswert ist dabei nicht stabil, sondern er verändert sich mit der Belastung oder auch mit Schwankungen der Netzwechselspannung. Diese Schwankungen sind typischerweise langsam und nicht periodisch.

Bei Stromversorgungen, die eine Regelschaltung enthalten, wird die Ausgangsspannung absolut konstant gehalten. Dazu sind ständig Ausgleichsvorgänge durch die Regelschaltung erforderlich. Dies verursacht zusätzliche Wechselanteile auf der Gleichspannung. Um diese vernachlässigbar klein zu halten muss viel Aufwand getrieben werden.

Besonders viele Wechselanteile findet man in der Ausgangsspannung von Schaltnetzteilen. Die internen, hohen Schaltströme verursachen viele und besonders hochfrequente Wechselanteile, die der Gleichspannung am Ausgang überlagert sind und nur schwer, wenn überhaupt, wieder herauszufiltern sind. Diese hochfrequenten Wechselanteile gelangen nicht nur durch die Schaltung zum Ausgang, sondern werden auch abgestrahlt oder gelangen über parasitäre Kapazitäten in das Versorgungsnetz.

1.2 Siebglieder

In [1] bin ich auf die Einweg- und Zweiweggleichrichtung eingegangen. Auf die Möglichkeit von LC- oder RC-Kombinationen zur Filterung habe ich lediglich hingewiesen. Ich möchte hier die Details nachholen.

Wie erwähnt ist die Netzfrequenz f in Europa *50 Hz*. Nach dem Gleichrichter erhält man ohne Siebglied Sinushalbschwingungen. Beim Einweggleichrichter mit einer Periodizität von *20 ms*; entsprechend *50 Hz*. Beim Zweiweggleichrichter mit einer Periodizität von *10 ms*; entsprechend *100 Hz*. Die von einer Gleichrichterschaltung erzeugte Gleichspannung beinhaltet also einen Wechselanteil. Im vorliegenden Fall ist es die Grundschwingung und geradzahlige Oberwellen (entnommen aus [5]). Bei der Einweggleichrichtung sind also Frequenzanteile von *50 Hz*, *100 Hz*, *200 Hz*, *300 Hz*, *400 Hz*, etc. enthalten.
Bei Zweiweggleichrichtung entstehen hingegen die Frequenzen 100 Hz, 200 Hz, 400 Hz, 600 Hz, etc.
Diese Frequenzen werden auch Brummfrequenzen genannt, da sie sich bei der Anwendung in Audioschaltungen wie Rundfunkgeräte oder Musikverstärker als Brummen bemerkbar machen.
Die Amplituden der Wechselspannungsanteile sinken mit der Frequenz.
Zur Unterdrückung dieser Wechselanteile kann man Filter zum Glätten, bestehend aus einer Spule und einem Kondensator verwenden. Diese Kombination ist zur Versorgung von Röhrenschaltungen üblich. Bei Geräten der Halbleitertechnik wird die Spule fast immer weggelassen. Bei kleinen Leistungen wird hinter dem Ladekondensator ein Linearregler eingesetzt. In diesem Kapitel geht es jedoch um Spannungsversorgungen ohne Linearregler.

Gedanklich kann man die Glättungskombination (das Siebglied) bestehend aus L1 und C1 im Bild 1.1 vereinfachen. Dies geschieht wie im Bild 1.2 gezeigt, durch zwei Widerstände, die als Spannungsteiler verschaltet sind. Die Widerstände müssen folgende Eigenschaften aufweisen:

R1 muss für die Wechselspannung der auftretenden Brummfrequenzen einen möglichst hohen Widerstand und für die Gleichspannung einen möglichst geringen Widerstand haben. R2 muss umgekehrt für Gleichspannung einen sehr hohen und für die Wechselspannung der Brummfrequenz einen möglichst geringen Widerstand aufweisen.
Die Bedingung für R1 wird durch eine Induktivität, die Bedingung für R2 durch eine Kapazität am besten erfüllt. Für die Induktivität wurden früher Eisendrosseln verwendet, die mit einem Luftspalt versehen sind, damit der Induktivitätswert bei einer Änderung des hindurchfließenden Gleichstroms nicht zu stark variiert. Der ohmsche Widerstand dieser Drossel soll klein sein, denn er erhöht den Innenwiderstand der entstehenden Spannungsquelle und es entsteht in ihm Wärme.

Trotzdem kann es in manchen Fällen sogar sinnvoll sein, die Spule ganz durch einen ohmschen Widerstand zu ersetzen.

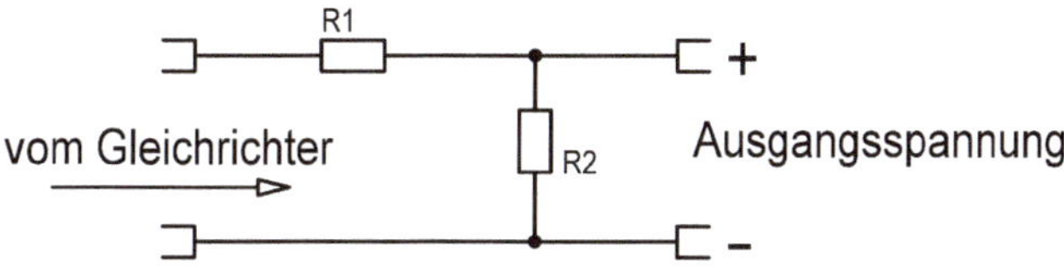

Bild 1.2: Ersatzschaltung zum Bild 1.1.

Das Verhältnis der Spannung vor dem Filter zu der Brummspannung hinter dem Filter ist der Siebfaktor *S*. Die Anordnung stellt einen Spannungsteiler dar, der aus den Blindwiderständen des Kondensators und der Spule gebildet wird.

1.2.1 Siebung mit LC-Glied

Hier wird der Widerstand R1 aus Bild 1.2 durch eine Spule ersetzt und der Widerstand R2 durch einen Kondensator. Damit wird R1 durch X_L und R2 durch X_C *ersetzt*. Vereinfacht kann man schreiben:

$$X_L = \omega \cdot L \qquad \{1.3\}$$

$$X_C = \frac{1}{\omega \cdot C} \qquad \{1.4\}$$

mit

C = Kapazität des Kondensators in Farad
L = Induktivität der Drossel in Henry
$\omega = 2 \cdot \pi \cdot f$
f = Brummfrequenz in *Hz*

Wird die Eingangsspannung *u1* genannt und die Ausgangsspannung *u2*, kann folgender Ansatz gemacht werden:

$$S=\frac{u_1}{u_2}=\frac{X_L+X_C}{X_C}=\frac{\omega\cdot L+\frac{1}{\omega\cdot C}}{\frac{1}{\omega\cdot C}} \qquad \{1.5\}$$

Dabei muss die Kombination aus Spule und Kondensator als Tiefpassfilter wirken (siehe [6]). Die sich aus der Zusammenschaltung von Spule und Kondensator ergebende Resonanzfrequenz muss also weit unterhalb der tiefsten auszusiebenden Frequenz liegen. Andernfalls ergibt sich eine Spannungsüberhöhung an *C*. Anstelle der Brummunterdrückung wäre dann eine Brummerhöhung festzustellen. Bei $f_0 << f$ ist $X_L >> X_C$ und man kann X_C im Zähler der Gleichung {1.5} vernachlässigen. Damit ergibt sich:

$$S\approx\frac{\omega\cdot L}{\frac{1}{\omega\cdot C}}=\omega^2\cdot L\cdot C \qquad \{1.6\}$$

Bei dieser Rechnung sind sowohl die Verluste (der ohmsche Widerstandsanteil der Spule) als auch die Dämpfung durch den angeschlossenen Verbraucher nicht berücksichtigt. Unter diesen Voraussetzungen ergeben sich für die angegebenen Brummfrequenzen Siebfaktoren wie in der Tabelle 1.1 aufgeführt.

f	50 Hz	100 Hz	200 Hz	300 Hz	500 Hz
S ≈	0,1 · LC	0,4 · LC	1,6 · LC	3,6 · LC	10 · LC

Tabelle 1.1: Siebfaktoren für L in H und C in µF.

Die Siebglieder lassen sich hintereinander schalten. Der resultierende Siebfaktor ist dann gleich dem Produkt der Siebfaktoren der Einzelglieder.

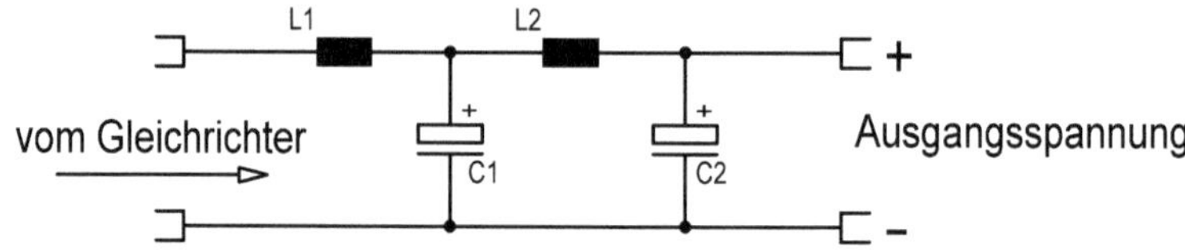

Bild 1.3: Reihenschaltung von LC-Filtern.

Bei einem vorgegebenen Betrag von L und C ist die wirkungsvollste Art der Aufteilung diejenige, bei der *L* und *C* in den Filterabschnitten gleich groß gemacht werden. Im Bild 1.4 ist dazu ein Beispiel gerechnet. Vorgegeben ist eine Induktivität von *20 H* und eine Kapazität von *32 µF*. Bei der Aufteilung 1. erhält man einen Siebfaktor von *K = 144* bei *50 Hz*. Bei der Aufteilung 2. ist der Siebfaktor maximal weil *L* und *C* in den beiden Filtern die gleiche Größe haben.

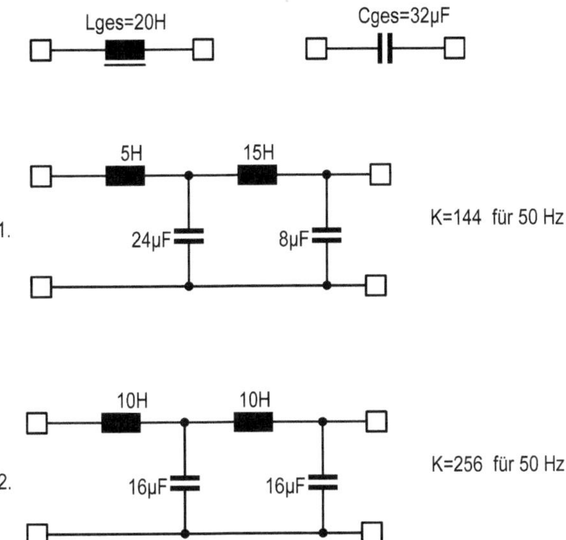

Bild 1.4: Auswirkung der Dimensionierung bei der Reihenschaltung von LC-Filtern.

Grundsätzlich ist es gleichgültig, ob die Siebdrossel im positiven oder im negativen Zweig liegt. Es ist jedoch davon abzuraten, sie in diejenige Leitung zu legen, die geerdet wird bzw. den Bezug (GND, Ground) darstellt. Das ist meistens (aber nicht immer) der negative Zweig.

Zur Dimensionierung der Drosselspule geht man davon aus, dass der von der Brummspannung erzeugte Brummstrom durch die Reihenschaltung von $\omega \cdot L$ (Scheinwiderstand der Drossel) und R (Verbraucherwiderstand) gegenüber dem von der Gleichspannung erzeugte Gleichstrom U_{gl} durch R klein bleiben muss.

$$\frac{\omega \cdot L}{R} \geq \frac{u_{Br}}{U_{gl}} \qquad \{1.7\}$$

Das ergibt einen Mindestwert für die Pufferinduktivität von

$$L \geq \frac{u_{Br} \cdot R}{2 \cdot \pi \cdot f_{Br} \cdot U_{gl}} \qquad \{1.8\}$$

Es genügt, wenn man nur die Grundschwingung der Brummspannung berücksichtigt, deren Spitzenwert das 0,667fache der Gleichspannung beträgt. Die Frequenz der Grundschwingung ist bei Zweiweggleichrichtung das doppelte der Netzfrequenz – also *100 Hz*. Damit ergibt sich

$$L[H] \geq 1{,}06 \cdot \frac{R}{[k\Omega]}$$

Dabei ist R der Gesamtwiderstand, also der Verbraucherwiderstand und der Innenwiderstand der Gleichrichter, des Transformators und der Siebkette. Man gibt R in $k\Omega$ an. Alleine daran erkennt man schon, dass der Einsatz von Drosselspulen nur bei kleinen Strömen wirklich sinnvoll ist - wie sie z.B. bei Röhrenschaltungen vorkommen.

1.2.2 Siebung mit RC-Glied

Wenn der entstehende Spannungsabfall nicht stört, kann die Spule durch einen ohmschen Widerstand ersetzt werden. Das ist bei kleinen Verbraucherströmen der Fall. Auch hier liegt eine Spannungsteilerschaltung vor. Für den Siebfaktor gilt dann:

$$S=\frac{u_1}{u_2}=\frac{R+\frac{1}{\omega\cdot C}}{\frac{1}{\omega\cdot C}}=\frac{R}{\frac{1}{\omega\cdot C}}+1=\omega\cdot C\cdot R+1$$

Der Siebfaktor steigt mit der Frequenz nicht mehr quadratisch, sondern linear. Die Oberschwingungen werden also weniger unterdrückt wie beim LC-Filter. Die Wirkung der RC-Filterung ist in der Tabelle 1.2 dokumentiert. Man beachte, dass dort der Widerstand in $k\Omega$ berücksichtigt ist. Diese Art der Filterung ist nur für kleine Ströme sinnvoll. Weiterhin ist zu beachten, dass der eingesetzte Widerstand die entstehende Verlustleistung verkraften muss. Für die Auswahl des Widerstandes geht man am besten aus von der bekannten Formel *(zum Beispiel aus [4]):*

$$P = I^2 \cdot R$$

mit I in Ampere und R in Ω

f	50 Hz	100 Hz	200 Hz	300 Hz	500 Hz
S ≈	0,3 · RC	0,6 · RC	1,3 · RC	1,9 · LC	10 · LC

Tabelle 1.2: Siebfaktoren für R in kΩ und C in µF.

1.3 Netzteil für die Not-Nachladung eines Solarakkumulators

Im Folgenden beschreibe ich ein Beispiel für den Einsatz eines ungeregelten Netzteils.

$LiFePO_4$-Akkumulatoren werden häufig als Speicher für Solarenergie im Inselbetrieb eingesetzt. Diese Art Akkumulator haben immer ein BMS (Batterie Management System) integriert. Es soll dafür sorgen, dass die einzelnen Zellen, die im Akkumulator sind, gleichmäßig aufgeladen werden. Weiterhin schaltet das BMS den Akkumulator hochohmig, wenn es der Ansicht ist, dass er vollständig geladen oder vollständig entladen ist. Genau hier liegen große Probleme. Sobald das BMS entscheidet, der Akkumulator ist leer, wird er vom Laderegler nicht mehr erkannt. Damit ist der Laderegler außer Betrieb gesetzt. Um die Anlage wieder in Gang zu setzen, muss der Laderegler vom Akkumulator getrennt werden. Auch die Solarzellen sind vom Laderegler zu trennen. Dann muss der Akkumulator mit einem externen, netzbetriebenen Ladegerät etwas aufgeladen werden. Erst wenn die Spannung am Akkumulator wieder stabil ansteht, darf er wieder an den Laderegler angeschlossen werden. Im letzten Schritt werden die Solarzellen wieder mit dem Laderegler verbunden.

Vor allem in den Wintermonaten November und Dezember wird von der Sonne vergleichsweise sehr wenig Energie geliefert [7]. Im konkreten Fall reichte die erfasste Sonnenenergie in diesen Monaten oftmals für den Betrieb nicht aus. Der oben beschriebene Vorgang ist deshalb öfter aufgetreten.

Damit das nicht mehr passiert habe ich eine Not-Nachladung eingerichtet . Diese wird zugeschaltet, wenn der Akkumulator fast leer ist. Sie liefert dem Laderegler ersatzweise Energie aus einer anderen Energiequelle und verhindert so das Abschalten des Akkumulators durch das BMS.

Im vorliegenden Fall wurde das Versorgungsnetz als Notspeisung gewählt. Dazu war ein Netzteil notwendig. Das Netzteil ist auf der Eingangsseite mit dem 230V-Versorgungsnetz verbunden und liefert auf der Ausgangsseite eine ähnlich hohe Gleichspannung, wie sie auch typischerweise von den Solarpaneelen geliefert wird. Sofern die Solarpaneele bereits Dioden eingebaut haben, kann man den Ausgang des Netzteils direkt parallel anklemmen. Ansonsten muss in die Leitung der Solarpaneele eine (Schottky-) Diode eingefügt werden. Damit wird verhindert, dass Strom aus dem Netzteil in die Solarpaneele hineinfließt.

Für den Laderegler macht es keinen Unterschied, ob die Energie von den Solarpaneelen kommt oder vom zusätzlich angeschlossenen Netzteil. Das Netzteil muss deshalb auch keine konstante Spannung liefern. Es reicht ein einfaches, ungeregeltes Netzteil bestehend aus Transformator, Gleichrichter und Glättungskondensator. Im Bild 1.5 ist die Anordnung des Netzteils innerhalb der Solaranlage ersichtlich.

Die Spannungsfestigkeit der Schottky-Diode ist zu beachten. Sie muss die maximal vorkommende Spannung, die vom Netzteil kommt, sperren und den Kurzschlussstrom der Solarpaneele tragen.

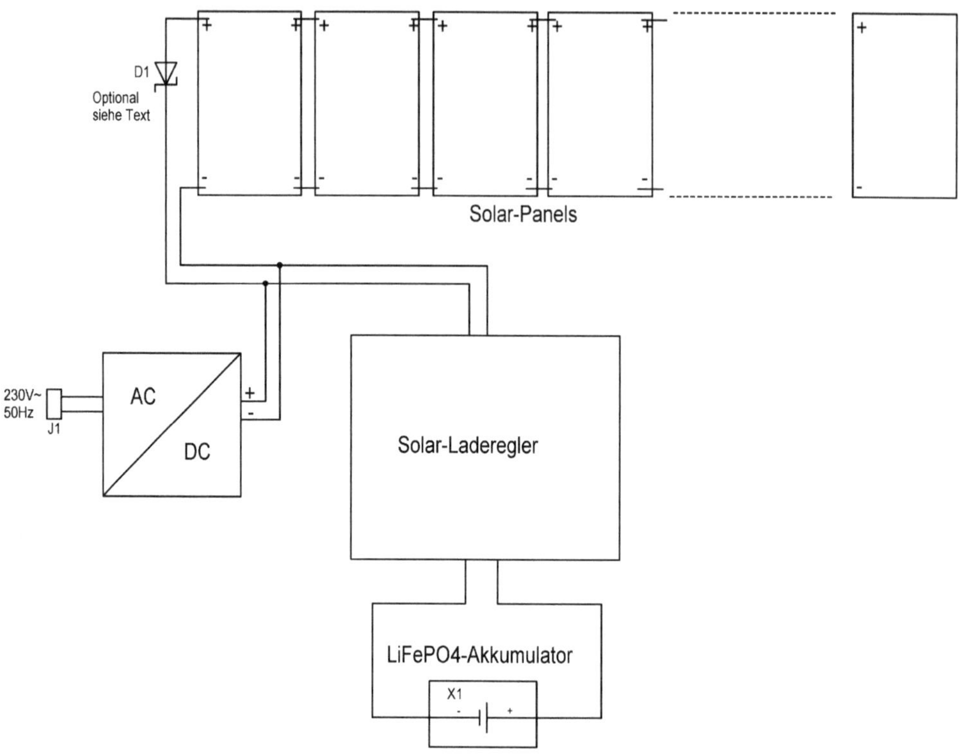

Bild 1.5: Anordnung eines einfachen Netzteils (AC/DC) für die Notladung innerhalb einer Solaranlage.

Im Bild 1.6 ist das Schaltbild des Netzteils zu sehen. Es entspricht der Schaltung aus Bild 1.1 unten, wobei auf die Spule L1 verzichtet wurde. Die Dimensionierung ist nicht schwierig, da die Solarregler dafür ausgelegt sind einen großen Eingangsspannungsbereich zu akzeptieren und in nutzbare Energie zum Laden der Solarbatterie zu wandeln. Die vom Netzteil ausgegebene Spannung muss lediglich im Bereich der Spannung liegen, die von den Solarpaneelen typischerweise geliefert wird. Bei trübem Wetter wird die Spannung klein sein und bei orthogonaler Sonneneinstrahlung wird sie ihr Maximum erreichen. Die vom Notlade-Netzteil gelieferte Spannung sollte unbedingt frei von Wechselanteilen sein. Die Solarpaneele liefern eine saubere Gleichspannung, wofür der Laderegler ausgelegt ist. Was passiert, wenn man eine Gleichspannung mit großem Wechselanteil an den Laderegler anschließt, ist unbekannt (in der Regel auch bei den Herstellern selbst).

In meinem Fall habe ich zum Bau des Netzteiles auf in meiner Werkstatt herumliegende Bauteile zurückgegriffen. Ein Ringkerntransformator mit einer sekundären Nennausgangsspannung von *24 V* bei einer Leistung von *100 VA*, ein Gleichrichter der Deutschen Firma Herrmann Typ KS20-B30/25 sowie ein Elektrolytkondensator mit *35000 µF/40 V*. Der Gleichrichter ist für eine Sperrspannung von *100 V* und einem Dauerstrom von *11 A* ausgelegt und damit für die vorgestellte Anwendung sehr gut geeignet.

Aus [1, Seite 99] kann man ersehen, dass die Leerlaufspannung von Ringkerntransformatoren mit einer Nennleistung von *100 VA* im Schnitt um den Faktor *1,1 höher liegt als die Nennspannung* U_N. Die maximale, am Elektrolytkondensator im Leerlauf messbare Spannung ist dann gemäß {1.2}:

$$\hat{U} = 24\,V \cdot 1{,}1 \cdot \sqrt{2} - 2 \cdot 0{,}7\,V \approx 35{,}94\,V$$

U_F ist dabei die Durchlassspannung der Gleichrichterdioden, die man mit *0,7 V* pro Diode ansetzen kann.

Wichtig ist, dass Gleichrichter und Kondensator für die maximale Spannung ausgelegt sind, welche die Solarpaneele bei direkter Sonnenbestrahlung liefern. Bei meinem in [7] beschrieben Solarsystem habe ich am Eingang des Solarreglers noch nie höhere Spannungen als 38 V gemessen. Somit ist die Bedingung erfüllt.

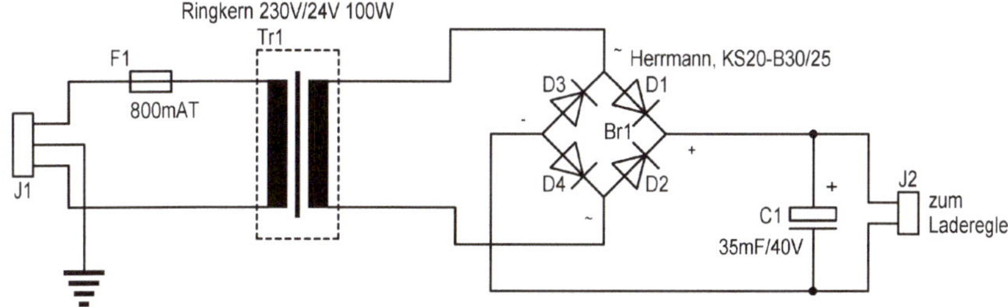

Bild 1.6: Schaltung des ungeregelten Netzteils für die besprochene Not-Nachladung.

Bild 1.7: Das ungeregelte Netzteil nach Bild 1.6 auf einer Metallplatte aufgebaut.

Der Gleichrichter ist hinten rechts angeordnet. In der Primärleitung des Transformators ist die Feinsicherung eingefügt.

1.3.1 Steuerung

Der Vollständigkeit halber stelle ich hier noch die Ansteuerung vor, mit der die vorgestellte Not-Nachladung ein- bzw. ausgeschaltet wird. In meinem Shack (Shack = Funkbude) wird die Systemspannung permanent gemessen. Unterschreitet diese einen vorgegebenen unteren Schwellwert, wird über ein Funksignal eine handelsübliche Funksteckdose eingeschaltet und damit die Not-Nachladung gestartet. Wird ein vorgegebener oberer Schwellwert überschritten, wird ebenfalls durch ein Funksignal die Steckdose wieder ausgeschaltet. Die Hysterese beträgt *1,1 V*.

Bild 1.8 zeigt die im Shack unter einem Regalbrett angebrachte Steuereinheit. Oben rechts ist die "Spannungsüberwachungs-Platine". Diese hatte ich in einer Vorgängerversion bereits in [2] beschrieben. Bild 1.9 zeigt das Schaltbild. Die Akkumulatorspannung wird über den Widerstand R1 an U1 geführt. Die gemessene Spannung ist demnach die Versorgungsspannung. Zwei Linearregler versorgen die "Spannungsüberwachungs-Platine" und ein kleines 433 MHz Funkmodul. Über den Portausgang P1.2 kann der auf der Platine befindliche Mikrocontroller MSP430F2013 das Funkmodul ansteuern.

Die benutzte Funksteckdose entstammt einem Set von Pollin. Sie ist baugleich mit dem Funksteckdosen-Set "RCS 1000 N" der Firma "brennenstuhl". Der Handsender sendet ein amplitudenmoduliertes Signal. Genauer ist es eine Amplitudenumtastung (ASK - Amplitude Shift Keying). Ich habe dieses Signal aufgezeichnet und den Code entschlüsselt und in der Software des Mikrocontrollers nachgebildet. Die Funksteckdosen sind im Übrigen in [10] beschrieben.

Der zuletzt ausgelöste Funkimpuls (ein oder aus) wird alle ca. 44 Minuten wiederholt. Das dient der Sicherheit, denn es könnte doch sein, dass z.B. der Ausschaltpuls durch eine zufällige Funkstörung überdeckt wurde und deswegen die Nachladung nicht abgeschaltet ist. Auch könnte es sein, dass ein baugleiches Funksteckdosen-Set in der Nachbarschaft genutzt wird und dieses meine Ansteuerung unbemerkt umkehrt.

Das genutzte Programm ist am Ende dieses Kapitels abgedruckt.

Bild 1.8: Steuerung der Not-Nachladung.
Links die Zuleitung. Mittig das ISM-Funkmodul mit herabhängendem Antennendraht. Situation anhand der LEDs: Nachladung ist ausgeschaltet. Die aktuelle Akkumulatorspannung liegt aktuell zwischen der Einschalt- und Ausschaltschwelle. Der Mikrocontroller ist so programmiert, dass Kanal B mit dem Code 5x ON verwendet wird. Die Funksteckdose muss entsprechend eingestellt sein.

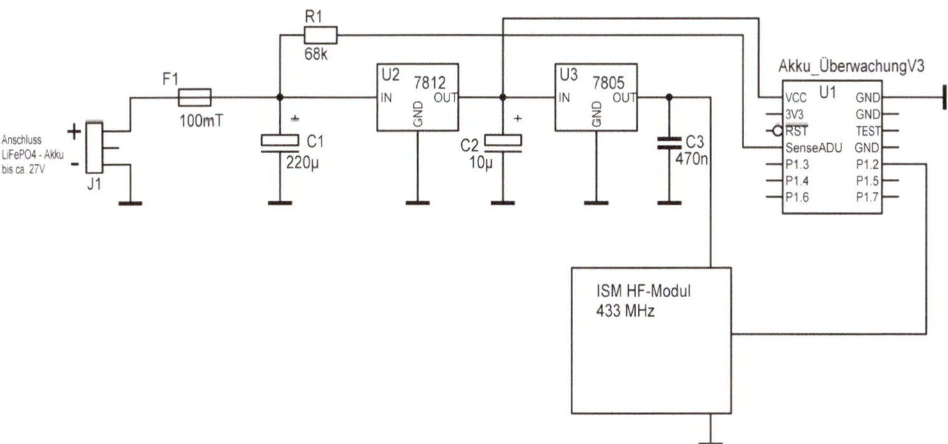

Bild 1.9: Steuerung der Not-Nachladung.

```
/* Die Spannung an des Solarakkus wird überwacht.
 * Sinkt die Spannung unter 24,7V wird die Nachladung über das Stromnetz aktiviert.
 * Ziel ist die Vermeidung einer Abschaltung durch das BMS.
 * Steigt die Spannung über 25,8V wird die Nachladung wieder abgeschaltet.
 * Der Abgriff der Akkuspannung erfolgt über einen 68 kOhm-Widerstand auf den
Messeingang.
 * Der Schaltvorgang wird zyklisch in größeren Abständen wiederholt.
 * Mikrocontroller: MSP430F2013
 * Benutzte Parameter der Funksteckdose: Kanal B, Code 5x ON
 * Stand: 6. Januar 2023 / F.P. Zantis
*/
  #include <msp430f2013.h>
  volatile unsigned int counter;                   //counter for the ADU-values
  volatile unsigned int voltage = 0x00;
  const unsigned int v247 = 34160;                 //24,7V beruht auf Messung,
gemessen: ADUwert = 1383*U
  const unsigned int v258 = 35681;                 //25,8V beruht auf Messung,
gemessen: ADUwert = 1383*U
  unsigned int flagnachladung;
  unsigned int werteP11[11];             //Spannung am Akkumulator
  const unsigned int numofvalues = 11;   //Anzahl der ADU Daten für die Medianbildung
  unsigned int i;
  unsigned int timercount = 10000;                 //damit bei der Aktivierung gleich
ein Schaltvorgang ausgeführt wird
  void send(unsigned int);
  unsigned int findmedian(unsigned int[], unsigned int);//zur Verbesserung des ADU-
Ergebnisses: Medianbildung

  void ausschalten(void);
  void einschalten(void);

int main(void)
{
    WDTCTL = WDTPW | WDTHOLD;    //Stop watchdog timer
    BCSCTL1 = CALBC1_1MHZ;       //SMCLK ist 1 MHz
    DCOCTL  = CALDCO_1MHZ;       //use internal DCO
    BCSCTL2 &= ~SELS;            //SMCLK ist gleich DCOclock

    P1SEL = 0x00;
    P1DIR = 0x00;

    //LEDs
    P1DIR |= BIT0;               //P1.0 output
    P1OUT &= ~BIT0;              //P1.0 High; LED red on
    P2SEL = 0x00;                //P2 als GPIO verwenden
   P2DIR |= BIT6;                //P2.6 output
```

```
    P2DIR |= BIT7;              //P2.7 output
    P2OUT &= ~BIT6;             //P2.6 High; LED yellow on
    P2OUT &= ~BIT7;             //P2.7 High; LED green on

    P1DIR |= BIT2;              //P1.2 output, zur Steuerung des Senders
    P1OUT &= ~BIT2;             //P1.2 low

    P1DIR |= BIT5;              //P1.5 für Timer output (über Interrupt); Prüfen der
Timer-Zeit von 0,52428s
    P1OUT &= ~BIT5;             //P1.5 low

     //Initialisierung AD-Wandler
    SD16CTL    |= SD16SSEL_1;   //Clock für den ADC is SMCLK
    SD16CTL    |= SD16XDIV_3;   //Dividiert durch 48
    SD16CTL    |= SD16DIV_3;    //Dividiert durch 8 --> 2604 Hz
    SD16CTL    |= SD16REFON;    //Interne Referenzspannung von 1,2V (600mV) wird
benutzt
    SD16INCTL0  = SD16INCH_4;   //ADC A4 an P1.1; flagchannel = 11 ist schon
initialisiert!
    SD16AE = SD16AE1;           //P1.1  A+, A- = GND
    SD16CCTL0 |= SD16IE;        //Interrupt des ADC aktivieren
    SD16CCTL0 |= SD16UNI;       //Zahlenbereich von 0 bis FFFF
    SD16CCTL0 &= ~SD16XOSR;     //Oversampling
    SD16CCTL0 |= SD16OSR_256;   //Abtastrate = 1MHz/(48*8*256)=10,2Hz
    SD16CCTL0 &= ~SD16SNGL;     //continous conversion
    SD16CCTL0 |= SD16SC;        //start conversion

    P1DIR |= BIT4;              //SMCLK-Takt an P1.4 ausgeben
    P1SEL |= BIT4;              //SMCLK-Takt an P1.4 ausgeben

    //Timer zur Wiederholung der EIn-Ausschalt-Funktion
    TACTL = TASSEL_2;           //Takt ist SMCLK
    TACTL |= ID_3;              //Takt wird durch 8 geteilt
    TACTL |= MC_2;              //zählt bis 65535; 1/(1MHz/8) * 65535 = 0,52428s
    TACTL |= TAIE;              //interrupt enabled

    _BIS_SR(GIE);               //alle Interrupts freigegeben

    __delay_cycles(1000000);    //als warten bis das Medianarray gefüllt ist; prüfen
der drei LEDs

    while (1)
    {
         voltage = findmedian(werteP11, numofvalues);
         __no_operation();
```

```
        if (voltage < v247)
        {
            if(flagnachladung == 0)
            {
                SD16CCTL0 &= ~SD16IE;  //Interrupt des ADC deaktivieren
                einschalten();         //Nachladung einschalten
                einschalten();         //muss mindestens 2x ausgeführt werden
                einschalten();         //muss mindestens 2x ausgeführt werden
                SD16CCTL0 |= SD16IE;   //Interrupt des ADC aktivieren
                flagnachladung = 1;
                P1OUT &= ~BIT0;        //LED red on
                P2OUT |= BIT6;         //LED yellow off
                P2OUT |= BIT7;         //LED green off
                __delay_cycles(10000000);      //wait 10s
            }
        }

        if ((voltage > v247) && (voltage < v258))
        {
            P2OUT &= ~BIT6;            //LED yellow on; kein Schaltvorgang
erforderlich
        }
        else
        {
            P2OUT |= BIT6;             //LED yellow off
        }

        if(voltage > v258)
        {
            if(flagnachladung > 0)
            {
                SD16CCTL0 &= ~SD16IE;  //Interrupt des ADC deaktivieren
                ausschalten();         //Nachladung ausschalten
                ausschalten();         //muss mindestens 2x ausgeführt werden
                ausschalten();         //muss mindestens 2x ausgeführt werden
                SD16CCTL0 |= SD16IE;   //Interrupt des ADC aktivieren
                flagnachladung = 0;
                P1OUT |= BIT0;         //LED red off
                P2OUT |= BIT6;         //LED yellow off
                P2OUT &= ~BIT7;        //LED green on
            }
        }


        //der zuletzt ausgeführten Schaltvorgang wird wiederholt
        //if (timercount > 9999)       //5242,8s = 87,38 min.; zur zyklischen
```

```
Wiederholung des Schaltvorgangs
        if (timercount > 4999)  //2621,4s = 43,69 min.; zur zyklischen Wiederholung
des Schaltvorgangs
        {
            timercount = 0;             //wird im Timer-Interrupt inkrementiert
            if (flagnachladung == 0)
            {    //Ausschalten wiederholen
                 SD16CCTL0 &= ~SD16IE;  //Interrupt des ADC deaktivieren
                 ausschalten();         //Nachladung ausschalten
                 ausschalten();         //muss mindestens 2x ausgeführt werden
                 ausschalten();         //muss mindestens 2x ausgeführt werden
                 SD16CCTL0 |= SD16IE;   //Interrupt des ADC aktivieren
                 P1OUT |= BIT0;         //LED red off
                 P2OUT |= BIT6;         //LED yellow off
                 P2OUT &= ~BIT7;        //LED green on
            }
            else
            {    //Einschalten wiederholen
                 SD16CCTL0 &= ~SD16IE;  //Interrupt des ADC deaktivieren
                 einschalten();         //Nachladung einschalten
                 einschalten();         //muss mindestens 2x ausgeführt werden
                 einschalten();         //muss mindestens 2x ausgeführt werden
                 SD16CCTL0 |= SD16IE;   //Interrupt des ADC aktivieren
                 P1OUT &= ~BIT0;        //LED red on
                 P2OUT |= BIT6;         //LED yellow off
                 P2OUT |= BIT7;         //LED green off
            }
        }

    }//end while
}//end main


void einschalten()
{
    //Adresscode alle auf ON = 0 muss gesendet werden; 00000
    send(0);
    send(0);
    send(0);
    send(0);
    send(0);

    //Kanal B
    send(2);
    send(0);
```

```
    send(2);
    send(2);
    send(2);

    //send ein
    send(0);
    send(2);

    //send sync
    send(3);
}



void ausschalten()
{
    //Adresscode alle auf ON = 0 muss gesendet werden; 00000
    send(0);
    send(0);
    send(0);
    send(0);
    send(0);

    //Kanal B
    send(2);
    send(0);
    send(2);
    send(2);
    send(2);

    //send aus
    send(2);
    send(0);

    //send sync
    send(3);
}



void send(unsigned int ltype)
{   //0, 1, 2, 3 für 0, 1, f, sync;
    if(ltype == 0)      //send 0, 4a 12a 4a 12a;    a = 81.25µs
    {    P1OUT |= BIT2;
         __delay_cycles(325);
```

```
        P1OUT &= ~BIT2;
        __delay_cycles(975);

        P1OUT |= BIT2;
        __delay_cycles(325);

        P1OUT &= ~BIT2;
        __delay_cycles(975);
    }
    else if (ltype == 1) //send 1, 12a 4a 12a 4a
    {   P1OUT |= BIT2;
        __delay_cycles(975);

        P1OUT &= ~BIT2;
        __delay_cycles(325);

        P1OUT |= BIT2;
        __delay_cycles(975);

        P1OUT &= ~BIT2;
        __delay_cycles(325);
    }
    else if (ltype == 2) //send f, 4a 12a 12a 4a
    {   P1OUT |= BIT2;
        __delay_cycles(325);

        P1OUT &= ~BIT2;
        __delay_cycles(975);

        P1OUT |= BIT2;
        __delay_cycles(975);

        P1OUT &= ~BIT2;
        __delay_cycles(325);
    }
    else if (ltype == 3) //send Sync, 4a 124a
    {   P1OUT |= BIT2;
        __delay_cycles(325);

        P1OUT &= ~BIT2;
        __delay_cycles(10075);
    }
}
```

```
#pragma vector = TIMERA1_VECTOR
__interrupt void TIMER_A(void)
{
    switch(TAIV)
    {     case 2:
                    break;                  //CCR1 not used
          case 4:
                    break;                  //CCR2 not used
          case 10: timercount++;            //timer overflow
                    P1OUT ^= BIT5;          //toggle P1.5;   0,52428s-Takt
                    break;
    }
}



#pragma vector = SD16_VECTOR
__interrupt void SD16ISR (void)
{
        werteP11[counter] = SD16MEM0;
        counter++;
        if (counter > 10)
        {
            counter = 0;
        }
}



unsigned int findmedian(unsigned int thearray[], unsigned int arraysize)
{
    unsigned int ltmp;
    unsigned int li;
    unsigned int lj;
    for (li = 0; li < arraysize; ++li)   //hier beginnt der Sortieralgorithmus
    {
        for (lj = 0; lj < arraysize - li - 1; ++lj)
        {
            if (thearray[lj] > thearray[lj + 1])
            {
                ltmp = thearray[lj];
                thearray[lj] = thearray[lj + 1];
                thearray[lj + 1] = ltmp;
            }
        }
    }
```

```
    ltmp = arraysize >> 1;       //arraysize geteilt durch 2 gibt den Platz des
Median; z.B. 11/2 = 5 (Rest 0.5)
    return thearray[ltmp];       //den Median ausgeben;
}
```

2 • Lineare Spannungsstabilisierung

Anordnungen wie im Kapitel 1 werden heute nur noch sehr selten eingesetzt. Typischerweise sind das Netzteile zur Versorgung von Röhrenschaltungen und Leistungsnetzteile, bei denen die Spannung nicht besonders stabil sein muss. Halbleiterbauteile, mit denen die Ausgangsspannung extrem stabil gehalten werden kann, sind nicht mehr teuer. Die Stabilisierung ist dabei so gut, dass sich der Einsatz einer meist unhandlichen Drosselspule erübrigt.
Im Laborjargon spricht man von Spannungsregelung auch dann, wenn es gar keine Rückführung und Auswertung des Soll- und Istwertes gibt. Jedenfalls sind in der praktischen Realisierung zwei Prinzipien zu unterscheiden:

Stabilisierungsschaltungen, die ohne Rückführung der Istgröße auskommen. Es sind also genau genommen keine Spannungsregelschaltungen. Diese Art Schaltungen sind anspruchslos hinsichtlich des Aufbaus, denn es gibt keine Schwingneigung und keine durch Regelvorgänge verursachte, überlagerte Wechselspannung. Die absolute Ausgangsspannung ändert sich in Abhängigkeit von der Temperatur und der Belastung merkbar (Größenordnung *10 %*).

Spannungsregelschaltungen, die einen vollständigen Regelkreis beinhalten. Die Ausgangsspannung wird als Istwert rückgeführt und für die Korrektur verwendet. Hier kann die absolute Ausgangsspannung sehr stabil gehalten werden. Der Regelkreis neigt aber zum Schwingen und verursacht durch ständiges Nachjustieren der Ausgangsspannung eine Welligkeit.

In beiden Fällen gilt aber: Ein Netzgerät mit linearer Stabilisierung oder linearer Regelung der Ausgangsspannung arbeitet nach dem Prinzip eines Spannungsteilers. Ich hatte es bereits in [1] beschrieben. Hier folgt nochmal ein spezieller Fokus auf das Thema.
Betrachten wir das Bild 2.1: Die Höhe der Spannung am Widerstand R2 hängt ab vom Widerstandsverhältnis von R1 und R2. Es gilt rechnerisch:

$$U_{R2} = \frac{U}{R1 + R2} \cdot R2 \qquad \{2.1\}$$

Die Funktion $U_{R2} = f(R1)$ folgt einer Hyperbel. R1 ist einstellbar. Ist der Schleifer von R1 am oberen Anschlag, dann ist die Ausgangsspannung gleich U. Je weiter der Schleifer in Richtung unteren Anschlag verschoben wird, desto kleiner wird die Ausgangsspannung. Ist R1 wesentlich größer als R2 kann die Ausgangsspannung sehr klein bis nahe null werden.

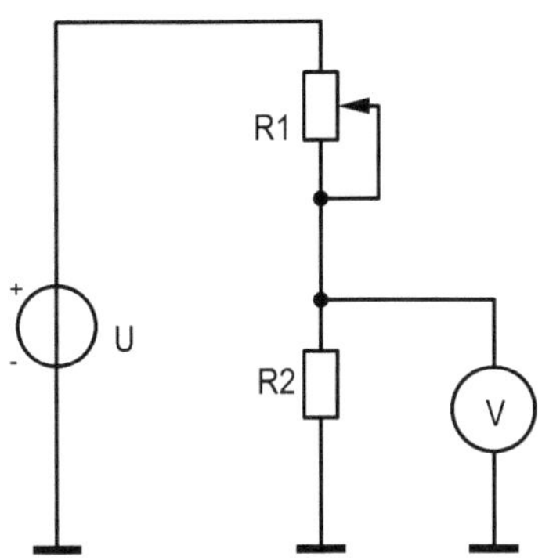

Bild 2.1a: Spannungsteiler – das Prinzip bei der linearen Serienregelung.

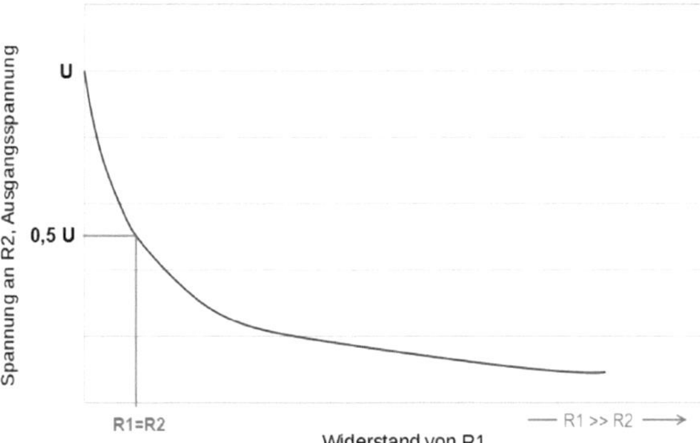

Bild 2.1b: Verlauf der Ausgangsspannung (Spannung an R2) in Abhängigkeit vom Widerstand R1.

Die Gesamtspannung *U* teilt sich proportional auf die Widerstände R1 und R2 auf. R2 steht stellvertretend für einen Verbraucher, an dem eine stabile Spannung anstehen soll. Verkleinert sich der Verbraucherwiderstand (der Widerstand von R2), sinkt die Ausgangsspannung entsprechend. R1 wird nun so verändert (in diesem Fall verkleinert), dass sich die ursprüngliche Ausgangsspannung wieder einstellt. Auch wenn *U* selbst sich verändern würde, kann durch eine Korrektur am Widerstand R1 die Ausgangsspannung wieder auf den gewollten Wert eingestellt werden. Erfolgt das Nachregeln von R1 schnell genug, dann bleibt die Ausgangsspannung stabil. Das ist das Prinzip. Es funktioniert natürlich nur unter den Bedingungen:

$$U \geq U_{R2}$$

$$U_{R1} \geq 0 \quad bzw. \quad R1 \cdot I \geq 0$$

In linearen Netzteilschaltungen ist R1 kein Widerstand, sondern ein Transistor, dessen Kollektor-Emitter-Strecke (oder bei FETs die Drain-Source-Strecke) mehr oder weniger geöffnet wird und der somit einen veränderlichen Widerstand R_{CE} darstellt, der R1 ersetzt.

In jedem Fall ist zu vermerken, dass der Strom, der durch den Verbraucher R2 fließt identisch ist mit dem Strom, der durch den Einstellwiderstand R1 fließt. Die Eingangsspannung und die Ausgangsspannung sind unterschiedlich. Die Eingangsspannung muss immer größer sein, als die Ausgangsspannung. Für die Leistungen ergibt sich demnach bei stationären Verhältnissen (also bei einer konstanten Ausgangsspannung):

Eingangsleistung: $P_E = I \cdot U$

Die Ausgangsspannung liegt am Widerstand R2, so dass man schreiben kann: $U_A = U_{R2}$.

Ausgangsleistung: $P_A = I \cdot U_A$

Wärmeleistung: $$P_V = I \cdot (U - U_A) = I \cdot U_{R1} = I^2 \cdot R1$$ {2.2}

mit $U > U_A$.

Die Wärmeleistung ist die elektrische Leistung, welche direkt als Wärme in Erscheinung tritt. Sie steigt mit der Spannungsdifferenz $U - U_A$ linear an. Die Wärmeleistung in R1 wird maximal, wenn die Ausgangsspannung (Spannung an R2) minimal ist. Dazu ein Beispiel: Angenommen die Eingangsspannung ist $U=30\ V$. Wird nun eine Ausgangsspannung von $0{,}5\ V$ gefordert bei einem Strom von einem Ampere, dann ist die in R1 in Wärme umgesetzte Leistung

$$P_V = 1A \cdot (30V - 0{,}5V) = 29{,}5W$$

Wird bei gleichem Strom eine Ausgangsspannung von z.B. *27 V* verlangt, ergibt sich für die Wärmeleistung in R1 ein deutlich kleinerer Wert, nämlich

$$P_V = 1A \cdot (30V - 27V) = 3W$$

Ist kein Lastwiderstand angeschlossen, dann fließt kein Strom durch R1 und es entsteht keine Wärmeleistung.

Für die folgende Betrachtung gehen wir (entsprechend dem Bild 2.1) davon aus, dass eine positive Spannung gegenüber Masse konstant gehalten werden soll. Es gibt dann zwei klassische Varianten R1 durch einen Transistor zu ersetzen. Man kann dies tun, indem man die Last, also R2, an der die Spannung konstant gehalten werden soll, zwischen Emitter und Massebezug anordnet. Dazu ist ein NPN-Transistor in Emitterfolger-Schaltung [4] erforderlich. Alternativ wäre natürlich auch ein N-Kanal-Feldeffekt-Transistor verwendbar wobei die Last dann zwischen Source und Masse liegt. Im Bild 2.2a ist das zu sehen. Die konstante Spannung ist an der Klemme J1 messbar. Mit U2 und R3 wird der Widerstandswert der Kollektor-Emitter-Strecke eingestellt. Die Regelung übernimmt in unseren Überlegungen bisher noch der Mensch, der R3 so nachjustiert, dass die Spannung an R2 immer den gleichen Wert hat.

Alternativ kann ein PNP-Transistor oder eben ein P-Kanal-Feldeffekt-Transistor zur Anwendung kommen. Dann muss der Verbraucher, wie im Bild 2.2b zu sehen, zwischen Kollektor und Massebezug angeschlossen sein. Auch hier wird der Widerstandswert der Kollektor-Emitter-Strecke des Transistors mit der Hilfsspannung U2 und dem Potentiometer R3 eingestellt. Die konstante Spannung ist an J1 messbar.

Die Schaltungsvariante mit PNP-Transistor hat den Vorteil, dass der minimale Spannungsabfall am Transistor T1 lediglich die Kollektor-Emitter-Sättigungsspannung U_{CEsat} ist. Beim Emitterfolger nach Bild 2.2a ist der minimale Spannungsabfall hingegen die Kollektor-Emitter-Sättigungsspannung zuzüglich der Basis-Emitter-Spannung U_{BE}.

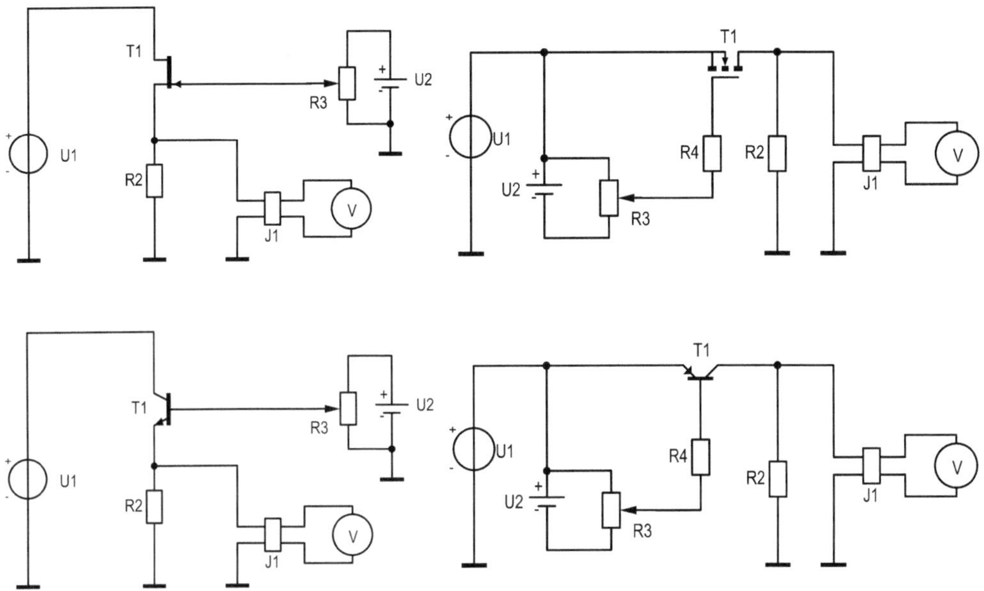

Bild 2.2a: R1 aus Bild 2.1 ist ersetzt durch
- einen N-Kanal Sperrschicht-FET (oben)
- einen NPN-Transistor (unten)

Bild 2.2b: R1 aus Bild 1.1 ist ersetzt durch
- einen P-Kanal-Isolierschicht-FET, Anreicherungstyp (oben)
- einen PNP-Transistor (unten)

Die Differenz zwischen der Ausgangsspannung und der Eingangsspannung fällt als Kollektor-Emitter-Spannung U_{CE} am Transistor ab. Ein Ansatz zur Berechnung der Ausgangsspannung nach Bild 2.2a mit NPN-Transistor kann so aussehen:

$$U_{R2}=\frac{U_1}{R_{CE}+R_2}\cdot R_2=\frac{U_1}{\frac{U_{CE}}{B\cdot I_B}+R_2}\cdot R_2=\frac{U_1\cdot R_2}{\frac{U_1-U_{R2}}{B\cdot I_B}+R_2}$$

Gleichzeitig gilt aber auch:

$$U_{R2}=U_{B.GND}-U_{BE}$$

also

$$U_{B.GND}=U_{R2}+U_{BE}$$

$U_{B,GND}$ ist die Spannung an der Basis des Transistors T1 gegen Masse. Diese Spannung ist immer um U_{BE} größer als die Spannung am Verbraucherwiderstand R2.

Unter der Annahme, dass sich die Temperatur im Transistor nicht ändert ist U_{BE} konstant und abhängig vom verwendeten Transistortyp. Dazu gibt die Tabelle 2.1 einen Überblick.

Letztendlich hängt die tatsächliche Basis-Emitter-Spannung vom Halbleitermaterial, der Temperatur und dem Basisstrom ab. Die Referenzspannung U_2 ändert sich nicht. Die Basis-Emitter-Spannung ändert sich nur wenig. Somit ist die Ausgangsspannung konstant.

Transistortyp (Basismaterial)	U_{BE} / mV
Silizium	700....1000
Silizium Darlington	1400....2000
Germanium	350....800
Germanium Darlington	700....1600

Tabelle 2.1: Typische Basis-Emitter-Spannungen in Abhängigkeit vom Transistortyp und Halbleitermaterial.

2.1 Serielle Spannungsstabilisierung

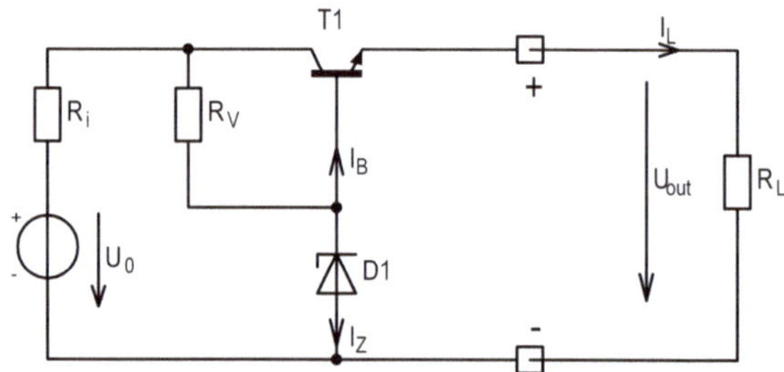

Bild 2.3: Spannungsstabilisierung mit Z-Diode (D1) und Transistor (T1).

Im Bild 2.3 ist die einfachste Möglichkeit für eine praktisch realisierte lineare Spannungsstabilisierung in Serienschaltung dargestellt. Es wird weder ein Spannungsteiler noch eine Spannungsverstärkung oder eine Istwert-Rückführung benutzt. Das hat den Vorteil, dass die Schaltung bezüglich des Aufbaus anspruchslos ist. Es gibt keine Instabilitäten, wie etwa eine Schwingneigung, die beachtet werden müsste.

Mit der Schaltung nach Bild 2.3 lässt sich nur ein einziger Wert der Ausgangsspannung U_{Out} stabilisieren. Dieser ist mit der Spannung U_Z an der Z-Diode verknüpft. Die Stabilisierung ist gewährleistet, solange ein ausreichend großer Strom $I_{Z\,min}$ die Z-Diode durchfließt. Wird I_Z so klein, dass der Stabilisierungsbereich der Z-Diode verlassen wird, sinkt die Spannung U_Z und damit auch die Ausgangsspannung U_{Out} stark ab. Der Maximalwert I_{Bmax} *für den Basisstrom* des Transistors, der noch einen ausreichenden Zenerstrom für eine Stabilisierung von U_{Out} zulässt, ist somit mit der Differenz des maximal zulässigen Stroms I_{Zmax} (entspricht $I_B = 0$) durch die Z-Diode und I_{Zmin} gegeben. Mit Hilfe der Knotenregel wird geschrieben:

$$I_{Bmax} = I_{Z\,max} - I_{Z\,min}$$

Daraus folgt mit dem Gleichstromverstärkungsfaktor *B des Transistors* der maximal mögliche Strom, der durch den angeschlossenen Verbraucher fließen kann:

$$I_{Lmax} = I_{Bmax} \cdot B \qquad \{2.3\}$$

Mit dem zu I_{Bmax} gehörenden Wert U_{BEmax}, der Basis-Emitterspannung des Transistors, kann aus der Gleichung für die Stellgröße die für I_{Lmax} geltende Ausgangsspannung abgelesen werden:

$$U_{Out} = U_Z - U_{BE\,max} \qquad \{2.4\}$$

Sie ist also um U_{BEmax} kleiner als die Spannung U_Z an der Z-Diode. Die Ausgangsspannung ändert sich in Abhängigkeit von der Belastung, denn bei einem größeren Kollektorstrom fließt auch ein größerer Basisstrom, der einen Anstieg der Spannung U_{BE} zur Folge hat und somit sinkt U_{Out}. Bei kleinerer Last ist der Kollektorstrom kleiner, was einen kleineren Basisstrom zur Folge hat, der mit einer kleineren Spannung U_{BE} einher geht und somit steigt die Ausgangsspannung. Da die Basis-Emitter-Strecke nichts anderes ist als eine Diode, sind die Änderungen gering, aber nicht Null. Bild 2.4 zeigt beispielhaft die Funktion

$$U_{BE} = f(I_B)$$

für einen Leistungstransistor des Typs 2N3055. Es ist zu erkennen: von Leerlauf (Emitter ist nicht angeschlossen) bis etwa $I_B = 270\ mA$, was einem Ausgangsstrom/Kollektorstrom von $I_C = 4\ A$ entspricht (wenn man für den Typ 2N3055 die Mindest-Stromverstärkung von $B = 15$ zugrunde legt), schwankt die Spannung U_{BE} um ca. 800 mV. Diese 800 mV gehen dann von der Ausgangsspannung verloren. Eine Ausgangsspannung, die im Leerlauf auf 13,8 V eingestellt wurde, sinkt dann auf 13,0 V. Das wären knapp 6 %.

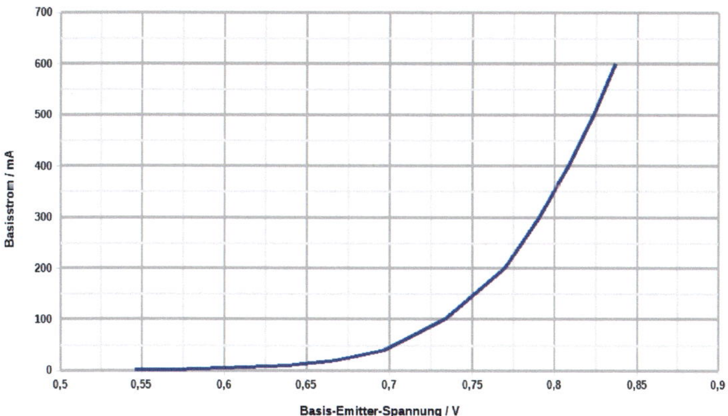

Bild 2.4: Eingangskennlinie eines Transistors 2N3055 (NPN).
Abszissenachse: U_{BE}; Ordinatenachse: I_B

Stabilisierungsschaltungen wie im Bild 2.3 sind kurzschlussfest, wenn der Kurzschlussstrom I_K der Spannungsquelle, bestehend aus U_0 und R_i vom Transistor T1 verkraftet wird. Dabei ist ein eventuell vorhandener Ladekondensator, der vor der Stabilisierungsschaltung

angeordnet ist, auch zu berücksichtigen. Dieser kann für einen kurzen Moment einen höheren Strom liefern. In der Regel ist in den Datenblättern der Dauer-Kollektorstrom (I_C, *Collector Current*) und ein Spitzenstrom (I_{CP}, *Collector Current Pulse*), der kurzzeitig fließen darf angegeben. Beim Transistor BD137 ist I_C mit *1,5 A* angegeben und I_{CP} mit *3 A*.
Neben dem Kurzschlussstrom ist zu beachten, dass im Kurzschlussfall eine hohe Wärmeleistung im Transistor entsteht. An der Kollektor-Emitter-Strecke fällt die Spannung

$$U_{CE}=U_0-I_K\cdot R_i \quad \{2.5\}$$

ab.

Da normalerweise gilt $R_i < R_{CE}$, ist das ein großer Teil der Spannung U_0. Zur Abschätzung kann man deshalb für die im Transistor umgesetzte Wärmeleistung schreiben

$$P_W=U_0\cdot I_K \quad \{2.6\}$$

Wohl wissend, dass der Wert etwas zu groß ist. Diese Wärmeleistung führt zu einer Temperaturerhöhung im Transistor. Für eine Dauerkurzschlussfestigkeit muss sie abgeführt werden. Details dazu folgen in einem späteren Kapitel.

2.1.1 13,8 V

Mein Shack wird mit Hilfe von 10 Solarpaneelen und einem 24 V $LiFePO_4$-Akkumulator mit Energie versorgt. Die Details dazu sind in [7] beschrieben. Mein Funkgerät für das 70-cm-Band benötigt zum Betrieb eine Spannung von *13,8 V* und nimmt beim Senden mit *10 W* Leistung (PEP) einen maximalen Strom von *4 A* auf.

Im Shack steht mir die Batteriespannung mit einem Nennwert von *24 V zur Verfügung*. Tatsächlich schwankt die Spannung, je nach Ladezustand und Betriebsart (wird gerade geladen oder entladen) zwischen *24 V* und *28 V*.

Es gibt zahlreiche fertige Step-Down-Wandler, die für den Anschluss von 12 V Geräten an das 24V-Boardnetz von LKWs oder Bussen gedacht sind. Aber immer wieder hört man von Problemen, wenn man für die Versorgung von Funkgeräten handelsübliche Schaltnetzteile verwendet. Grund ist die Schaltwechselspannung, die sowohl direkt der Ausgangsspannung überlagert ist als auch über parasitäre Kapazitäten Störungen im Funkbetrieb verursachen. Erfahrene Funkamateure versorgen deshalb ihre Geräte lieber gleich mit einer linearen Stabilisierungsschaltung. Im Betrieb entsteht mehr Wärme als bei aktuellen Schaltnetzteilen. Abgesehen vom Hochsommer ist diese Wärme aber nicht nachteilig, denn die von der Stromversorgung erzeugte Wärme wird aus elektrischer Energie generiert. Diese Energie kommt zunehmend aus Windkraftanlagen oder Pumpspeicherkraftwerken und muss somit dann von der klimafeindlichen Gas- oder Erdölheizung nicht erbracht werden.
*In der A*nordnung im Bild 2.3 sind Z-Diode und Basis-Emitter-Diode in Reihe geschaltet - die Temperaturkoeffizienten der beiden Bauteile heben sich im Schaltungsverbund auf, wenn die Z-Diode den gleichen Temperaturkoeffizienten hat wie die Basis-Emitter-Diode des Silizium-Transistors (typischerweise *-2 mV/K)*. Das gilt sowohl für den Betrag als auch für das Vorzeichen. Den Grund dafür erkennt man an Gleichung {2.4}. Wenn der exakte

Betrag der Ausgangsspannung nicht extrem stabil sein muss kann man den Temperaturdrift ignorieren. Das ist bei der Versorgung eines Funkgerätes immer der Fall. In diesem Fall verwendet man einfach eine Z-Diode mit einer Zenerspannung von

$$U_Z = U_A + U_{BE} = 13{,}8\ V + 0{,}7\ V = 14{,}5\ V$$

Eine Z-Diode mit genau dieser Zenerspannung kann man nicht kaufen. Auch die Z-Dioden sind nach E-Reihen gestaffelt. Man kann mehrere Z-Dioden aus der E12-Reihe in Serie schalten. Die drei Z-Dioden *5,6 V, 5,6 V* und *3,3 V* ergeben zusammen *14,5 V.*

Bei der Schaltungsauslegung ist noch zu berücksichtigen, dass der Transistor eine ausreichend große Stromverstärkung hat. Das könnte ein Problem sein, denn die Stromverstärkung von Leistungstransistoren, die dann auch einen Strom von *4 A* leiten können, liegt oft nur bei $B = 15$ bis *50*. Als Lösung bietet sich die Darlingtonschaltung an. Bei einem Darlingtontransistor ist die Basis-Emitter-Spannung mit *1,4 V* anzusetzen. Die Zenerspannung muss dann sein:

$$U_Z = U_A + U_{BE} = 13{,}8\ V + 1{,}4\ V = 15{,}2\ V$$

Mit den drei Z-Dioden *5,6 V, 5,6 V* und *3,9 V* erhalten wir *15,1 V,* was ausreichend gut an den Sollwert herankommt. Rein Rechnerisch ist die Ausgangsspannung dann nicht *13,8 V* sondern *13,7 V.*

Für den Aufbau der Darlingtonschaltung können wir auf Bauteile aus der Bastelkiste, den Funkamateur-Trödelmärkten oder von Ausschlachtungen zurückgreifen. Der Transistor 2N3055 ist allgegenwärtig und kann einen Strom von bis zu $I_{CT1} = 15\ A$ leiten. Er befindet sich in einem robusten, vergleichsweise großflächigem Metallgehäuse, was die Wärmeabfuhr begünstigt. Die Stromverstärkung ist in den meisten Datenblättern mit mindestens $B_{T1} = 15$ angegeben.
Der zweite Transistor der Darlingtonstufe muss also mindestens einen Kollektorstrom von

$$I_{CT2} = \frac{I_A}{B_{T1}} = \frac{4\ A}{15} \approx 266\ mA$$

liefern können. Im Schaltbild 2.5 wurde als zweiter Transistor der Typ BD137 vorgeschlagen. Dieser kann einen Kollektorstrom von bis zu $I_{CT2} = 1{,}5\ A$ leiten und hat eine Stromverstärkung von mindestens $B_{T2} = 25$.

Die gesamte Stromverstärkung der Darlingtonschaltung ist dann mindestens

$$B_{ges} = B_{T1} \cdot B_{T2} = 15 \cdot 25 = 375$$

Zur Bereitstellung des gewünschten Ausgangsstroms von $I_A = 4\ A$ ist somit ein Basisstrom von

$$I_{BT2} = \frac{I_A}{B_{ges}} = \frac{4\ A}{375} \approx 11\ mA$$

erforderlich. Dieser lässt sich leicht mit Z-Dioden realisieren. Der Strom durch die Zenerdioden sollte *5 mA* nicht unterschreiten. Eine sinnvolle Festlegung ist dann ein Zenerstrom von

$$I_Z = I_{BT2} + 5\,mA = 11\,mA + 5\,mA = 16\,mA$$

Dieser muss noch fließen, wenn die minimale Eingangsspannung anliegt. Für R3 gilt dann

$$R_3 = \frac{(U_{Emin} - U_Z)}{I_Z} = \frac{(24\,V - 15{,}1\,V)}{0{,}016\,A} \approx 556\,\Omega$$

Zu wenig Zenerstrom sollte nicht fließen, so dass der nächstkleinere E-12-Wert mit *R3 = 470 Ω* verwendet wird. In diesem Widerstand tritt maximal die Wärmeleistung

$$P_{R3} = \frac{(U_{Emax} - U_Z)^2}{R3} = \frac{(28\,V - 15{,}1\,V)^2}{470\,\Omega} \approx 354\,mW$$

auf. Der Widerstand muss mindestens für diese Leistung ausgelegt sein. Standard-Widerstände im THT-Gehäuse sind in der Regel für eine Belastung von *250 mW* ausgelegt und wären deshalb (unter der Annahme der minimalen Stromverstärkung von *B = 15*) überlastet. Man kann R3 aber durch eine Reihenschaltung von zwei Widerständen (z.B. *220 Ω* und *240 Ω*) ersetzen. Dann reichen Standard-Widerstände aus.

Der Kondensator C1 sorgt dafür, dass kurze Störungen auf der Eingangsspannung, die zum Beispiel durch Schaltvorgänge ausgelöst werden können, keine Auswirkungen auf die Spannungsreferenz haben.

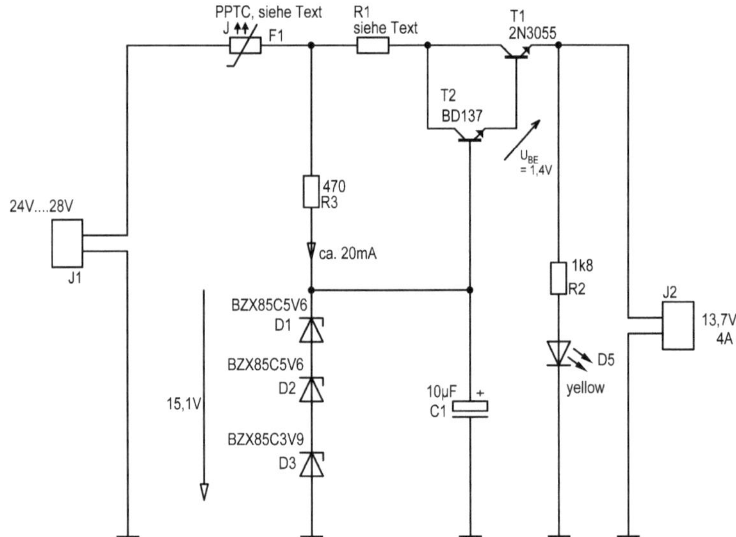

Bild 2.5: Lineare Versorgung für ein Funkgerät.

2.1.1.1 Versorgung aus 24-V-Akkumulator

Im Folgenden wird die Eingangsleistung für die Schaltung nach Bild 2.5 direkt dem 24-V-System entnommen. Unter diesen Voraussetzungen ergibt sich im Transistor T1 im schlimmsten Fall eine Wärmeleistung von

$$P_{T2}=(U_{Emax}-U_A)\cdot I_{max}=(28\,V-13{,}7\,V)\cdot 4\,A=57{,}2\,W$$

Dabei wurde R1 nicht berücksichtigt und der maximale Strom von *4 A* entnommen.
Der verwendete Transistor 2N3055 darf mit maximal P_{tot} = *115 W* Verlustleistung beaufschlagt werden. Der angestrebte Einsatz ist bei entsprechender Kühlung also möglich. Um den Transistor zu entlasten und die Kurzschlusssicherheit zu gewährleisten ist der Widerstand R1 vorgesehen. Um die Funktion der Stabilisierungsschaltung zu gewährleisten, sollte der Transistor unter ungünstigsten Bedingungen deutlich mehr als die Kollektor-Emitter-Sättigungsspannung U_{CEsat} zur Verfügung haben. Setzen wir *2,5 V* an, dann sollte am Kollektor von T1 im ungünstigsten Fall eine Spannung von *16,2 V* anstehen. Mit Hilfe von R1 können wir einen Teil der Verlustleistung vom Transistor fern halten. Für R1 muss gelten:

$$R1=\frac{U_{Emin}-(U_A+U_{CE})}{I_{max}}=\frac{24\,V-(13{,}7\,V+2{,}5\,V)}{4}\,A\approx 1{,}95\,\Omega$$

Verwendet wird der nächstkleinere Wert aus der E12-Reihe. Das wäre dann *R1 = 1,8 Ω*. Die Verlustleistung in diesem Widerstand ergibt sich dann zu

$$P_{VR1}=I^2\cdot R1=(4\,A)^2\cdot 1{,}8\,\Omega=28{,}8\,W$$

Der Transistor müsste dann im schlimmsten Fall noch die Leistung

$$P_{VT1}=I\cdot U_{CEmax}=I\cdot(U_{Emax}-R1\cdot I-U_A)=4\,A\cdot(28\,V-1{,}8\,\Omega\cdot 4\,A-13{,}7\,V)=28{,}4\,W$$

in Wärme umsetzen.

Der Widerstand R1 muss diese Leistung natürlich aushalten können. Es gibt dafür spezielle Hochleistungswiderstände z.B. von der Firma Widap oder Megatron. Ein Exemplar ist im Bild 2.6 zu sehen. Häufig finden sich diese Widerstände auch in Altgeräten, aus denen man sie ausbauen und wiederverwenden kann. Alternativ baut man den Leistungswiderstand aus Reihen- und/oder Parallelschaltung von standardisierten und leicht erhältlichen 5-W-Leistungswiderständen zusammen. Zum Beispiel ergeben sechs 5-W-Standard-Widerstände mit je 10 Ω, die alle parallel geschaltet werden einen Gesamtwiderstand von ca. *1,67 Ω / 30 W*.
Neben der Funktion als "Last-Senke" macht der Widerstand R1 in Zusammenarbeit mit dem PPTC F1 (siehe weiter unten) die Stromversorgung resistent gegen Überlast und Kurzschluss.

Sehr praktisch ist auch die Verwendung einer 12 V Halogenlampe mit einer Leistung von 75 W anstelle von R1. Diese Lampe hat bei Nennbetrieb (*12 V; 6,25 A*) einen Widerstandswert von *1,92 Ω*. Die Lampe übernimmt einen Teil der Wärmeleistung und entlastet den Transistor T1. Gleichzeitig gewährleistet die Lampe den vollständigen Kurzschlussschutz. Details über den Nutzen von Glühlampen in der Elektronik findet man in [11] und [12].

Die Transistoren müssen auf einen großen Kühlkörper montiert werden. Wie dieser zu dimensionieren ist kann man [1] entnehmen. In einem späteren Kapitel wird ebenfalls das Thema Entwärmung nochmals aufgegriffen.

Im Schaltbild 2.5 ist noch F1 eingezeichnet. Dabei handelt es sich um ein PPTC-Element (Polymer-PTC, auch bekannt als "Multifuse", siehe [4], siehe Bild 2.7). Die Schaltung wird damit kurzschlussfest und überlastsicher. Das Element ist eine reversible Sicherung. Ist der Strom zu groß wird es hochohmig und es fließt nur ein zu vernachlässigender, kleiner Reststrom. Nach Beseitigung der Überlastung und Abkühlung des PPTCs wird der Stromkreis wieder geschlossen.

Ein PPTC-Element muss so ausgewählt werden, dass es beim Nennstrom und normaler Umgebungstemperatur - hier also bei *4 A* - gerade noch nicht anspricht. Die normale Umgebungstemperatur ist ortsabhängig. Innerhalb eines Gerätes ist diese höher als bei offener Montage im Zimmer. Das Auslöseverhalten ist allerdings sehr träge. Der PPTC-Typ LP30 400 ist laut Datenblatt für einen Nennstrom von 4 A ausgelegt. Bei einem Test mit 8 A unterbrach das Bauteil nach knapp 40 s den Stromkreis. Die Umgebungstemperatur lag bei *19,6 °C*.
T1 muss also einen eventuellen Kurzschlussstrom eine Zeit lang übernehmen können. Zur Abschätzung tun wir so, als läge der Widerstand R1 alleine zwischen der Eingangsspannung und Masse. Der Kurzschlussstrom ist dann kleiner als

$$I_K < \frac{U_{Emax}}{R1} = \frac{28\,V}{1{,}8\,\Omega} \approx 15{,}6\,A$$

Nach einigen Sekunden wird der Stromfluss dann von F1 unterbrochen.

Der Aufbau der Schaltung ist unkritisch. Da es keine Rückkopplung gibt, tritt Schwingneigung nicht auf. Man kann die Schaltung unter Verwendung *von z.B. Lötösenleisten frei verdrahten.*

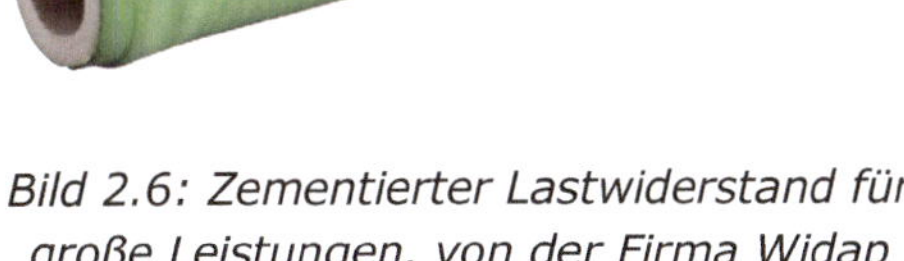

Bild 2.6: Zementierter Lastwiderstand für große Leistungen. von der Firma Widap (Schweiz).

Bild 2.7: PPTC-Sicherungen.

Als Alternative kann man wie im Bild 2.8 zu sehen, die Ausgangsspannung einstellbar gestalten. Zumindest für eine Temperatur kann man dann die Exemplarstreuungen „weg justieren". Gleichzeitig ist diese Schaltung für einen Ausgangsstrom von 6 A ausgelegt.
Die Zenerspannung beträgt 9,4 V. Anders als im Bild 2.5 wird der Basisstrom für die Transistoren nicht von den Z-Dioden abgeleitet. Der Basisstrom kommt im vorliegenden Fall von einem Operationsverstärker. Dieser ist als nicht invertierender Verstärker geschaltet und die Verstärkung kann eingestellt werden:

$$V=\frac{P1}{R2}+1$$

$$V_{min}=\frac{0\,\Omega}{8200\,\Omega}+1=1$$

$$V_{max}=\frac{6800\,\Omega}{8200\,\Omega}+1\approx 1{,}83$$

Somit ergeben sich an der Basis von T2 Spannungen zwischen *9,4 V* und *17,2 V* und entsprechend Ausgangsspannungen an J2 von ca. *8 V* bis *15,8 V*. Diese Stromversorgung lässt sich also (zumindest bei einer spezifischen Umgebungstemperatur) auf exakt *13,8 V* einstellen. Nach der Einstellung wird P1 mit z.B. Nagellack versiegelt.

Um einen Ausgangsstrom von *6 A* entnehmen zu können sind F1 und R1 gegenüber der Schaltung aus Bild 2.5 zu ändern. Für F1 kann der Typ 30R600UMR eingesetzt werden (Hersteller: Littelfuse).

Für R1 muss nun gelten

$$R1=\frac{U_{Emin}-(U_A+U_{CE})}{I_{max}}=\frac{24\,V-(13{,}8\,V+2\,V)}{6}A\approx 1{,}53\,\Omega$$

Der nächste Wert aus der E12-Reihe ist dann *1,5 Ω*. In diesem Widerstand entsteht bei Vollast (6 A) und maximaler Eingangsspannung eine Wärmeleistung von

$$P_{R1}=(I_A)^2\cdot R1=(6\,A)^2\cdot 1{,}5\,\Omega=54\,W$$

Es macht also auch hier Sinn, diesen Widerstand durch eine Halogen-Glühlampe zu ersetzen. Insgesamt ergibt sich bei der Entnahme von 6 A eine Wärmeleistung von maximal

$$P_{max}=I_A\cdot U_{R1}=I_A\cdot(U_{Emax}-U_A)=6\,A\cdot(28\,V-13{,}8\,V)=85{,}2\,W$$

Der Transistor T1 übernimmt davon dann *85,2 W - 54 W = 31,2 W* und muss auf ein entsprechendes Kühlblech montiert sein. Entscheidend ist hier der Wärmeübergangswiderstand R_{thJA}. Mehr dazu in den Kapiteln 4 und 5.

Das Diagramm im Bild 2.9 zeigt den linearen Anstieg der Wärmeleistung in Abhängigkeit vom Ausgangsstrom.

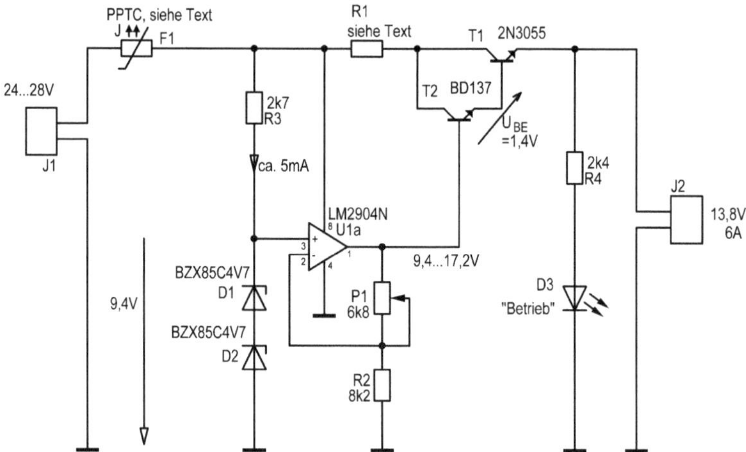

Bild 2.8: Stromversorgung mit justierbarer Ausgangsspannung für z.B. ein Funkgerät.

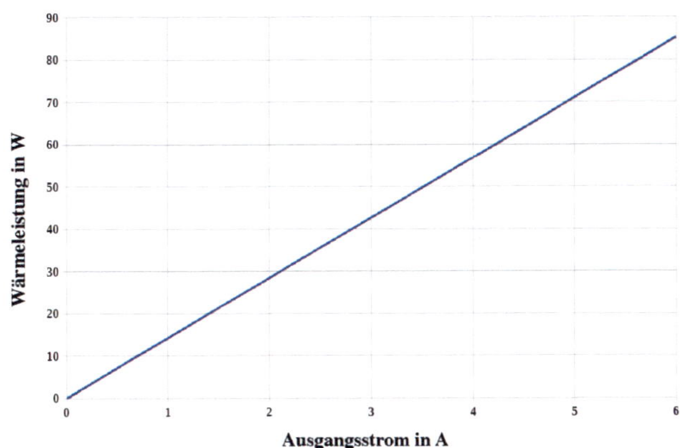

Bild 2.9: Anstieg der Wärmeleistung in Abhängigkeit vom Ausgangsstrom bei der Schaltung nach Bild 2.8.

Wenn an die Qualität der Ausgangsspannung nicht ganz so hohe Anforderungen gestellt sind, kann man auf die Idee kommen, vor dem Linearregler die Spannung mit Hilfe eines PWM-Schalter zu reduzieren. PWM steht für Pulsweiten-Modulation. Die Eingangsspannung wird dabei innerhalb einer Periodendauer ein- und ausgeschaltet. Das Verhältnis Einschaltzeit zu Ausschaltzeit bestimmt die effektive Spannung am Ausgang. Die Scheitelspannung ändert sich dabei nicht. Mit Hilfe eines Kondensators wird dann daraus eine Gleichspannung. Bild 2.10 zeigt das Prinzip. Zwischen dem Widerstand R1 und dem Längstransistor ist nun noch ein Kondensator eingefügt. Der Widerstand R1 aus Bild 2.5 und Bild 2.8 ist nun nur noch *470 mΩ* groß. Entsprechend weniger Wärmeleistung entsteht. Man könnte stattdessen auch eine Halogenlampe verwenden. Es geht nur noch darum, den Stromimpuls nach dem Einschalten von T2 so zu begrenzen, dass der Transistor T2 selbst und auch der Elektrolytkondensator C1 nicht überlastet werden.

Für die effektive Gleichspannung am Ausgang gilt dann das Puls-Pausenverhältnis Einschaltzeit zur Periodendauer.

$$U_{C1} = U_{IN} \cdot \frac{t_{ein}}{t_{ein} + t_{aus}}$$

Soll nun die Eingangsspannung von *24 V* mit Hilfe der PWM auf *16,2 V* reduziert werden gehört dazu ein Puls-Pausenverhältnis von

$$\frac{U_{C1}}{U_{IN}} = \frac{16{,}2\,V}{24\,V} \approx 70\,\%$$

Da an R1 noch eine kleine Spannung abfällt, ist das Puls-Pausenverhältnis etwas größer zu wählen. Die Schaltfrequenz ist typischerweise unter *1 kHz*. Der im Bild 2.10 vorgeschlagende Transistor T2 ist eher ein langsamer Typ - dafür ist der Aufwand für die Ansteuerung nicht sehr groß.

Als Pulsgenerator nutzt man heute einen Mikrocontroller. Ein Beispiel für die Programmierung eines PWM-Generators ist in [10] zu finden. Bei einer Schaltfrequenz von *500 Hz* wäre die zu wählende Einschaltzeit dann hier im Beispiel

$$t_{ein} = \frac{1}{f} \cdot 0{,}7 = \frac{1}{500\,Hz} \cdot 0{,}7 = 1{,}4\,ms$$

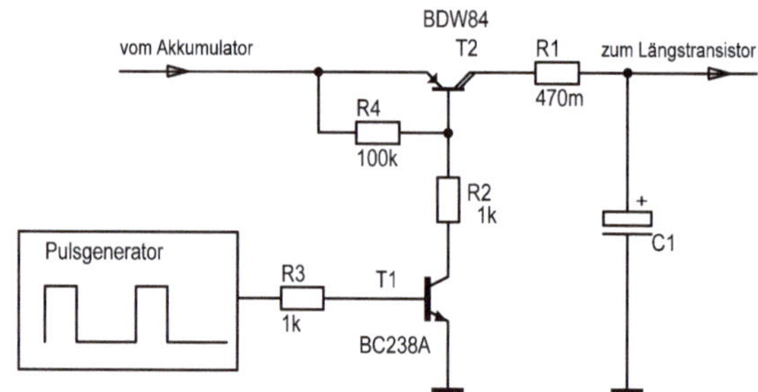

Bild 2.10: Prinzip des vorgeschalteten PMW-Schalters zur Reduzierung der Wärmeleistung.

2.1.1.2 Versorgung aus dem 230-V-Netz

An meinem 24-V-System ist auch ein Wechselrichter angeschlossen. Dieser liefert eine sinusförmige Ausgangsspannung von *230 V, 50 Hz*. Die Wärmeleistung der Schaltungen im Bild 2.5 und 2.8 lässt sich verringern, wenn man entsprechend Bild 2.11 einen Netztransformator mit Gleichrichter und Glättungskondensator hinzufügt und die Schaltung aus dem 230-V-Netz versorgt. In diesem Fall kann man durch geeignete Wahl des Netztransformators die Spannung am Kollektor von T1 niedriger wählen.

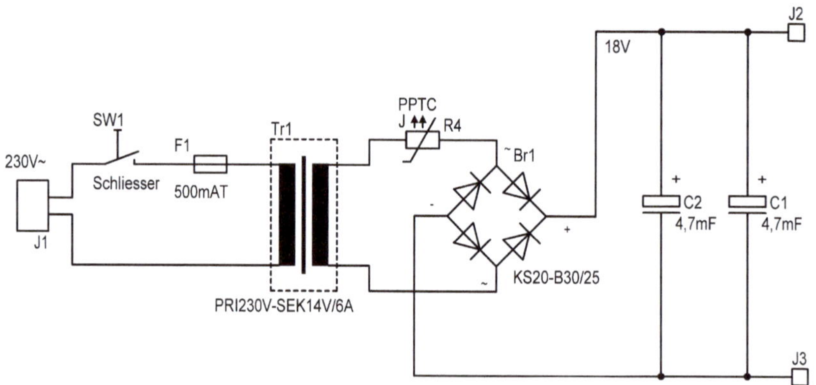

Bild 2.11: 230-V-Vorsatz für die Schaltungen nach Bild 2.5 und 2.8.

Der Widerstand R1 in den Schaltungen nach Bild 2.5 und 2.8 kann nun entfallen. Die Kurzschlusssicherheit wird alleine durch den Transformator, der begrenzt Strom liefern kann, gewährleistet. Das PPTC-Element platziert man am besten zwischen Transformator und Gleichrichter.

Die sekundäre Nennspannung des Transformators ist $U_N = 14\ V$. Die an den Ladekondensatoren auftretende Scheitelspannung ist dann nach Gleichung {1.2} (ohne Leerlauffaktor F):

$$U_{C1} = U_{C2} = U_N \cdot \sqrt{2} - 2 \cdot U_S$$

$$U_{C1} = U_{C2} = 14\,V \cdot 1 \cdot \sqrt{2} - 2 \cdot 0{,}7\,V \approx 18{,}4\,V$$

Damit reduziert sich die Verlustleistung im Transistor nach Bild 2.8 zu

$$P = (U_E - U_A) \cdot I_A = (18{,}4\,V - 13{,}8\,V) \cdot 6\,A = 27{,}6\,W$$

Da moderne Wechselrichter in der Regel einen Wirkungsgrad von $\eta > 90\ \%$ aufweisen, ist es sinnvoll, die Stromversorgung für das Funkgerät hinter dem Wechselrichter anzuordnen. In meinem Fall ist das gut möglich, da der Wechselrichter in der Garage steht - einige Meter vom Shack entfernt und durch eine Mauer getrennt.

Für sichere Kurzschlussfestigkeit müssen alle Leistungskomponenten wie Transformator, Gleichrichter und Leistungstransistor überdimensioniert sein. Der Herrmann-Gleichrichter KS20-B30/25 ist bei Montage auf einem ausreichend großen Kühlblech für Dauerströme bis $I_{FRMS} = 11\ A$ und für Impulsströme bis *150 A* (für *10 ms*) geeignet.

2.1.2 Fazit zur seriellen Stabilisierung

Mein Fazit zur Spannungsstabilisierung in der Praxis: Man kann Schaltungen zur Spannungsstabilisierung leicht mit recycelten Bauteilen oder aus der Bastelkiste oder vom Trödelmarkt in freier Verdrahtung ad hoc aufbauen. Die beschriebenen Stabilisierungsschaltungen enthalten keine Rückkopplung. Aus diesem Grund besteht keine Schwingneigung, wie etwa bei Regelschaltungen, die noch in einem späteren Abschnitt beschrieben werden.

Eine sorgfältige Planung und Abwägung bei der Schaltungsauslegung und Dimensionierung ist allerdings ratsam – vor allem dann, wenn z.B. Kurzschlusssicherheit oder thermische Stabilität gefordert sind.

Der absolute Wert der Ausgangsspannung ist nicht so konstant, wie bei Spannungsversorgungen mit Regelkreis. Sie ist aber als Versorgung von Geräten oftmals völlig ausreichend. Davon abgesehen aber, liefert die lineare Spannungsstabilisierung bei korrekter Dimensionierung Gleichspannungen höchster Reinheit. Ursache dafür ist eben gerade die Abstinenz von Regelkreisen, die ständig Ausregelvorgänge versuchen. Noch weiter steigern lässt sich die Qualität, wenn die Energie nicht, aus dem 50-Hz-Stromnetz stammt, sondern aus Akkumulatoren. In diesem Zusammenhang verweise ich auf das Kapitel 7.

2.2 Parallele Spannungsstabilisierung

Lineare Spannungsstabilisierung wäre auch, wenn im Bild 2.1 nicht R1 variiert wird, sondern R2. Diese Art der Regelung heißt Parallelregelung oder „Shunt-Regler". Im Bild 2.12 ist das Prinzip abgebildet. Auch hier ist der Ansatz für die Berechnung der Ausgangsspannung die Spannungsteiler-Formel:

$$U_{R2}=\frac{U}{R1+R2}\cdot R2 \quad \text{oder besser} \quad U_{R2}=\frac{U}{\frac{R1}{R2}+1} \qquad \{2.7\}$$

Der Zusammenhang $U_{R2} = f(R2)$ verläuft auch hier nicht linear. Ist der Schleifer von R2 am oberen Anschlag, dann ist die Ausgangsspannung gleich Null. Das kann man an der Gleichung 2.7 gut sehen, denn dann ist auch R2 gleich Null.
Je weiter der Schleifer in Richtung unteren Anschlag verschoben wird, desto größer wird die Ausgangsspannung. Ist R2 wesentlich größer als R1 dann nähert sich der Wert der Ausgangsspannung dem Wert der Eingangsspannung *U*.

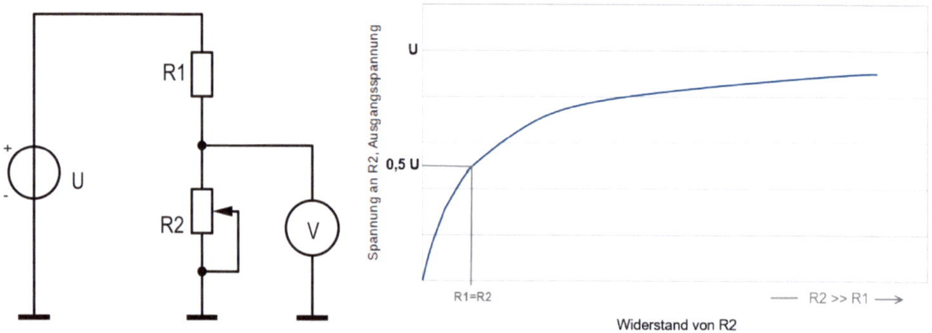

Bild 2.12a: Spannungsteiler - beim linearen Parallelregler. Die Ausgangsspannung U_A liegt an R2 an.

Bild 2.12b: Verlauf der Ausgangsspannung (Spannung an R2) in Abhängigkeit vom Widerstand R2.

Schließt man parallel zu R2 einen Verbraucher an, dann sinkt die Spannung, weil der Verbraucher mit R2 wieder eine Parallelschaltung bildet. Zum Ausgleich muss R2 dann vergrößert werden. Die maximale Ausgangsspannung ergibt sich durch das Teilerverhältnis R1/R2. Sind beide Widerstände gleich groß, dann ist die maximale Ausgangsspannung genau die Hälfte der Eingangsspannung.

Die Ausgangsspannung bleibt konstant, so lange der Strom durch R1 konstant bleibt. Er ergibt sich aus dem Teilstrom, der durch R2 fließt und den Teilstrom, der durch den Verbraucher fließt (der parallel zu R2 angeschlossen ist). Bei der praktischen Umsetzung ist R2 die Kollektor-Emitter-Strecke eines Transistors. Dieser stellt sich immer so ein, dass der Gesamtwiderstand bestehend aus R2 und dem angeschlossenen Verbraucher konstant bleibt. Die maximale Wärmeleistung tritt im Kurzschlussfall auf oder wenn mit R2 eine Ausgangsspannung von *0 V* eingestellt wird. Dann nämlich fällt die gesamte Eingangsspannung an R1 ab und es gilt:

$$I_{max} = \frac{U}{R1}$$

$$P_{R1max} = U \cdot I_{max} = R1 \cdot I_{max}^2$$

Der Widerstand R1 muss diese Leistung aushalten und in Wärme umwandeln können.

In einem praktisch ausgeführten Netzteil mit Parallelstabilisierung ist R2 ersetzt durch die Kollektor-Emitter-Strecke eines Transistors oder einfach nur durch eine Z-Diode. Der Verbraucher ist parallel zu diesem Transistor oder der Z-Diode angeschlossen.

Da der Gesamtstrom durch R1 fließt kann man bei stationären Verhältnissen (also eine konstante Ausgangsspannung) für die Eingangsleistung schreiben:

$$P_E = I_{R1} \cdot U = const. \neq f(R_L)$$

Die Eingangsleistung ist unabhängig davon, ob ein Lastwiderstand angeschlossen ist oder nicht, konstant.

Für die Ausgangsleistung (wieder $U_{OUT} = U_{R2}$) gilt dann:

$$P_A = \frac{U_{OUT}^2}{R_L}$$

Wobei R_L der zu $R2$ parallel angeschlossene Verbraucherwiderstand ist.

Parallelstabilisierung macht nur Sinn, wenn permanent ein Verbraucher angeschlossen ist, der immer einen großen Teil des Stromes aufnimmt. Im Leerlauf, also wenn kein Verbraucher angeschlossen ist, fungiert die Parallelstabilisierung lediglich als Heizung.

2.2.1 Parallelstabilisierung für kleine Leistungen

Eine Parallelstabilisierung für kleine Leistungen kann so aussehen wie im Bild 2.13. Die Ausgangsspannung ist etwa gleich groß wie die Arbeitsspannung der Z-Diode. Die Z-Diode wird nur mit dem Basisstrom des Transistors belastet. Die Kombination aus Transistor, Z-Diode, R1 und R2 wirkt wie eine Z-Diode hoher Leistung, deren differentieller Widerstand r_Z zwischen positiven und negativen Werten variiert werden kann. Mit R1 kann er auf einen Minimalwert abgeglichen werden. Rechnerisch wäre der optimale Wert

$$R1 = (r_Z + h11e) / h21e$$

Leider stehen die Werte *h11e* und *h21e* in der Praxis eigentlich nie zur Verfügung. Bei steigender Eingangsspannung nehmen der Strom durch die Z-Diode und damit auch Basis- und Kollektorstrom des Transistors zu. Der dadurch am Vorwiderstand R3 und am Abgleichwiderstand R1 erzeugte zusätzliche Spannungsabfall gleicht die Zunahme der Eingangsspannung derart aus, dass U_{OUT} konstant bleibt.

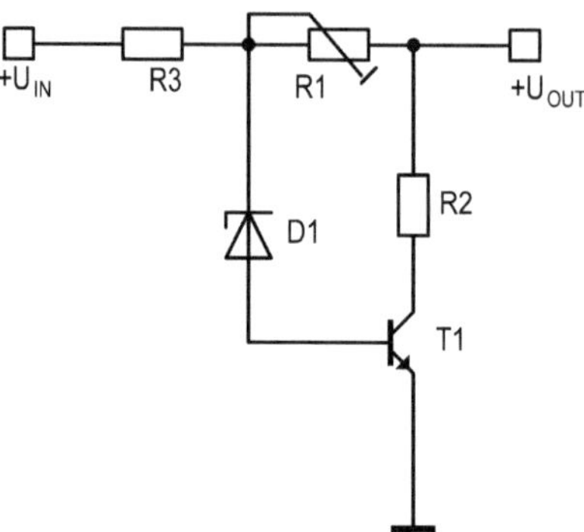

Bild 2.13: Parallelstabilisierung für kleine Leistungen.

Im Bild 2.14 ist eine dimensionierte Schaltung für eine konstante Ausgangs-Nennspannung von U_{OUT} = *6 V* zu sehen. Außerdem die Übertragungsfunktion $U_{OUT} = f(U_{IN})$ für den unbelasteten Fall. Der Transistor 2N1613 kann bei entsprechender Kühlung eine Wärmeleistung von *800 mW* dauerhaft umsetzen. Bei einer Ausgangsspannung von *6 V* ist dann ein maximaler Strom von

$$I_{max} = \frac{P}{U} = \frac{0{,}8\,W}{6V} \approx 133{,}3\,mA$$

zulässig. Wenn keine Last angeschlossen ist, darf die Eingangsspannung nicht größer werden als

$$U_{INmax} = (I_{max} \cdot R1) + 6\,V = (133{,}3\,mA \cdot 100\,\Omega) + 6\,V \approx 19{,}3\,V$$

In R1 entsteht dann die maximale Wärmeleistung von

$$P_{R1} = U_{R1} \cdot I_{max} = (19{,}3\,V - 6\,V) \cdot 133{,}3\,mA \approx 1{,}8\,W$$

Für die Berechnung des minimalen Lastwiderstand R_{Lmin}, der an U_{OUT} angeschlossen werden kann, ohne dass die Ausgangsspannung merklich unter *6 V* abfällt kann man sich Transistor und Z-Diode wegdenken. In diesem Fall fließt der gesamte Strom durch den Lastwiderstand. Vergrößert sich der Lastwiderstand wird die Schaltung aktiv und der Transistor leitet. Es fließt dann immer genau soviel Strom durch den Transistor, dass die Eingangsspannung abzüglich des Spannungsabfalls an R1 die Ausgangsspannung von ca. *6 V* ergibt.

$$R_{Lmin} = f(U_{\mathrm{IN}}) = \frac{R1}{\frac{U_{\mathrm{IN}}}{U_{OUT}} - 1} = \frac{100\,\Omega}{\frac{U_{\mathrm{IN}}}{6V} - 1} \qquad \{2.8\}$$

Bei einer Eingangsspannung von 20 V muss der an U_{OUT} angeschlossene Lastwiderstand R_L demnach mindestens einen Wert von *42 Ω* aufweisen. Bei *10 V* Eingangsspannung darf er nicht unter *150 Ω* abfallen.

Der Widerstand R2 sorgt für einen definierten Massebezug an der Basis des Transistors. Gleichzeitig verstärkt er den Stromfluss durch die Z-Diode, so dass deren Arbeitspunkt weiter weg vom Knickbereich in den Zenerspannungsbereich verschoben wird.

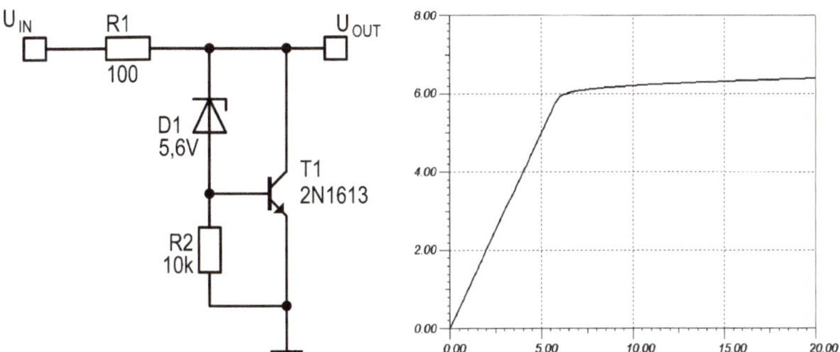

Bild 2.14: Parallelstabilisierung für U_{OUT} = 6 V. Schaltung und die Übertragungsfunktion $U_{OUT} = f(U_{IN})$.

2.2.2 Parallelstabilisierung für größere Leistungen

Bild 2.15 zeigt die Schaltung einer Parallelstabilisierung auch für größere Leistungen. Auch hier handelt es sich um nichts anderes als eine schaltungstechnisch nachgebaute Z-Diode hoher Leistung ("Power-Z-Diode"). Durch den Einsatz von zwei Transistoren wird eine besonders konstante Spannung und ein scharfer Knick zwischen inaktivem und aktivem Bereich der Z-Dioden-Nachbildung möglich.

Voraussetzung für die Funktion der Schaltung ist die eigentlich selbstverständliche Erfüllung der Bedingung

$$U_{IN} > U_{OUT}$$

Tatsächlich muss sogar erfüllt sein

$$U_{IN} > (U_Z + U_{BE.T1} + U_{R3})$$

Der Basisstrom durch T1 erzeugt einen Kollektorstrom durch T1, der größtenteils dem Basisstrom von T2 entsprechen soll. Dadurch fließt stromverstärkt ein Kollektorstrom durch T2. Die Ausgangsspannung ergibt sich zu

$$U_{OUT} = U_Z + U_{BE.T1} + U_{R3} \qquad \{2.9\}$$

Steigt die Eingangsspannung U_{IN}, so fließt um so mehr Basisstrom in T1 und T2 und der dadurch zunehmende T2-Kollektorstrom nimmt gerade soviel Strom auf, dass U_{OUT} konstant bleibt. Durch die Z-Diode fließt ein Strom der aus dem T2-Kollektorstrom dividiert durch die beiden Stromverstärkungsfaktoren von T1 und T2 zuzüglich des Stroms durch R1 resultiert.

$$I_{BT1} = \frac{I_{CT2}}{B_{T1} \cdot B_{T2}} + I_{R1}$$

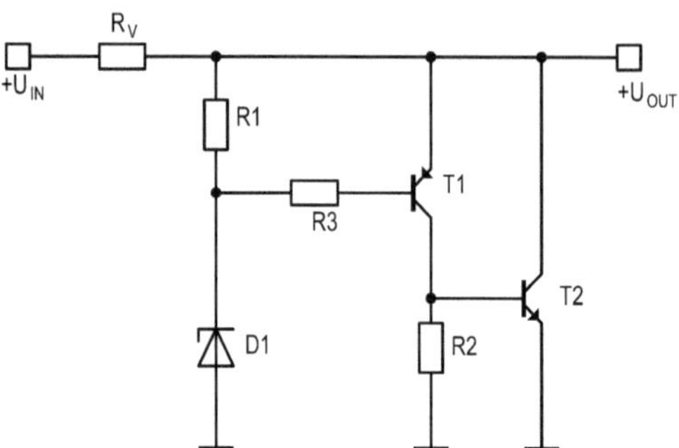

Bild 2.15: Parallelstabilisierung für größere Leistungen.

Auch hier soll die Schaltung beispielhaft eine Ausgangsspannung von $U_A = 6\ V$ liefern. Für T2 wird der bekannte Leistungstransistor 2N3055 eingesetzt. Ohne angeschlossene Last nimmt T2 den gesamten Strom auf. Die maximal umsetzbare Wärmeleistung ist bei diesem Transistor angegeben mit *115 W*. Bei einer Ausgangsspannung von *6 V* gehört dazu ein Strom von *19 A*. Der maximal erlaubte Kollektorstrom ist jedoch $I_C = 15\ A$, so dass die Wärmeleistung maximal $P_W = 90\ W$ betragen kann. Damit diese Wärmeleistung tatsächlich im Transistor T2 entstehen und abgeführt werden kann sind umfangreiche Kühlmaßnahmen notwendig. Details dazu im Kapitel 4.

Der Typ 2N3055 hat eine Stromverstärkung von mindestens $B = 15$. Der Basisstrom von T2 muss deshalb im schlimmsten Fall

$$I_{BT2} = \frac{I_{CT2}}{B} = \frac{15\,A}{15} \approx 1\,A$$

betragen.

R2 stellt einen sicheren Bezug zur Masse dar. Es genügt hier, wenn R2 etwa *1/1000* des Basisstromes von T2, also etwa *1 mA* aufnimmt.

$$R2 = \frac{U_{BET2}}{I_{R2}} = \frac{0{,}7\,V}{1\,mA} = 700\,\Omega$$

Der nächsthöhere Wert aus der E12-Reihe - also *820 Ω* – eignet sich dafür. Der Kollektorstrom von T1 muss den Basisstrom für T2 liefern zuzüglich des Stroms durch R2, den wir in diesem Zusammenhang vernachlässigen können. Die Kollektor-Emitter-Spannung von T1 beträgt

$$U_{CET1} = U_{OUT} - U_{R2} = 6\,V - 0{,}7\,V = 5{,}3\,V$$

In T1 entsteht deshalb im schlimmsten Fall die Wärmeleistung von etwa

$$P_W = 5{,}3\,V \cdot 1\,A = 5{,}3\,W$$

Man könnte den Transistor BD137 nutzen. Die Stromverstärkung beträgt mindestens *B = 40*. Ausgehend von diesem Wert beträgt der Basisstrom durch T1 dann noch $I_{B.T1}$ = *25 mA*. Der Widerstand R3 begrenzt den Basisstrom durch T1 und schützt diesen somit. Der Einfachheit halber wird er so dimensioniert, dass die an ihm abfallende Spannung unbedeutend bleibt. Gehen wir von *200 mV* aus, dann gilt für R3

$$R_3 = \frac{U_{R3}}{I_{BT1}} = \frac{0{,}2\,V}{25\,mA} = 8\,\Omega$$

Hier kann man großzügig aufrunden und den Wert *10 Ω* aus der E12-Reihe verwenden. Die Zenerspannung ergibt sich mit Umstellen von {2.9} zu

$$U_Z = U_{OUT} - U_{BET1} - U_{R3} = 6\,V - 0{,}7\,V - 0{,}2\,V = 5{,}1\,V$$

Die Zenerspannung U_Z = *5,1 V* ist ein gängiger Wert und die Z-Diode BZX55C5V1 wäre eine richtige Wahl. Der Widerstand R_V muss die Spannung aufnehmen

$$U_{Rv} = U_{IN} - U_{OUT}$$

Legt man R1 mit 100 Ω fest und R_V mit 10 Ω, dann verhält sich die Schaltung hinsichtlich

$$U_{OUT} = f(U_{IN})$$

wie im Bild 2.16. Die gewünschte Nennspannung von U_{OUT} = *6 V* am Ausgang wird nicht ganz erreicht.

Die Gleichung {2.8} gilt auch hier. Allerdings ist anstelle R1 hier R_V einzusetzen. Bei einer Eingangsspannung von U_{IN} = 20 V können Lastwiderstände (Verbraucher) bis herab zu

$$R_{Lmin} = \frac{10\,\Omega}{\frac{20\,V}{6\,V} - 1} \approx 4{,}3\,\Omega$$

angeschlossen werden. Bei U_{IN} = *10 V* Eingangsspannung müssen es mindestens *15 Ω* sein. Bei kleineren Werten wird die gewünschte Ausgangsnennspannung unterschritten. Im Bild 2.18 ist der Zusammenhang grafisch dargestellt. Der Verlauf ist hyperbelartig. Der zugehörige maximale Ausgangsstrom ist dann jeweils

$$I_{max} = \frac{6\,V}{R_{Lmin}}$$

Auch dieser folgt einer Hyperbel.

In T2 entsteht die höchste Wärmeleistung, wenn kein Verbraucher angeschlossen ist und die maximal erlaubte Eingangsspannung anliegt. Ausgehend von U_{IN} = *20 V* müssen an R_V *14 V* abfallen, damit am Ausgang U_{OUT} = *6 V* zur Verfügung stehen. Der Strom durch T2 ist dann der Strom der auch durch R_V fließt. Also

$$I_{RV}=I_{IC.T2}=\frac{U_{RV}}{R_V}=\frac{14\,V}{10\,\Omega}=1{,}4\,A$$

R_V muss eine Wärmeleistung von

$$P_{RV}=R_V\cdot(I_{RV})^2=10\,\Omega\cdot(1{,}4\,A)^2=19{,}6\,W$$

verkraften. Im Transistor T2 entsteht die Wärmeleistung

$$P_{T2}=U_{OUT}\cdot I_{C.T2}=6\,V\cdot 1{,}4\,A=8{,}4\,W$$

Dieser Wert liegt weit unter dem eingangs errechneten maximalen Wert von *90 W*. Trotzdem ist natürlich eine Kühlmaßnahme (Aufschrauben auf einem großen Kühlkörper) erforderlich. Details dazu in einem späteren Kapitel.

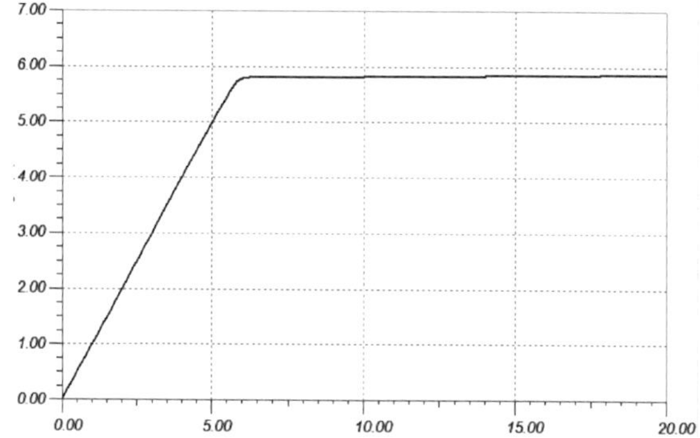

Bild 2.16: Charakteristik U_{OUT} = $f(U_{IN})$ der Schaltung nach Bild 2.15 mit der im Text gerechneten Dimensionierung.

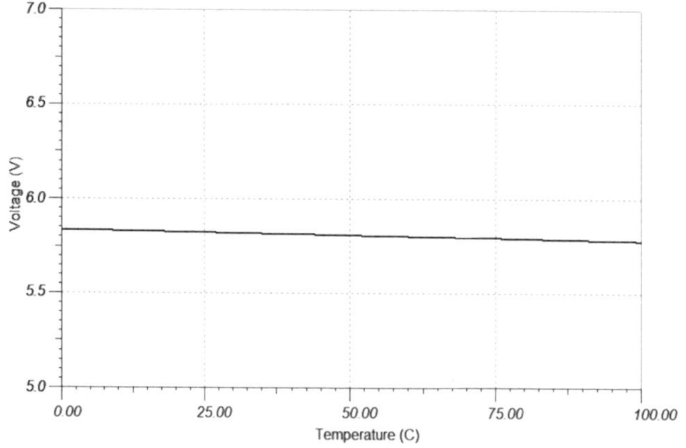

Bild 2.17: Temperaturverhalten U_{OUT} = $f(\vartheta)$ der Schaltung nach Bild 2.15 mit der im Text gerechneten Dimensionierung.

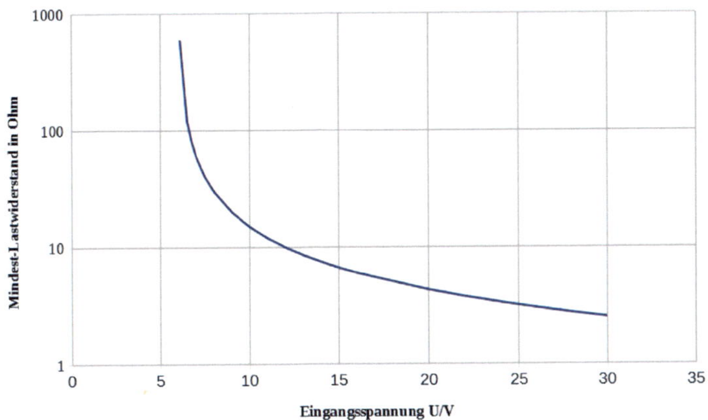

Bild 2.18: Mindest-Lastwiderstand R_{Lmin} = $f(U_{IN})$ für die Schaltung nach Bild 2.15 mit der im Text gerechneten Dimensionierung.

2.2.3 Fazit zur Parallelstabilisierung

Die Parallelstabilisierung ist geeignet für Anwendungen bei denen die Last ständig angeschlossen ist. Positiv ist die schnell wirkende, unkomplizierte Stabilisierung ohne Rückkopplung die eine Ausgangsspannung hervorragender Qualität bietet. Die absolute Stabilität der Ausgangsspannung ist hingegen nicht so gut. Das bedeutet, dass die absolute Spannung bei Belastung etwas sinkt.

2.3 Kombinierte Serien-Parallel-Stabilisierung

Übliche Serien-Stabilisierungsschaltungen sind nicht in der Lage, Rückspannungen bzw. -ströme vom am Ausgang angeschlossenen Verbraucher auszugleichen. Liegt bei einer Stabilisierungsschaltung der Emitter des Stelltransistors am Ausgang (wie z.B. im Bild 2.3), so ist der Transistor gefährdet, wenn die Rückspannung die Sollausgangsspannung um mehr als die zulässige Emitter-Basis-Spannung (meist *5....7 V*) des Stelltransistors überschreitet. Der Innenwiderstand ist für Ströme in Rückwärtsrichtung sehr groß. Parallel-Stabilisierungsschaltungen haben diesen Nachteil nicht. Dafür fließt in ihnen permanent ein relativ großer Strom – bis zur Größenordnung des Ausgangsstroms. Das wurde im vorherigen Abschnitt gezeigt.

Die kombinierte Schaltung aus Bild 2.19 vermeidet weitgehend beide Nachteile. Diese Schaltung ähnelt im Prinzip den bekannten Schaltungen für eisenlose NF-Endstufen. Sie besteht zunächst aus der Darlingtonschaltung mit den Transistoren T1 und T2, wobei die Basis von T1 an eine von der Z-Diode D3 stabilisierte Spannung gelegt ist. Die in Reihe geschalteten Dioden D1 und D2 kompensieren die Basis-Emitter-Schwellspannungen von T1 und T2, so dass die Ausgangsspannung U_{OUT} etwa gleich der Spannung an der Z-Diode D3 ist und einen geringen Temperaturkoeffizienten hat.

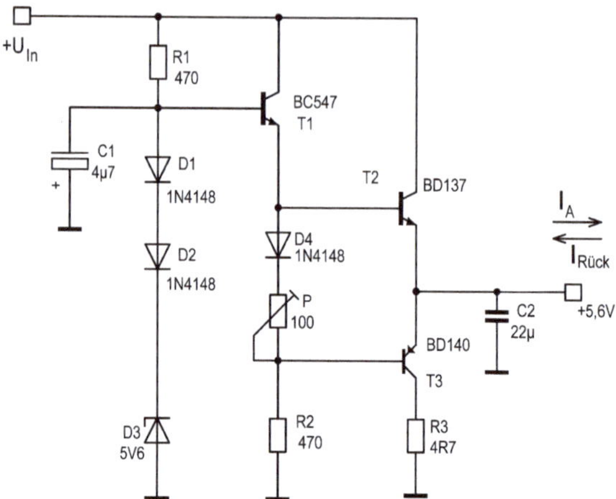

Bild 2.19: Kombinierte Serien-Parallel-Spannungsstabilisierung.

Weiterhin ist noch ein PNP-Paralleltransistor T3 vorhanden. Der gemeinsame Arbeitspunkt der komplementären Transistoren T2 und T3 wird durch den Spannungsabfall an der Diode D4 und dem Potentiometer P bestimmt. Der Ruhestrom durch die Transistoren T2 und T3 wird mit dem Potentiometer P auf ca. *10 mA*, also ca. *50 mV* Spannungsabfall am Emitterwiderstand R3, eingestellt.

Die Schaltung arbeitet im Normalfall wie eine übliche Serien-Stabilisierungsschaltung mit einer Vorlast von *10 mA*. Tritt Rückspannung auf, so wird der Emitter des Transistors T3 positiv, seine Leitfähigkeit steigt, und es kann ein Rückstrom über T3 und den Schutzwiderstand R3 nach GND fließen. Mit dem Kondensator C1 wird die Referenzspannung zusätzlich gesiebt. Bei dieser Schaltung kann es beim Übergang von der seriellen zur parallelen Stabilisierung Schwingneigung geben. Der Kondensator C2 unterdrückt diese. Die Endtransistoren T2 und T3 müssen natürlich auf einen Kühlkörper montiert werden.

Mit der angegebenen Dimensionierung gelten für die Schaltung die Daten:

Eingangsspannung:	$U_{IN} > +10\ V$
Ausgangsspannung:	$\approx +5,6\ V$
max. Ausgangsstrom:	$I_A = 200\ mA$
dyn. Ausgangswiderstand:	$r_a \approx 20\ m\Omega$
max. Rückstrom:	$I_{rück} = 200\ mA$
dyn. Rückwärtswiderstand:	$r_{rück} \approx 1\ \Omega$

2.4 Hinweise zum Aufbau

Da Stabilisierungsschaltungen keine Rückkopplung beinhalten sind sie hinsichtlich des praktischen Aufbaus besonders anspruchslos. Trotzdem gibt es ein paar Punkte zu beachten.

Vor allem beim Aufbau von Netzgeräten gilt ganz allgemein die Regel, die stromführenden Leitungen so dick wie nötig und so kurz wie möglich auszuführen. Bei Leiterbahnen gilt für mich ganz allgemein die Regel: so breit wie möglich und so kurz wie möglich. Breite Leiterbahnen haben viele Vorteile:

- Je mehr Kupferfläche auf der Leiterplatte, desto weniger Hochfrequenzeinstreuungen treten auf. Hochfrequenzwellen existieren nicht direkt über einer leitenden Oberfläche.
- Je breiter die Leiterbahn, desto kleiner der Bahnwiderstand und desto geringer die Wärmeentwicklung auf der Bahn.
- Es muss weniger Kupfer abgetragen werden. Das spart Ätzmittel bei geätzten Platinen oder Werkzeugabnutzung bei gefrästen Platinen. Außerdem gibt es weniger Kupferabfall.
- Eine breite Leiterbahn übersteht mechanische Beanspruchung und mehrfaches Löten eher als eine dünne Leiterbahn. Das ist spätestens bei Modifikationen oder Reparaturen ein nicht zu unterschätzender Vorteil.

Der Leiterbahnwiderstand bei kupferkaschiertem Platinenmaterial lässt sich leicht mit der bekannten Formel berechnen, die man z.B. auch in [4] findet:

$$R = \frac{0{,}0179 \frac{\Omega \cdot mm^2}{m} \cdot l}{d \cdot b} \qquad \{2.10\}$$

R ist der Bahnwiderstand in *Ω*
l ist die Länge der Leiterbahn in *m*
d ist die Stärke der Kaschierung in *mm* (normalerweise *35 µm* also *0,035 mm*)
b ist die Breite der Leiterbahn in *mm*

Die Strombelastbarkeit von kupferkaschierten Platinen wird oft unterschätzt. Akzeptiert man eine Temperaturerhöhung der Leiterbahn um *10 K*, dann darf gemäß [4] bei einer Kupferauflage von *d = 35 µm* und einer Leiterbahnbreite von *b = 4 mm* ein Strom von *6 A* fließen. Werden *20 K* Temperaturerhöhung akzeptiert, dürfen auch *8 A* fließen.

Masseschleifen müssen unbedingt vermieden werden. Das gilt auch auf der Leiterplatte! Sternpunkt für alle Masseleitungen ist der Masseanschluss des Ladekondensators (der Kondensator direkt hinter dem Netzgleichrichter).

Übergangswiderstände bei Klemmen und Leitungsverbindungen stören gerade bei größeren Strömen enorm. Im unkritischen Fall erhöhen sie den wirksamen Innenwiderstand des Netzteils. Das ist ärgerlich aber nicht gefährlich. Im schlimmeren Fall werden die Anschlussverbindungen heiß und entfachen einen Brand.

3 • Referenzspannung

Im vorausgegangenen Kapitel habe ich dem Thema Referenzspannungserzeugung keine große Bedeutung zukommen lassen. Das lag auch daran, dass die besprochenen Versorgungsfälle keine extrem stabile Gleichspannung erforderten. Tatsache ist aber, dass zur Erzeugung besonders stabiler Versorgungsspannungen entsprechend gute Referenzspannungen benötigt werden. Die Qualität der Ausgangsspannung ist eng verknüpft mit der Qualität der Referenzspannung. Sie müssen sehr konstant sein – unabhängig von der Temperatur.

In den Zeichnungen aus Bild 2.2 ist die Referenzspannung jeweils mit U2 betitelt. Es gibt mittlerweile viele Referenzspannungsquellen in Form von Spezial-ICs. Für den Prototypenbauer, den Maker oder Funkamateur bergen diese doch einige Nachteile. Das fängt an beim jeweiligen, individuellen Footprint, dass beim Layouten zu berücksichtigen ist. Wenn man Pech hat, ist das IC dann abgekündigt und nicht mehr erhältlich, wenn die Platine geliefert wird und bestückt werden soll. Auch im Reparatur- oder Modifikationsfall ist zweifelhaft, ob das Spezial-IC dann noch am Markt verfügbar ist.

In Mikrocontrollern sind auch fast immer Referenzspannungsquellen enthalten. In manchen Fällen kann man diese an einen Pin ausgeben. Wenn man also ohnehin einen Mikrocontroller im Projekt eingeplant hat, kann man oft auf dessen Referenzspannung zurückgreifen.

Ich fokussiere hier auf Lösungen, die ohne Spezial-IC auskommen. Referenzspannungsquellen, die man mit Bauteilen aus der Bastelkiste realisieren kann oder aus alten, defekten Geräten auslötet und wiederverwendet.

3.1 Z-Diode zur Referenzspannungserzeugung

Bei dem Stichwort Referenzspannung ist die Z-Diode das naheliegendste. Es gibt nach wie vor Z-Dioden als Standard-Bauteile. Das Schaltzeichen der Z-Diode kann der Schaltung im Bild 2.3 entnommen werden. Um diese Bauteile geht es hier. Z-Dioden haben nur zwei Anschlüsse. Sie sind seit je her als THT-Bauteil verfügbar und damit leicht zu handhaben und zu montieren. Parallel gibt es sie seit vielen Jahren auch im standardisierten SMD-Gehäuse z.B. im Format "Minimelf". Im Durchlassbereich sehen die Kennlinien von Z-Dioden genau so aus wie die normaler Dioden. Der Durchlassbereich ist aber bei diesen Dioden meistens uninteressant. Z-Dioden werden fast immer in Sperrrichtung betrieben.

Die schematisierte Kennlinie einer Z-Diode zeigt Bild 3.1. Die Kennlinie zeigt, dass die Sperrspannung - bzw. hier jetzt die Zenerspannung U_Z - auch bei großen Änderungen des Stromes ΔI nur sehr wenig variiert (ΔU). Durch geeignete Wahl der Dotierung kann der Halbleiterhersteller die Durchbruchspannung U_Z in weiten Grenzen vorbestimmen. Wie der Kennlinie im Bild 3.1 zu entnehmen ist, erfolgt der Durchbruch nicht beliebig steil, sondern es bleibt ein dynamischer oder differentieller Widerstand $r_d = \Delta U/\Delta I$. Dieser differentielle Widerstand ist nebst der Durchbruchspannung U_Z und deren Temperaturkoeffizient der wichtigste Parameter einer Z-Diode.

Kennt man sich ein wenig mit Z-Dioden aus, kann man leicht auf Spezial-ICs als Referenzspannungsquelle vollständig verzichten. Das hat viele Vorteile. Die Beschaffung ist einfach, die Lagerhaltung ebenfalls. Außerdem muss man keine Datenblätter lesen. Auch das Layouten ist einfacher, denn es gibt nur zwei Anschlüsse die zu beachten sind. Es ist also sinnvoll, dieser Diodenart etwas mehr Aufmerksamkeit zu schenken.

Kleinere Zener- bzw. Durchbruchspannungen setzen stärker dotierte Materialien voraus. In stark dotierten Halbleitern gibt es bereits bei kleineren Sperrspannungen hohe Feldstärken über der Sperrschicht. Dadurch können Elektronen durch die Raumladungszone tunneln. Die damit einher gehenden, freigewordenen Ladungsträger bilden dann den kräftigen Sperrstrom. Dieser Tunnel-Effekt ist vorwiegend maßgebend bei Z-Dioden mit Durchbruchspannungen von weniger als 6 V. Sein Temperaturkoeffizient ist negativ. Steigt die Temperatur, so sinkt die Durchbruch- bzw. Zenerspannung.

Bei Zenerspannungen, die größer sind als ca. *6 V*, wird der steile Verlauf der Kennlinie in Sperrrichtung durch den sogenannten Lawineneffekt verursacht. Durch die angelegte Spannung entstehen im Halbleiter so hohe Feldstärken, dass einzelne Elektronen andere mitreißen und damit den Durchbruch verursachen. Der Temperaturkoeffizient des Lawinendurchbruchs ist positiv, das heißt, dass bei zunehmender Temperatur die Durchbruchspannung ebenfalls zunimmt. Die beiden Durchbruch-Mechanismen halten sich nicht genau an die Grenze von etwa 6 V; die Übergänge sind vielmehr ziemlich fließend.

Wichtig ist noch zu wissen, dass Z-Dioden zu starkem Rauschen neigen, wenn sie in der näheren Umgebung des Kennlinienknicks betrieben werden. Aus diesem Grund sollte ein minimaler Strom in Durchbruchrichtung von ca. *2..5 mA* nicht unterschritten werden.

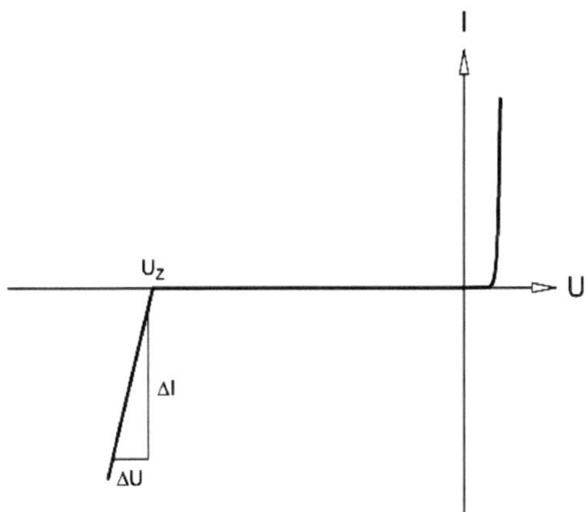

Bild 3.1: Schematisierte Kennlinie einer Z-Diode. Interessant ist der Sperrbereich.

Z-Dioden werden in Form von Serien auf den Markt gebracht. Alle Z-Dioden einer Serie haben prinzipiell den gleichen Aufbau, unterscheiden sich allerdings in der Durchbruchspannung. Die Durchbruchspannungen werden in der Regel gestuft nach der Reihe E12 (siehe [4]) - manchmal auch nach der Reihe E24 und mit den entsprechenden Toleranzen (*±10 %*

bzw. ±*5 %*) angeboten. Der Bereich der erhältlichen Durchbruchspannungen liegt etwa zwischen *2 V* und *75 V* (abhängig von der Serie). Der Nennwert der Zenerspannung wird von den Herstellern überlicherweise bei einem Strom von *5 mA* angegeben. Die wichtigen Parameter wie dynamischer Widerstand und Temperaturabhängigkeit der Durchbruchspannung hängen ebenfalls von der Durchbruchspannung ab. Beispielhaft zeigen die Bilder 3.2 und 3.3 den dynamischen Widerstand und das Temperaturverhalten bei der Z-Dioden-Serie ZPD... von ITT.

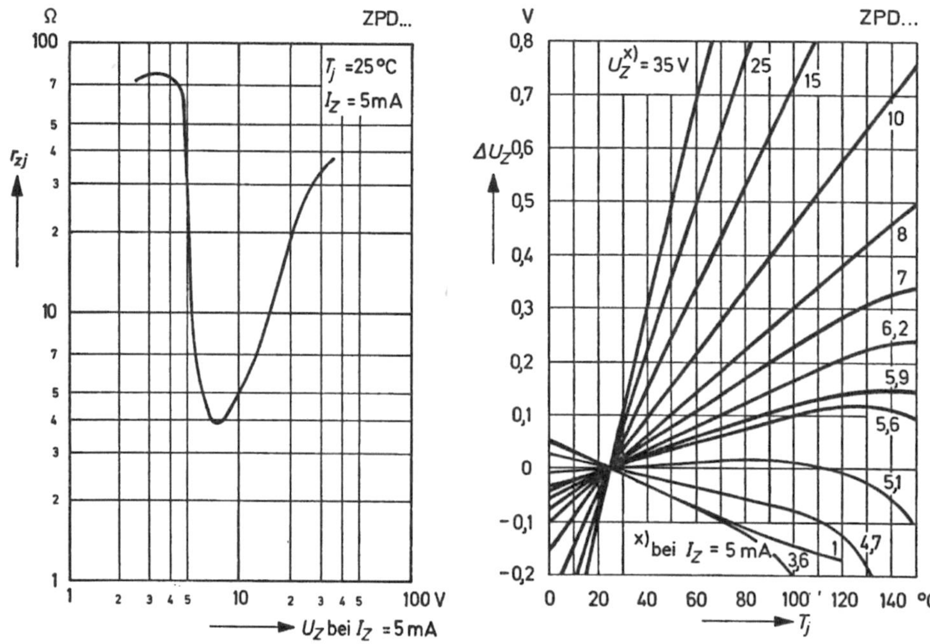

Bild 3.2: Dynamischer Widerstand r_d bei der Z-Dioden-Serie ZPD... von ITT (entnommen aus [9]).

Bild 3.3: Temperaturverhalten von Z-Dioden aus der Serie ZPD... (entnommen aus [9]).

Der in den Bildern 3.2 und 3.3 gezeigte Verlauf des dynamischen Widerstandes und des Temperaturverhaltens ist typisch für alle Z-Dioden-Serien. Auch hier ist zu beobachten, dass das Vorzeichen des Temperaturkoeffizienten bei einer Durchbruchspannung um die *5 V* wechselt. Die Z-Dioden mit diesen Durchbruchspannungen haben also die kleinste Temperaturabhängigkeit, wie im Bild 3.3 deutlich zu sehen ist. Der kleinste differentielle Widerstand liegt dagegen bei leicht höheren Durchbruchspannungen - im Bild 3.2 bei ca. $U_Z = 8\ V$.

Nicht nur bei der ZPD-Serie, liefert die Z-Diode mit einer Zenerspannung von *5,1 V* (ZPD5V1) die temperaturstabilere Referenzspannung. Mit Hilfe der Schaltung aus Bild 3.4 können damit temperaturstabile Referenzspannungen von *0....5,1 V* bereitgestellt werden. Im Hinblick auf Rauscharmut wird der Strom durch die Z-Diode auf mindestens *2 mA* festgelegt. Zu beachten ist, dass die maximale Verlustleistung, mit der die Z-Diode belastet werden darf, nicht überschritten wird. Im Datenblatt ist sie angegeben mit $P_{Vmax} = 500\ mW$. Der maximale Strom durch die Z-Diode ist dann

$$I_{max} = \frac{P_{vmax}}{U_Z} = \frac{0,5\,W}{5,1\,V} \approx 98\,mA$$

Damit mindestens *2 mA* fließen, muss die Spannung über R1 *2 V* betragen. Der Strom durch R2 ist wegen R2 >> R1 vernachlässigbar. Für die minimale Eingangsspannung $U_{battmin}$ muss dann gelten

$$U_{battmin} = U_Z + U_{R1} = 5,1\,V + 2\,V = 7,1\,V$$

Die höchste Eingangsspannung, bei der die maximal erlaubte Leistung in der Z-Diode nicht überschritten wird, ist dann erreicht, wenn der maximal erlaubte Strom von *98 mA* fließt.

$$U_{battmax} = U_Z + U_{R1} = 5,1\,V + 1000\,\Omega \cdot 0,098\,A = 103,1\,V$$

Ist diese Spannung erlaubt, so ist zu beachten, dass dann im Widerstand R1 eine Wärmeleistung von

$$P_{R1} = I^2 \cdot R1 = 0,098\,A^2 \cdot 1000\,\Omega \approx 9,6\,W$$

entsteht. Dafür muss der Widerstand ausgelegt sein. Im Bild 3.4 ist die maximale Eingangsspannung auf 32 V begrenzt. Das liegt daran, dass dann die maximale Betriebsspannung des Operationsverstärkers U1a (LM2904) erreicht ist.

Sind höhere Referenzspannungen erforderlich kann man zwei Zenerdioden mit $U_Z = 5,1\ V$ in Reihe schalten. Die Temperaturstabilität ist z.B. bei zwei in Reihe geschalteten *5,1 V* Z-Dioden besser als bei einer 10 V Z-Diode. Das zeigt das Bild 3.3 sehr deutlich.

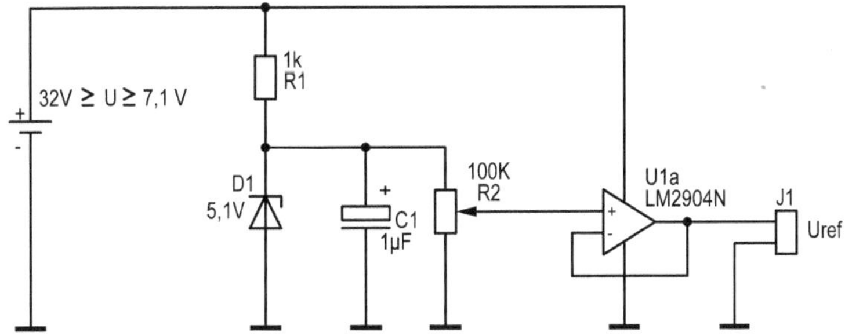

Bild 3.4: Spannungsreferenz mit einstellbarer Spannung, aufgebaut mit Standard-Bauteilen.

3.1.1 Temperaturkompensation durch Reihenschaltung

Durch geschickte Auswahl einer Z-Diode mit negativem Temperaturkoeffizienten und einer zweiten mit positivem Temperaturkoeffizienten, mit denen dann eine Reihenschaltung gebildet wird, erhält man ebenfalls eine temperaturstabile Referenzspannung. Bei der Typenreihe ZPD (Bild 3.3) wäre beispielsweise $U_Z = 3{,}6\ V$ und $U_Z = 6{,}2\ V$ eine geeignete Kombination um eine stabile Referenzspannung bis *9,8 V* zu erhalten.

Angeregt durch [8] möchte ich noch die im Bild 3.5 dargestellten, aus Standard-Bauteilen bestehende Kombinationen vorschlagen. Diese ermöglichen ebenfalls den Aufbau temperaturstabiler Referenzspannungen. Eine handelsübliche Z-Diode mit der Zenerspannung von *5,6...6,2 V* hat einen Temperaturkoeffizienten von ca. *+2 mV/K*. Schaltet man diese in Reihe mit einer normalen Silizium-Diode (oder der Basis-Emitter-Diode eines Silizium-Transistors), die in Durchlassrichtung einen Temperaturkoeffizienten von typischerweise -2 mV/K hat, so heben sich die Temperaturkoeffizienten weitestgehend auf.

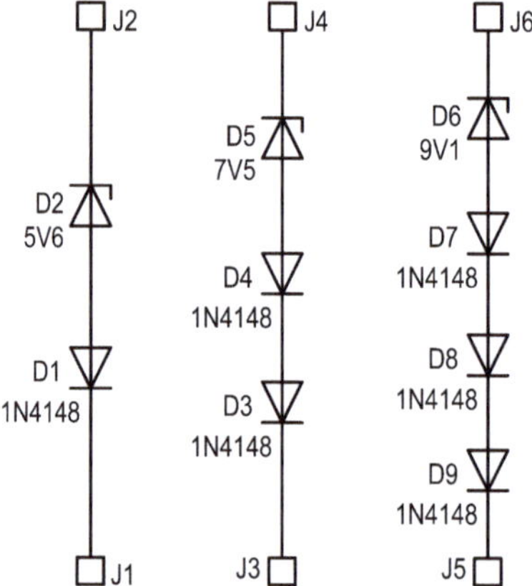

Bild 3.5: Kombinationen aus herkömmlichen Z-Dioden und Standard-Dioden zur Erzeugung temperaturstabiler Referenzspannungen. Mögliche Referenzspannung von links nach rechts: 6,3V / 8,9V / 11,2V.

Ich habe die Temperaturkoeffizienten vieler Z-Dioden gesammelt und daraus einen Funktionsgrafen erstellt. Er ist im Bild 3.6 dargestellt. Man kann diesen verwenden um z.B. eine temperaturstabile Referenzspannung aus in Serie geschalteten Zenerdioden zu erstellen. Die zugehörige Näherungsformel lautet:

$$\frac{T_K}{mV/K} = f(U_Z) = -0{,}019 \cdot (U_Z)^2 + 1{,}756 \cdot U_Z - 9{,}015 \quad \text{gilt für} \quad 2{,}7\ V \leq U_Z \leq 18\ V$$

An dieser Stelle der Hinweis, dass man in der Literatur häufig den Temperaturkoeffizienten mit der Einheit $10^{-4} \cdot 1/K$ findet. Für den Macher, der tatsächlich eine Schaltung entwickelt, ist der Temperaturkoeffizient in *mV/K* aber viel nützlicher. Man kann sofort die Auswirkung in elektrischer Spannung erkennen und letztendlich muss sich dieser Wert im günstigsten Fall zu Null aufheben.

Bild 3.6: Empirisch ermittelter Verlauf des Temperaturkoeffizienten in Abhängigkeit von der Zenerspannung.

3.1.2 Temperaturkompensation durch Transistor

Die Schaltung im Bild 3.7 erlaubt es, mit Hilfe eines Transistors, positive Temperaturkoeffizienten zu kompensieren. Dabei wird der bei Standard-Transistoren (BC547, BC238, etc.) gängige Temperaturkoeffizient von *-2,2 mV/K* der Basis-Emitter-Diode ausgenutzt. Diese Kompensation funktioniert bei Z-Dioden mit Zenerspannungen oberhalb von *6 V*.

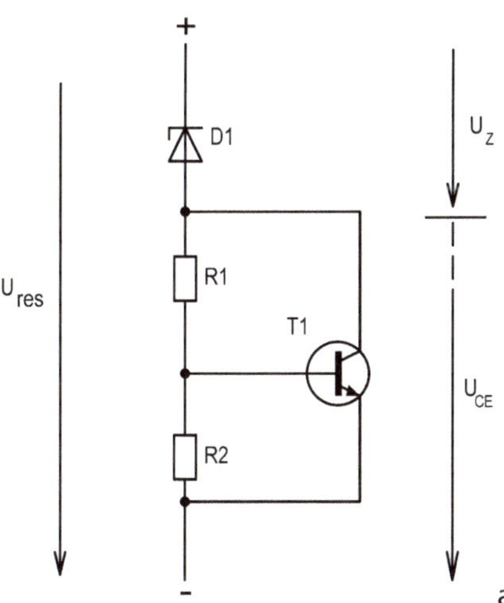

Bild 3.7: Temperaturkompensation mit Hilfe eines Transistors.

Dem Bild 3.3 kann man entnehmen, dass sich die Zenerspannung bei einer 15 V Z-Diode um *100 mV* ändert, wenn sich die Temperatur um *10 K* ändert. Zum Beispiel von *50 °C* nach *60 °C* (*1 K* entspricht *1 °C* Temperaturänderung). Pro Kelvin steigt die Zenerspannung also um 10 mV. Dieser Temperaturkoeffizient ist somit absolut 4,55-fach größer als der Temperaturkoeffizient der Basis-Emitter-Diode von T1. Damit ergibt sich ein Zusammenhang für die Dimensionierung des Spannungsteilers bestehend aus R1 und R2. Der Ansatz ist

$$\frac{R1+R2}{R2}=4{,}55$$

Daraus folgt für R1

$$R1=R2\cdot(4{,}55-1)$$

Wählt man R2 zu *1 kΩ*, dann muss R1 einen Wert von *3,55 kΩ* aufweisen (nächster Wert aus der E24-Reihe ist dann *3,6 kΩ*). Die sich ergebende Zenerspannung ist dann temperaturkompensiert – sie entspricht aber nicht mehr dem Wert der Z-Diode. Vielmehr ist die resultierende Zenerspannung größer. Es gilt dafür

$$U_{result} = U_Z + U_{CE}.$$

Das muss kein Nachteil sein, wenn man die endgültige Referenzspannung sowieso mit einem nachgeschalteten Operationsverstärker und/oder Spannungsteiler erstellt.

3.1.3 Temperaturkompensation durch hohe Arbeitstemperatur

Eine ganz andere Möglichkeit ist es, eine beliebige Z-Diode, mit beliebigem Temperaturkoeffizienten, bei konstanter Temperatur zu betreiben. Im einfachsten Fall stellt man den Arbeitspunkt so ein, dass sich die Z-Diode erwärmt und deren Halbleitertemperatur sehr deutlich über der Temperatur der Umgebung liegt.Bei der hier stellvertretend betrachteten ZPD-Reihe ist der Wärmewiderstand R_{thJU} zwischen Sperrschicht und Umgebungsluft mit 300 K/W angegeben. Dieser Wert gilt bei einer Umgebungstemperatur von $\vartheta_U = 25\ °C$ für alle ähnlich aufgebauten Z-Dioden (THT-Gehäuse aus Kunststoff mit zwei Anschlüssen). Wollen wir eine Temperatur von $\vartheta_J = 140\ °C$ im Halbleiter erreichen (ein für den Halbleiter noch ungefährliche Temperatur), so ist dazu eine Leistung von

$$P=\frac{\Delta T}{R_{thJU}}=\frac{\vartheta_J-\vartheta_U}{R_{thJU}} \qquad \{3.1\}$$

$$P=\frac{140\,°C-25\,°C}{300\frac{K}{W}}=383\,mW$$

erforderlich. Der Strom durch die Diode muss dann

$$I=\frac{P}{U_Z}=\frac{383\cdot 10^{-3}W}{U_Z}$$

betragen, wobei U_Z in Volt eingesetzt wird.

Bei der Z-Diode ZPD 10 gehört dazu ein Strom von $I = 38{,}33\ mA$.

Stellt man die Gleichung {3.1} um nach ϑ_J ($_J$ = *Junction* = *Sperrschicht*), so ergibt sich

$$\vartheta_J=P\cdot R_{thJU}+\vartheta_U=U_Z\cdot I\cdot R_{thJU}+\vartheta_U \qquad \{3.2\}$$

Bei der folgenden Betrachtung wird zunächst davon ausgegangen, dass U_Z und I konstant bleiben. Die Sperrschicht-Temperatur im obigen Fall ist $\vartheta_J = 140°C$. Nun sinkt die Umgebungstemperatur um 50 % auf dann $\vartheta_U = 12{,}5\ °C$ ab. Die Sperrschichttemperatur ändert sich gemäß der Gleichung {3.2} auf

$$\vartheta_J=10\,V\cdot 38{,}33\,mA\cdot 300\,K/W+12{,}5\,°C=127{,}49\,°C$$

1 K entspricht *1 °C*

Diese Änderung entspricht 9,8 %. Also deutlich weniger, als die Änderung der Umgebungstemperatur mit 50 %, wie im Beispiel. An der Formel {3.2} erkennt man, dass der Effekt um so stärker wird, desto höher der Wert des ersten Terms mit der elektrischen Leistung P in der Diode ist und desto größer der Wärmewiderstand R_{thJU} ist. Je größer diese Werte, desto kleiner ist der relative Einfluss der Umgebungstemperatur auf die Sperrschichttemperatur und damit auf die Zenerspannung.

Hier ist anzumerken, dass die maximal erlaubte Sperrschichttemperatur niemals überschritten werden darf. Im Datenblatt steht dieser Wert unter dem Abschnitt Grenzwerte bzw. "Absolut maximum ratings". Bei den meisten Z-Dioden liegt dieser Wert bei 175 °C. Bei der Festlegung des Zenerstroms ist zu berücksichtigen, dass bei der höchsten zu erwartenden Umgebungstemperatur die maximale Sperrschichttemperatur nicht überschritten wird. Besser noch: es sollte etwas Abstand zu dieser Temperatur eingehalten werden.

Man kann die Diode auf einen Körper montieren, der mit erwärmt wird. Ist der Körper erst einmal auf die Temperatur der Diode aufgeheizt, so haben kurze Schwankungen der Umgebungstemperatur noch weniger Einfluss auf die Temperatur im Gehäuseinnern der Diode und somit auf die Spannung U_Z. Montieren heißt in diesem Fall z.B. mit Wärmeleitkleber auf einen Metallblock kleben. Hier wäre ein Aluminiumblock ideal, denn Aluminium hat laut [4] eine spezifische Wärmekapazität von immerhin $c = 0{,}896\ kJ/(kg\cdot K)$. Gleichzeitig ist Aluminium ein guter Wärmeleiter und nimmt die Wärme der Diode also gut auf. Der Block darf nicht zu groß sein - er muss von der Diode in akzeptabler Zeit aufgeheizt werden können. Man kann die Zeit bis zum Erreichen der vorgesehenen Temperatur leicht berechnen:

$$t=\frac{c\cdot m\cdot\Delta T}{P} \qquad \{3.3\}$$

ΔT ist eine Temperaturdifferenz und wird normalerweise in Kelvin eingegeben (*Umrechnung: 0 °C = 273 K*)

m ist die Masse des Metallblocks in *kg*

P ist dann in diesem Fall die Leistung, die in der Z-Diode in Wärme umgesetzt wird. Also $P = U_Z \cdot I$.

3.2 Referenzspannungserzeugung mit Transistor-Array

Neben Z-Dioden gibt es noch andere Möglichkeiten ohne Spezial-IC eine Referenzspannung zu erhalten. Ein Beispiel für die Schaltung einer Referenzspannungsquelle, die auf Diffusionsspannungsbasis arbeitet zeigt Bild 3.7. Diese Schaltung weist eine hervorragende Temperatur- und Langzeitstabilität auf. Die Ausgangsspannung der Schaltung beträgt *1,4 V*. Durch die Differenz der beiden Basis-Emitter-Spannungen von T1 und T2 entsteht am Emitter von T2 eine Spannung, die einen positiven Temperaturkoeffizienten besitzt. Die Kollektor-Emitter-Spannung von T2 reagiert dann genau umgekehrt. So wird der Temperaturdrift eliminiert.

Die Transistoren T4 und T5 bilden eine "Vorstabilisierung". T4 arbeitet als Z-Diode und T5 als Längstransistor. Man kann Standard-Transistoren des gleichen Typs einsetzen. Zum Beispiel BC546 oder in SMD-Bauweise BC846. In jedem Fall müssen die Transistoren eng zusammen stehen – optimal mit thermischer Kopplung. Deshalb ist die beste Lösung, wenn man die Schaltung mit Hilfe eines Dual Transistors (z.B. BC846S) oder eines Transistorarrays (z.B. CA3046, CA3056, CA3086) aufbaut. Bei meinem Prototyp, aufgebaut mit CA3086, betrug die Ausgangsspannungsschwankung *7 mV* in einem Temperaturbereich von

$$20\ °C \leq \vartheta \leq 100\ °C.$$

Die verwendeten Widerstände müssen von hoher Güte sein (Metallfilm mit einer Toleranz von *2 %* oder kleiner).

Um andere Spannungen als *1,4 V* bereitzustellen oder um die Referenzspannung stärker belasten zu können, kann ein Operationsverstärker nachgeschaltet werden.

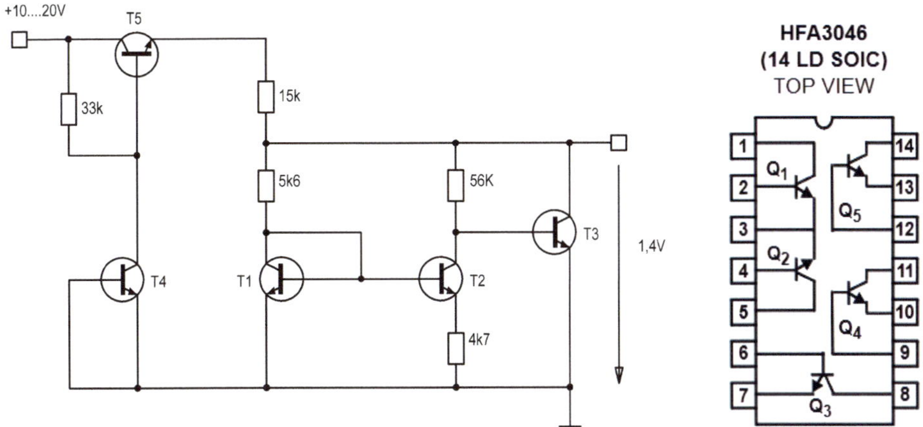

Bild 3.7: Referenzspannungsquelle. Aufgebaut mit Transistoren.
Links: Schaltung. Rechts: Pinout des Transistorarrays 3046.

3.3 Referenzspannung durch Konstantstrom

Alternativ kann eine Stromquelle verwendet werden, um eine stabile Referenzspannung zu erzeugen.

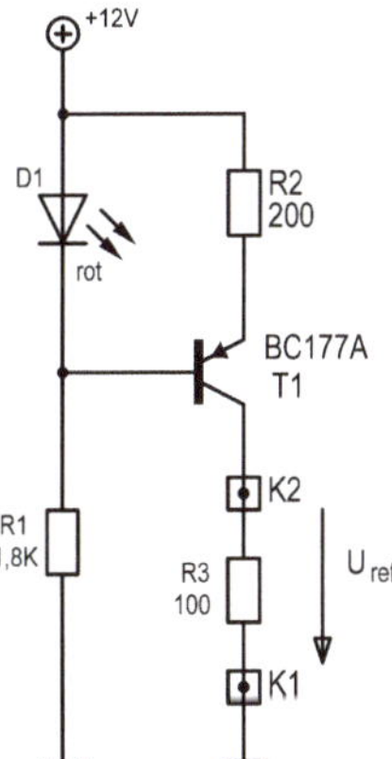

Bild 3.8: Konstantstromquelle zur Erzeugung einer Spannungsreferenz.

Das Schaltbild der Konstantstromquelle ist im Bild 3.8 dargestellt. Das Schaltungsprinzip ist [1] entnommen. Zur Stromstabilisierung wurde eine rote Leuchtdiode verwendet. In der Anordnung heben sich die Temperaturkoeffizienten der beiden Halbleiter (Transistor und Diode) gegenseitig auf. Der Konstantstrom steht zwischen den Klemmen K2 und K1 zur Verfügung. Theoretisch ergibt sich die Größe des Konstantstromes wie folgt:

$$I_k = \frac{U_{LED} - U_{BE}}{R2} = \frac{1{,}7\,V - 0{,}7\,V}{200\Omega} \approx 5\,mA$$

Um beispielsweise eine stabile Spannungsreferenz von *500 mV* zu erhalten wird zwischen K2 und K1 ein Widerstand mit *100 Ω* geschaltet:

$$R_{ref} = \frac{500\,mA}{5\,mA} = 100\,\Omega$$

(*5 mA · 100 Ω = 500 mV*).

Die Schaltung aus Bild 3.7 wurde ausgiebig getestet. Der Strom variierte in Abhängigkeit vom Lastwiderstand zwischen *5,8 mA* bei Kurzschluss und *5,6 mA* bei *1,8 kΩ*. Bei Lastwiderständen oberhalb von *1,8 kΩ* sinkt der Strom rapide ab. Bei der Messung war die Umgebungstemperatur konstant *22 °C*.

Der Innenwiderstand der Stromquelle ergibt sich dann zu

$$R_i = \frac{(10{,}8\,V - 0\,V)}{(0{,}0056\,A - 0{,}0058\,A)} = 54000\,\Omega$$

Zur Erinnerung: Bei einer idealen Stromquelle ist der Innenwiderstand R_i unendlich.

Auch bei verschiedenen Temperaturen bleibt der Strom konstant. Zur Überprüfung wurde ein Lastwiderstand von *1,2 kΩ* verwendet und die Schaltung auf verschiedene Temperaturen erwärmt. Die Ergebnisse sind in der Tabelle 3.1 zusammengefasst.

Temperatur (°C)	Strom (mA)
22	5,8
40	5,8
50	5,8
75	5,9
90	5,9

Tabelle 3.1: Änderung des Konstantstroms in Abhängigkeit von der Temperatur.

3.4 Referenzspannungserzeugung mit Standard-ICs

Das Ziel ist nicht die Verwendung von Spezial-ICs, sondern einfach die Nutzung von Integrierten Schaltungen, die ohnehin bei einem elektronischen Projekt oft eingesetzt werden. Diese lassen sich oftmals einfach so nebenher auch als Referenzspannungsquelle nutzen.

3.4.1 Referenzspannung mit Operationsverstärker

Die Schaltung im Bild 3.9 benutzt eine Z-Diode und einen Operationsverstärker um eine Referenzspannungsquelle aufzubauen. Das Besondere ist, dass gleich zwei unterschiedliche Spannungen zur Verfügung gestellt werden. Der Operationsverstärker arbeitet als Konstantstromquelle und treibt einen konstanten Strom durch R1 bzw. R5. Damit ist aber auch der Strom durch die Z-Diode konstant. Entsprechend wird auf diese Weise die Spannung an der Z-Diode noch einmal stabiler bzw. konstanter. Die Z-Diode ist mit der Zenerspannung von *6,1 V* bereits so gewählt, dass der Temperaturkoeffizient nahe Null ist. Um dies weiter zu verbessern ist noch eine normale Siliziumdiode 1N4148 in Reihe geschaltet. Mit der angegebenen Dimensionierung stehen die beiden Referenzspannungen *U1 = 6,8 V* und *U2 = 9 V* zur Verfügung. Der Strom durch die Z-Diode ist im Bild 3.9 I_Z = *5 mA*. Mit den folgenden Gleichungen lassen sich die Bauelemente für verschiedene Ausgangsspannungen und Zenerströme berechnen:

$$U2 = U1 \cdot (R2 + R3) / R2$$

Es gilt natürlich auch:

$$U1 = U2 - I_Z \cdot (R1 + R5)$$

Weiterhin

$$R1 + R5 = \frac{(U2 - U1)}{I_Z}$$

$$R4 = \frac{(R2 \cdot R3)}{(R2 + R3)}$$

Mit R4 wird die Eingangsimpedanz des Operationsverstärkers ausgeglichen, was den Offset-Stromdrift vermindert. Am Ausgang sollten nicht mehr als *2 mA* entnommen werden. Höhere Belastungen sind durch den Einsatz von nachgeschalteten Impedanzwandlern möglich. Als Vorlage dazu kann das Bild 3.4 dienen.

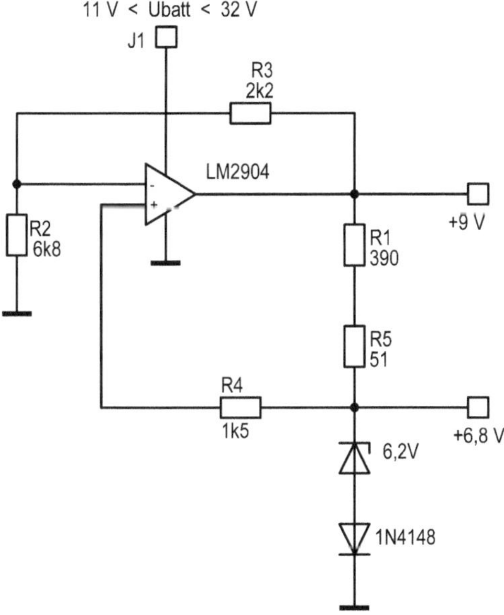

Bild 3.9: Referenzspannungserzeugung mit Operationsverstärker und Z-Diode.

3.4.2 Referenzspannungserzeugung mit 78xx-Reglern

Es gibt Spannungsregler-ICs, die einen Quasi-Standard darstellen. Dazu gehören ganz sicher die Typenreihen 78xx und 79xx. Diese ICs sind fast allgegenwärtig. Man kann sie als diskretes Bauteil ansehen mit drei Anschlüssen und damit ganz schnell eine lineare Stromversorgung aufbauen. In [1] hatte ich diese Bauteile bereits vorgestellt. Grundsätzlich sind drei Leistungsklassen verbreitet:

78xx, 79xx	Standardausführung im TO220-Gehäuse für Ausgangsströme von ca. *1 A*
78Sxx, 79Sxx	Ausführung für größere Ströme/Ausgangsleistungen; ebenfalls im Gehäuse TO220. Wie hoch der tatsächliche Ausgangsstrom sein kann, hängt im Wesentlichen von der erfolgreichen Kühlung der Bauteile ab.
78Lxx, 79Lxx	Ausführungen im TO92-Gehäuse für Ausgangsströme bis *100 mA*

Dabei steht "xx" für die jeweilige Ausgangsspannung → 7805 für *5 V*, 7812 für *12 V*, etc.

Vor allem die Typen im TO92-Gehäuse können gut als Referenzspannungsquelle genutzt werden. Die absolute Genauigkeit der Ausgangsspannung beträgt *5 %*. Der Temperaturkoeffizient ist positiv. Für Ausgangsspannungen bis *5 V* liegt er bei *600 µV/°C*. Bei Ausgangsspannungen über *10 V* bei ca. *1800 µV/°C*.

3.4.3 Referenzspannungs-Bereitstellung mit Mikrocontroller

Wenn man sowieso einen Mikrocontroller im Projekt eingeplant hat, dann kann man auch dessen interne Referenzspannung dieses Bauteils nutzen.

3.4.3.1 1,2V mit MSP430F2013

Den Typ MSP430F2013 gibt es im normalen DIL-Gehäuse. Er ist also für Prototypen oder Bastelprojekte gut handhabbar. Er ist auch nicht teurer als ein dezidiertes Referenzspannungsquellen-IC. In sofern könnte man sogar den Mikrocontroller nur rein als Referenz-IC unterfordernd nutzen. Im Bild 3.10 sieht man, dass die Referenzspannung V_{REF} an Pin 5 bzw. P1.3 ausgegeben werden kann. Der Nennwert der Referenzspannung U_{REF} ist *1,2 V*. Der Temperaturdrift ist im Datenblatt mit typisch 18 bis maximal *50 ppm/°C* angegeben. Also entsprechend maximal dann

$$1{,}2V \cdot 50 \cdot 10^{-6} = 60 \mu V / °C$$

Der Hersteller Texas Instruments empfiehlt bei externer Nutzung der Referenzspannung, diese mit einem *470 nF* Kondensator zu stützen. Das ist im Bild 3.10 berücksichtigt. Die Referenzspannung kann an J1 abgegriffen werden. Der maximale Belastungsstrom ist im Datenblatt mit *1 mA* angegeben. Wird mehr Strom benötigt kann nach dem Muster aus Bild 3.4 ein Impedanzwandler nachgeschaltet werden. Wird eine höhere Referenzspannung benötigt, hilft ein Operationsverstärker, der als nicht invertierender Verstärker geschaltet ist.Nachfolgend ein paar Zeilen C-Code mit dem man die Referenzspannung an P1.3 verfügbar machen kann.

```
//Nutzung des MSP430F2013-Mikrocontrollers als Referenzspannungsquellen
//12. März 2023, F.P. Zantis
#include "msp430f2013.h"

void main( void )
{
 WDTCTL = WDTPW + WDTHOLD;      //Stop watchdog timer wird abgeschaltet
 BCSCTL1 = CALBC1_1MHZ;         //Systemtakt SMCLK=1MHz
 DCOCTL = CALDCO_1MHZ;          //DCO-Systemtakt ist 1 MHz

 P1DIR |= BIT3;                 //P1.3 als Ausgang einstellen
 P1SEL |= BIT3;                 //Uref an P1.3 ausgeben

 _BIS_SR(LPM3_bits + GIE);      //CPU aus, falls sonst keine Verwendung geplant ist
}
```

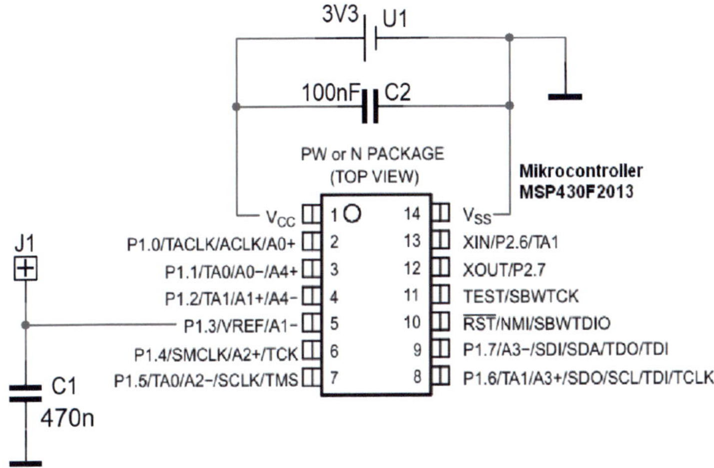

Bild 3.10: Der Mikrocontroller MSP430F2013 als Referenzspannungsquelle. Die Referenzspannung in Höhe von 1,2 V kann über P1.3 an J1 abgenommen werden.

Andere Typen der MSP430-Reihe haben ähnliche Referenzspannungen die nach außen geschaltet werden können.

3.4.3.2 1,5V oder 2,5V mit MSP430G2553

Sehr verbreitet ist z.B. auch der Typ MSP430G2553 der in [10] besprochen ist. Dieser bietet zwei Referenzspannungspegel: *1,5 V* oder *2,5 V*. Der Temperaturkoeffizient ist mit maximal ±100 ppm/°C angegeben. Es ist also bei diesem Typ explizit angegeben, dass der Temperaturkoeffizient negativ oder positiv sein kann. Für die Beträge gilt dann bei bei *1,5 V* maximal

$$1{,}5\,V \cdot 100 \cdot 10^{-6} = 150\,\mu V / {}^\circ C$$

bzw. bei *2,5 V* dann maximal

$$2{,}5\,V \cdot 100 \cdot 10^{-6} = 250\,\mu V/°C$$

Die notwendige Minimalbeschaltung zeigt Bild 3.11. Auch bei diesem Typ ist der maximal entnehmbare Strom mit *1 mA* angegeben.

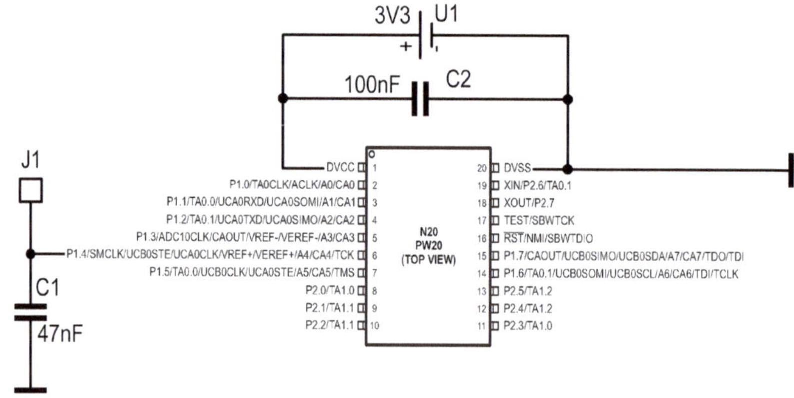

Bild 3.11: Der Mikrocontrollers MSP430G2553 als Referenzspannungsquelle. Die Referenzspannung in Höhe von 1,5 V oder 2,5 V kann über P1.4 an J1 abgenommen werden.

Nachfolgend Code mit dem man die Referenzspannung an P1.4 ausgeben kann.

```
//Ausgabe der Referenzspannung an P1.4
//1. Juni 2023, Franz Peter Zantis

#include <msp430g2553.h>
void main(void)
{
   WDTCTL = WDTPW | WDTHOLD;              //stop watchdog timer
   BCSCTL1 = CALBC1_1MHZ;                 //Systemtakt SMCLK = 1 MHZ
   DCOCTL = CALDCO_1MHZ;                  //DCO-Systemtakt ist 1 MHz

   //Referenzspannung einstellen und ausgeben
   ADC10CTL0 |= REFON;              //Referenz an
   ADC10CTL0 &= ~REF2_5V;           //Uref = 1,5V
       //ADC10CTL0 |= REF2_5V;      //Uref = 2,5V
   ADC10CTL0 |= REFOUT;             //Uref to Pin
   ADC10CTL0 &= ~ADC10ON;           //ADC off

    _BIS_SR(LPM3_bits +GIE);  //CPU aus, falls sonst keine Verwendung geplant ist

}
```

3.5 Band-Gap-Referenzelemente

Band-Gap- (Bandabstands-) Referenzelemente sind integrierte Schaltungen, die eine ganz besonders genaue und stabile Ausgangsspannung liefern. Wenn extra hohe Anforderungen an die Qualität der Ausgangsspannung gestellt werden, ist es also empfehlenswert zur Referenzspannungserzeugung ein Band-Gap-Element zu benutzen.

Das zugrunde liegende (vereinfachte) Prinzip geht aus Bild 3.12 hervor. Der Trick liegt darin, dass zwei PN-Übergänge (Dioden) mit unterschiedlichen Strömen betrieben werden. Der mit V1a generierte Spannung ergibt sich aus der Spannungsdifferenz an den Dioden. Mit V1b wird die Summe von der sich von der Temperatur ändernden Spannung an D2 und der Spannungsdifferenz gebildet. Werden die Arbeitspunkte so eingestellt, dass sich als Summe *1,17 V* ergeben, kompensieren sich die Temperatureinflüsse und die Spannung ist sehr stabil. So weit die Theorie. In der Praxis liegt die Ausgangsspannung aber bei *1,2 V*.

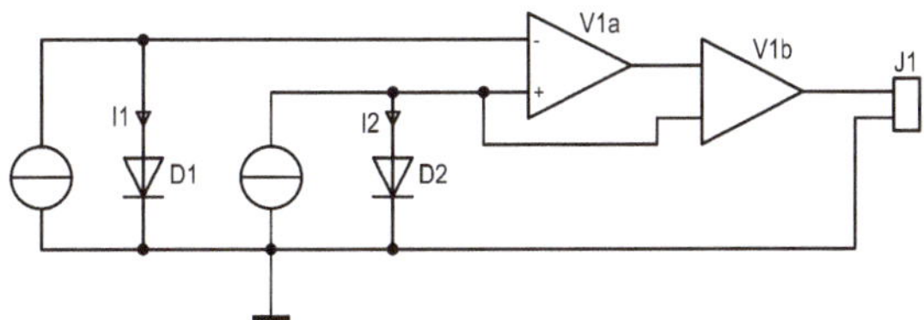

Bild 3.12: Prinzip der Band-Gap-Referenz.

Ein weit verbreitetes Band-Gap-Element ist der Typ LM385-1.2. Mit einem oder zwei nachgeschalteten Operationsverstärkern kann man damit fast beliebige, sehr genaue Referenzspannungen erzeugen. So wie im Bild 3.13. Dort lässt sich die Spannung besonders exakt zwischen *0* und *12 V* justieren.

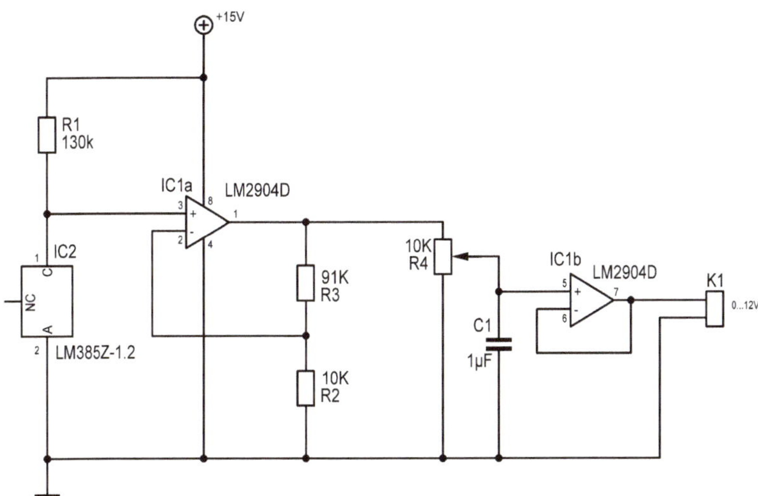

Bild 3.13: Aufbau einer einstellbaren, hochgenauen Ausgangsspannung als Referenz.

Ein weiteres Referenzspannungs-IC ist der Typ *ADR421* der amerikanischen Firma Analog Devices. Leider gibt es dieses IC nur in SMD-Bauform. Im Datenblatt ist das Package SOIC_N angegeben mit den Abmessungen *5 x 6 mm*. Das ist allerdings eine Größe, die man nur mit einer Lupe von Hand löten kann. Im Bild 3.14 ist eine Grundschaltung angegeben. Die Versorgungsspannung U_b kann im Bereich *+4,5 V....18 V* liegen. Die extrem stabile Ausgangsspannung beträgt *2,5 V*. Im Bild 3.14 wurde daraus auch eine sehr präzise Spannung von *1 V* generiert. Das IC kann bis zu *10 mA* Ausgangsstrom liefern. Wählt man direkt den Ausgang mit *2,5 V*, dann könnte man eine einfache Applikation mit einem MSP430 Mikrocontroller direkt daraus speisen.

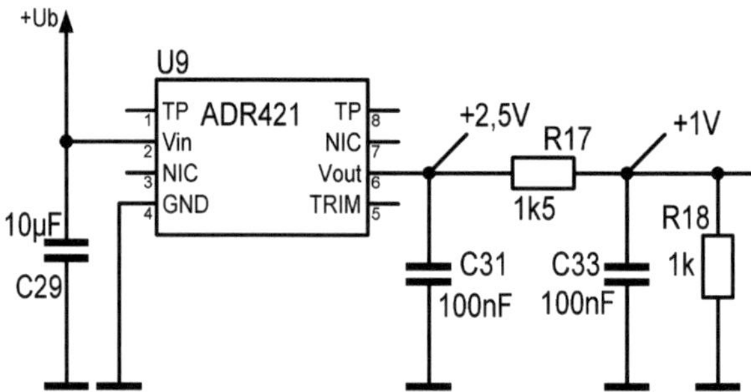

Bild 3.14: Aufbau einer sehr präzisen Referenzspannung von 2,5 V und 1 V.

Alternativ zu dem Typ ADR421 ist auch der Typ LTC1798CS8-2.5 zu erwähnen. Diesen gibt es mit dem gleichen Footprint. Die Belegung der wichtigsten Anschlüsse (Vin, GND, Vout) entsprechen denen des ADR421. Die Eingangsspannung kann im Bereich von *2,7 V* bis *12,6* V liegen. Das IC benötigt also nur *200 mV* um die sehr genaue Spannung von *2,5 V* zu generieren. Damit ist der Typ LTC1798 besonders gut für den Batteriebetrieb geeignet. Der Ausgangsstrom kann auch bei diesem IC bis zu *10 mA* sein.

Natürlich lässt sich auch das Bild 3.14 - ähnlich wie im Bild 3.13 - mit Operationsverstärkern zu einer einstellbaren Referenzspannungsquelle erweitern.

4 • Wärme

Bereits im ersten Band "Stromversorgung ohne Stress" [1] gab es ein Kapitel, dass sich mit dem Thema Entwärmung von Halbleiterbauelementen befasst hat. Auch im zweiten Band [2] war das Thema akut. Dort ging es um die Verwendung der Kupferfläche auf einer Platine zur Entwärmung von Halbleitern. Bei nur geringen abzuführenden Wärmemengen kann dies einen extra Kühlkörper verzichtbar machen.

Das Thema darf auch hier im vorliegenden vierten Band nicht fehlen, denn besonders bei linearen Spannungsregelschaltungen entsteht Wärme. Das wurde sicher im Kapitel 2 deutlich. Ich möchte mich aber nicht wiederholen, sondern vielmehr die Ausführungen aus [1] und [2] ergänzen.

Noch ein Hinweis als Ergänzung zum Vorwort: Die von einem linearen Netzteil abgegebene Wärme wird in der Literatur und auch im Internet oft als Verlustleistung bezeichnet. Das stimmt jedoch nur bedingt. Sofern ein Wärme abgebendes, lineares Stromversorgungsgerät während der Heizperiode im Innenraum genutzt wird trägt es zum wohligen Raumklima bei - und das mit Hilfe elektrischer Energie, die zu einem großen Teil aus erneuerbaren Energiequellen, wie Biomasse, Wind oder Sonnenstrahlen gewonnen wird. Die Wärmeenergie, die das Netzteil so nebenher liefert, braucht die Gasheizung nicht zu liefern. Das spart Gas und damit CO_2.

4.1 Erlaubte Arbeitsbereiche von Leistungstransistoren

Für jeden Transistor gibt es Grenzen für den maximalen Kollektor- oder Drainstrom. Wie weit diese Grenzen ausgereizt werden können, hängt von den erfolgreich umgesetzten Entwärmungsmaßnahmen ab. Im Datenblatt eines Transistors findet man die Maximalwerte (Absolute Maximum Ratings). Dabei handelt es sich um eine Liste mit Grenzwerten für Kollektorstrom, Kollektor-Emitter-Spannung, etc. die auf keinen Fall überschritten werden dürfen. Aber auch wenn man diese Grenzwerte nicht überschreitet, kann der Transistor beschädigt oder zerstört werden. Während des Betriebs tritt im Transistor Wärme auf. Wird mehr Wärmeenergie erzeugt als abgeführt wird, dann überlastet man den Transistor. Die Temperatur im Chip erreicht dann irgendwann einen Wert, bei dem der Chip zerstört wird. Zur Vermeidung dieser Überlastung sind beim Betrieb von Leistungstransistoren eine Reihe von Grenzen zu beachten. Mit diesen Grenzen wird ein „erlaubter Arbeitsbereich" festgelegt, wie er z.B. im Bild 4.1 dargestellt ist. Diese Darstellung findet man in vielen Datenblättern. Es ist ein Diagramm für $I_C=f(U_{CE})$ mit logarithmischer Teilung beider Achsen. Der durch vier Grenzstriche umrahmte Arbeitsbereich gilt für Leistungstransistoren, die thermisch stabil betrieben werden. Thermisch stabil heißt, es gibt einen stationären Zustand. Die sich entwickelnde Wärme wird mit Hilfe von Kühlungsmaßnahmen abgeführt, so dass die Gehäusetemperatur konstant bleibt.

Für Impulsbetrieb können die angegebenen Grenzen kurzzeitig überschritten werden, wie es z.B. die gestrichelten Linien im Bild 4.1 andeuten. Bei Stromversorgungsgeräten mit rein linearer Technik kommt Impulsbetrieb aber nicht vor.

Davon abgesehen gilt es zu berücksichtigen, dass sich die Betriebs-Zuverlässigkeit von der Chip-Temperatur sehr stark beeinflussen lässt; beispielsweise beschleunigt sich das Auftreten elektrischer/physikalischer Fehler durch eine gesteigerte Temperatur: Ein Baustein, der mit einer Sperrschicht-Temperatur von *125 °C* arbeitet, zeigt eine höhere Fehler- bzw. Ausfallrate als ein identisches Bauelement, das mit *70 °C* Chip-Temperatur betrieben wird. Allein hieraus wird deutlich, dass der Konstrukteur sämtliche Temperaturen auf einem niedrigen Niveau halten sollte. Einzige Ausnahme ist der gewollte „Burn-In-Test" zum Selektieren „angeschlagener" Bauteile. Dieser findet aber beim Hersteller, vor Auslieferung der Bauteile statt und nicht beim Elektroniker, der für den Anwender tätig ist und die Baugruppe oder das Gerät aufbaut.

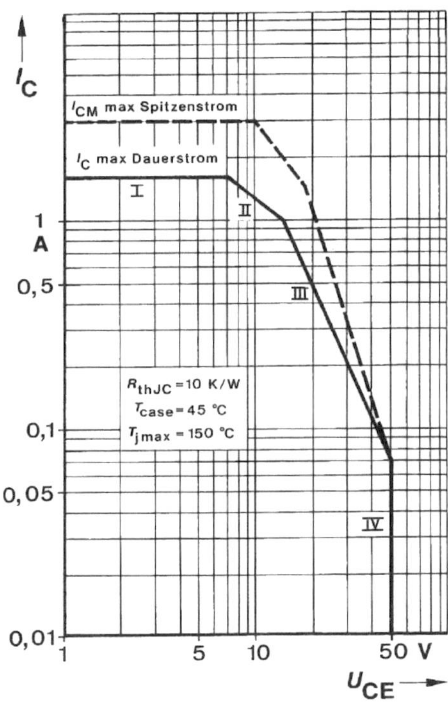

Bild 4.1: Erlaubter Arbeitsbereich eines Leistungshalbleiters. Die gestrichelte Linie gilt nur für Impulsbetrieb.

Die Bereich im Einzelnen:

I. Der Bereich I wird durch den maximalen Kollektordauerstrom vorgegeben. Wird dieser Wert überschritten, dann kann das Transistorelement zerstört werden. Weiterhin können die Bonddrähte (die Drähte, die den Transistor-Chip mit den von außen zugänglichen Anschlüssen verbinden) durchbrennen.

II. Dies ist die Belastungsbegrenzung durch den Wärmewiderstand zwischen Sperrschicht und Gehäuse R_{thJC} und ϑ_{Jmax} *bzw. im Diagramm* T_{jmax}. In diesem Bereich ist die zulässige Verlustleistung nicht von der Betriebsspannung abhängig, d.h. das

Produkt $U_{CE} \cdot I_C$ ist konstant. Die Verlustleistungshyperbel erscheint in der doppelt logarithmischen Darstellung des Arbeitsbereiches als Gerade mit einer Neigung von *135°*.

III. Bereich III kennzeichnet die Belastungsbegrenzung zur Vermeidung eines zweiten Durchbruchs: Bei höheren Betriebsspannungen können örtliche Stromkonzentrationen auftreten, die lokale Überhitzungen der Sperrschicht bewirken. Dadurch können Schmelzkanäle entstehen, falls die zugeführte Energie einen kritischen Wert überschreitet. Das führt zur Zerstörung des Transistors. Die Stromkonzentrationen entstehen entweder am Emitterrand oder in der Mitte der wirksamen Basiszone, abhängig davon ob die Emitterdiode in Durchlass- oder in Sperrrichtung betrieben wird.

Die zu einem zweiten Durchbruch führende Energie ist im Falle einer gesperrten Emitterdiode beträchtlich niedriger als für eine in Durchlassrichtung betriebene Diode, weil die Stromkonzentration im erstgenannten Fall auf einen sehr kleinen Querschnitt beschränkt ist.

Die zulässige Verlustleistung nimmt in diesem Bereich mitzunehmender Kollektor-Emitter-Spannung ab, d.h. die Neigung der Begrenzungslinie wird größer als im Bereich II (der Winkel wird kleiner als *135°*).

IV. Hier ist die Begrenzung durch die Durchbruchspannung gegeben. Beim Überschreiten dieser Grenze kann ein Lawinendurchbruch erfolgen.

4.2 Ein bisschen Thermodynamik

Überlegungen zu einem optimalen "Wärmehaushalt" in einem Gerätegehäuse oder auf einer Leiterplatte laufen stets darauf hinaus, Wärme von dort, wo sie unerwünscht ist, wegzutransportieren und an die Umgebungsluft abzugeben. Grundsätzlich sind drei Transportwege zu unterscheiden: Wärmeleitung, Wärmekonvektion und Wärmestrahlung.

Davon abesehen ist manchmal auch die spezifische Wärmekapazität durchaus hilfreich.

4.2.1 Wärmeleitung

Bei der Wärmeleitung wird die Wärme über ein Transportmedium von einem Ort höheren Temperaturniveaus an einen anderen Ort niedrigerer Temperatur übertragen. Im Sinne einer möglichst großen übertragbaren Wärmemenge empfiehlt sich hierbei die Anwendung eines Materials mit guter Wärmeleitfähigkeit wie z.B. Kupfer oder Aluminium (siehe Tabelle 4.1).

In diesem Zusammenhang taucht dann der Begriff Wärmestrom *dQ/dt* auf. Dabei handelt es sich um die Wärmeleistung P_W, die durch einen Körper strömt.

$$P_W = \dot{Q}$$

Bei Festkörpern ist der Wärmestrom (auch Wärmefluss genannt) in erster Näherung direkt proportional zum Temperaturunterschied ΔT an den beiden betrachteten Enden des wärmeleitenden Körpers, der in Kelvin oder Grad Celsius gemessen wird. Der Wärmestrom selbst wird in *Joule pro Sekunde* oder *Watt* angegeben. Die Einheit der Wärmeleitfähigkeit ergibt sich aus dem Wärmestrom, den Abmessungen des verwendeten Wärme leitenden Körpers (Länge und Querschnitt) und des Temperaturunterschieds ΔT

$$\lambda=\frac{Q}{t}\cdot\frac{l}{A\cdot\Delta T} \qquad \{4.1\}$$

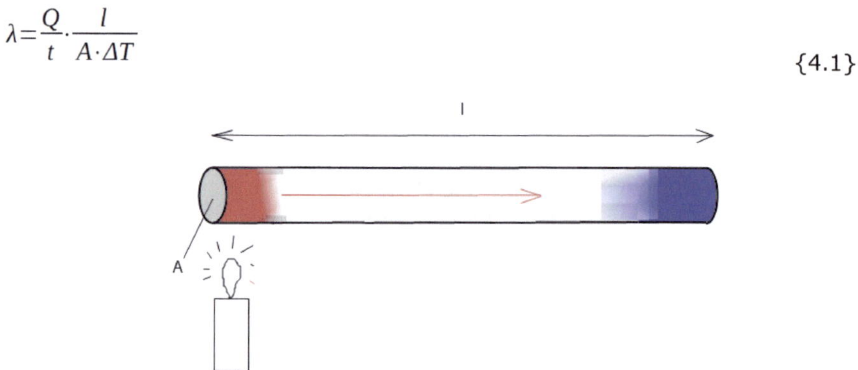

Bild 4.2: Wärmeleitung in einem Stab.

Man denke sich dazu einen Quader oder einen runden Stab mit der Länge *l* und dem Querschnitt *A*. Dessen eine Seite wird mit dem kalten Medium, die gegenüberliegende Seite mit dem warmen Medium verbunden. Die anderen Seiten werden möglichst gut wärmeisoliert. Die Wärme strömt dann vom warmen Ende zum kalten Ende. Der Wärmestrom dQ/dt in Watt pro Sekunde errechnet sich dann aus:

$$\frac{dQ}{dt}=\dot{Q}=\lambda\cdot\frac{A}{l}\cdot\Delta T \qquad \{4.2\}$$

Die spezifische Wärmeleitfähigkeit λ variiert mit der Absoluttemperatur. Für Metalle wird die spezifische Wärmeleitfähigkeit meist bei Raumtemperatur (≈ *20 °C*) angegeben, für Gase häufiger bei *0 °C*. Sie steigt i.d.R. mit wachsender Absoluttemperatur an, kann aber in der Praxis des Elektronikers als konstant angenommen werden.

Als Faustregel gilt: Was elektrischen Strom gut leitet (Silber, Kupfer), leitet auch Wärme gut (Wiedemann-Franzsches Gesetz). Der Umkehrschluss ist allerdings oft falsch, das Zeigt zum Beispiel der Diamant, der eine überragend gute Wärmeleitfähigkeit aufweist. Elektrisch gehört Diamant aber zu den Isolatoren.

In der Praxis sollte die Geometrie des Wärmetransporteurs natürlich auf großen Querschnitt und kurze Weglängen hin optimiert sein - ähnlich wie beim Verkleinern elektrischer (Draht-) Widerstände. Gleichermaßen gilt: Die pro Zeiteinheit abführbare Wärmemenge steigt mit dem Temperaturgefälle zwischen Wärmequelle und Wärme-Senke (Abgabepunkt), weshalb die Übergangsstelle zur Umgebungsluft möglichst kühl sein sollte.

In der Elektronik ist Wärmeleitung z.B. bei Kühlkörpern relevant. An einer Stelle des Kühlkörpers ist der sich erwärmende Transistor. Am anderen Ende ist die Umgebungsluft. Der Kühlkörper leitet die Wärme vom Transistor zur Umgebung. Aber auch die Gerätewand leitet die Wärme. Sie leitet die Wärme von innen nach außen.

Stoff	**Wärmeleitfähigkeit bei ϑ = 20 °C** λ in $\frac{W}{m \cdot K}$
Kupfer *Cu*	380
Aluminium *Al*	220
Messing *Cu+Zn*	95
Eisen *Fe+*	80
Stahl *Fe + C, ferritisch*	40
Stahl *Fe + C, austenitisch*	17
Quarzglas SiO_2	1,38
Kalk-Natron-Glas (Normalglas) SO_2+*Na2O*+*CaO*	0,8
Hartpapier	0,291
Holz	0,19
Plexiglas	0,174
Luft $N_2 + O_2$	0,0243

Tabelle 4.1: Anhaltswerte für die Wärmeleitfähigkeit einiger Stoffe.

4.2.2 Konvektion

Thermokonvektion bedeutet den Wärme-Übertritt von einem festen Medium (z.B. einem IC oder einem Kühlkörper) in ein gasförmiges Medium (z.B. Luft - hier ausschließlich zugrundegelegt). Die Konvektionsrate hängt dabei von der Kontaktfläche ab, die zwischen festem Körper und der Luft verfügbar ist. Darüber hinaus hängt sie ab von der Temperaturdifferenz zwischen dem festen Körper und der Luft sowie von deren physikalischen Eigenschaften (thermischer Ausdehnungskoeffizient, spezifische Wärme, Viskosität, Dichte und thermische Leitfähigkeit) und auch vom Luftdruck. In großer Höhe (z.B. auf dem Mt. Everest) ist die Wirkung der Konvektion geringer als in Meereshöhe (gleicher Versuchsaufbau vorausgesetzt).

Von einer freien Konvektion spricht man, wenn die Wärmeübertragung an die Luft deren Dichte verringert, wodurch sie - der Schwerkraft gehorchend - nach oben steigt und sich dort mit der übrigen Luft bei niedrigerer Temperatur vermengt. Das passiert zum Beispiel an der Gehäuseaußenwand eines Gerätes. Steigern lässt sich die Entwärmung durch Konvektion, wenn man diesen Vorgang unterstützt. Zum Beispiel durch vertikale Montage des Kühlkörpers (erzwungene Konvektion).

Jeder Konvektionsvorgang erfolgt um so intensiver, je turbulenter die Strömung an der Wärme-Übernahmestelle, an der Grenzschicht zum Festkörper also, ausgebildet ist: Starke Verwirbelungen verhindern nämlich, dass sich isolierende Luftpolster an der Übergangsstelle ausbilden können. In der Praxis ist die mit einem Ventilator forcierte Konvektion um rund eine Größenordnung wirkungsvoller als die freie Konvektion.

Wie aus den genannten Gesetzmäßigkeiten auch abzuleiten ist, arbeitet die Konvektionskühlung um so effektiver - und um so schonender für die elektronischen Bauelemente - je näher die Komponenten mit niedriger Temperatur an der (kühlen) Luft-Zutrittsstelle platziert werden. Also montiert man die Leistungstransistoren des Netzteils gerne auf Kühlkörper an der Außenseite.

Für reale Konstruktionen ist der Wärmeübergangskoeffizient (h_r bzw. h_c) bzw. der Wärmeübergangswiderstand R_{th} in der Einheit *K/W (Kelvin pro Watt)* die wichtige Größe. Letzterer steht in den Datenblättern der Bauteile. Ich habe ihn in [1] umfangreich erklärt. Es geht um den Übergang von einem Medium (z.B. das Gehäuse eines Bauteils) auf ein anderes Medium. Das ist typischerweise ein Kühlkörper oder die Umgebungsluft.

	Wärmeübergangskoeffizient α in $\frac{W}{m^2 \cdot K}$
Metallwand an ruhender Luft	*3,5......35*
Metallwand an mäßig bewegter Luft	*23....70*
Metallwand an kräftig bewegter Luft	*58....290*
Glas an ruhender Luft	*8,1....12*
Acrylglas (Plexiglas) an ruhender Luft	*5,3*

Tabelle 4.2: Einige Wärmeübergangskoeffizienten. Je höher der Wärmeübergangskoeffizient, desto besser kann die Wärme entweichen.

Mit Hilfe des Wärmeübergangskoeffizienten kann man den Wärmestrom - also die Wärmeleistung - der durch Konvektion hervorgerufen wird berechnen.

$$\dot{Q}=\alpha \cdot A \cdot (T_O - T_L) \qquad \{4.3\}$$

$\dot{Q}$ = Wärmestrom, strömende Wärmeleistung in *W*
α = Wärmeübergangskoeffizient in $W/(m^2 \cdot K)$
A = Fläche in m^2
T_O = Temperatur an der Oberfläche
T_L = Temperatur der Luft außerhalb des Grenzbereiches (also in etwas Abstand zur warmen Fläche)

Beispiel:
Ein Gerät hat eine dünne Rückwand aus Metall. Die Innentemperatur des Gerätes ist identisch mit der Temperatur der Rückwand und beträgt T_O = *50 °C*. Die Abmessungen der Rückwand sind: Breite *30 cm* und Höhe *10 cm*.

Die Lufttemperatur um das Gerät herum ist *21 °C*. Mit Hilfe der Tabelle 4.2 findet man den Wert für den Wärmeübergangskoeffizienten zu *3,5....35*. Für den minimalen Wärmestrom gilt dann gemäß {4.3}

$$\dot{Q}=\alpha\cdot A\cdot(T_O-T_L)=3{,}5\frac{W}{m^2\cdot K}\cdot 0{,}1\,m\cdot 0{,}3\,m\cdot(50-21)\,K=3{,}045\,W$$

Ohne weitere Maßnahmen könnte die Gehäuserückwand also mindestens die Wärmeleistung von gut *3 W* permanent nach außen abführen. Wenn die Frontplatte die gleichen Abmessungen hat wie die Rückseite und der Rest des Gerätes isoliert wäre, kann bereits die doppelte Leistung also *6 W* abgeführt werden.

4.2.3 Wärmestrahlung

Wärmeübertragung kann schließlich auch durch elektromagnetische Strahlung - hier Infrarot-Strahlung - erfolgen. Dafür ist kein Übertragungsmedium notwendig. Das funktioniert auch im Vakuum. Für die Praxis relevant ist dies nur, wenn eine möglichst große Abstrahlfläche mit sehr gutem Emissionsfaktor verfügbar ist. Der Emissionsfaktor ist bei dunklen Oberflächen größer als bei hellen (weshalb die meisten Kühlkörper schwarz eloxiert sind). Je höher die Temperatur des strahlenden Materials im Vergleich zu benachbarten Objekten, der Umgebung, desto stärker ist die Wärmeabgabe über Infrarot-Strahlung. Andernfalls, wenn also die Umgebung wärmer ist als die vermeintliche Strahlungsquelle kann diese unerwünschterweise auch zum Strahlungsabsorber werden. Für uns Elektroniker und Funkamateure ist eigentlich nur ein Sonderfall sinnvoll zu betrachten. Bei diesem befindet sich unser wärmestrahlender Körper (Kühlkörper oder Gehäusewand) in einer viel größeren, geringer strahlenden bzw. absorbierenden Umgebung. Dabei handelt es sich um den Raum, in dem wir uns befinden und dessen Luft, Wände und Gegenstände ebenfalls Wärme abstrahlen oder absorbieren können. Unter der Bedingung, dass die absolute Temperatur unseres Kühlkörpers/Gehäusewand T_K deutlich größer ist als die Umgebung ($T_K > T_U$) gilt dann:

$$\dot{Q}=\frac{dQ}{dt}=\varepsilon_K\cdot\sigma\cdot A_K\cdot(T_K^4-T_U^4) \qquad \{4.4\}$$

mit der Strahlungskonstanten $\sigma=5{,}671\cdot 10^{-8}\frac{W}{m^2\cdot K^4}$

und dem werkstoffabhängigen Emissionsgrad

$$\varepsilon_K=\frac{absorbierte\ Strahlung}{ankommende\ Strahlung}$$

A_K ist die Oberfläche des Strahlers, T_K die absolute Temperatur des Kühlkörpers/der Gehäusewand und T_U die absolute Temperatur der Umgebung. Die absolute Temperatur ist die Temperatur in Kelvin ausgehend vom absoluten Nullpunkt *0 K = -273 °C*.

Werkstoff	Emissionsgrade ε von Oberflächen
Absolut schwarzer Körper	*1*
Wasser	*0,95*
Porzellan	*0,93*
Glas	*0,93*
Stahl *Fe+C*, kalt gewalzt	*0,75....0,85*
Kupfer *Cu*, oxidiert	*0,76*
Eisen *Fe*, abgeschmirgelt	*0,24*
Aluminium *Al*, walzblank	*0,04*
Kupfer *Cu*, poliert	*0,035*

Tabelle 4.3: Emissionsgrade von Oberflächen.

Angenommen die Gehäuserückwand aus dem vorherigen Beispiel ist aus walzblankem Aluminium. Die zugehörige Strahlungsleistung ergibt sich aus {4.4}. Die Rückwand könnte nun zusätzlich zur Wärmeabgabe durch Konvektion noch eine Strahlungsleistung abführen von:

$$\dot{Q}=0{,}04\cdot 5{,}671\cdot 10^{-8}\frac{W}{m^2\cdot K^4}\cdot(0{,}1\,m\cdot 0{,}3\,m)\cdot\left((273\,K+50\,K)^4-(273\,K+20\,K)^4\right)\approx 0{,}363\,W$$

Der Wert verdoppelt sich wieder, wenn wir annehmen, dass die Frontplatte in Größe und Material der Rückwand entspricht.

4.2.4 Die Temperatur im Gehäuseinnern

Nehmen wir eine Oberfläche im Innern eines Gehäuses, die wärmer ist als die Umgebung und wärmer als benachbarte Objekte. Dann treten an dieser Oberfläche alle drei beschriebenen Wärmeableitungen auf.

Die Art und Weise der Montage der Oberfläche entscheidet über den Anteil der Wärmeableitung.

Der Anteil des Wärmetransports durch Konvektion ist umso größer, je stärker die Luft im Innern des Gehäuses zirkuliert und je größer der Temperaturunterschied zwischen Oberfläche und Luft ist.

Je höher der Temperaturunterschied zwischen der Oberfläche und der Umgebung und je dunkler die Oberfläche, desto größer ist der Strahlungsanteil.

Ein stationärer Zustand ist gegeben, wenn sich aufgrund der eingebrachten Wärmeleistung und der vorgesehenen Wärme-Abführmaßnahmen eine konstante Innentemperatur einstellt. Vor diesem stationären Zustand gibt es die Aufwärmphase.

Angenommen der Leistungstransistor eines linearen Netzteils wird während des Betriebes warm und gibt Wärmeenergie mit Hilfe von Wärmeleitung, Wärmekonvektion und Wärmestrahlung ab.

Nach dem Einschalten ist die Luft im Innern des Gehäuses noch auf z.B. Zimmertemperatur. Auch die andern Bauteile im Gehäuse und das Gehäuse selbst haben Zimmertemperatur. Die Wärmeenergie, die im Innern des Leistungstransistors erzeugt wird, heizt zunächst den Transistor selbst auf. Wie schnell dieser sich erwärmt, hängt vom Material ab aus dem der Transistor aufgebaut ist - speziell von der spezifischen Wärmekapazität des Materials und von seiner Masse. Mit steigender Temperatur an der Oberfläche des Transistors wird nun auch das Gehäuseinnere durch Konvektion über die Luft, die sich auch allmählich aufheizt, erwärmt.. Wie schnell das geht hängt wieder von der Menge Luft ab - der Masse der Luft - die im Gehäuse ist und von deren spezifischer Wärmekapazität. Aber auch durch Wärmestrahlung. Je nach Oberfläche des Transistorgehäuses strahlt mehr oder weniger Wärmeenergie direkt auf andere Bauteile - z.B. die Gehäuseinnenwände.

Das ist ein Beispiel für die Anwendung der thermodynamischen Gesetze. Dieses Beispiel dient der Sensibilisierung und der Bildung einer Abschätz-Kompetenz zum Thema. Will man den Aufwand für die Praxis nicht unsinnig hoch treiben, kommt man nicht umhin viele Annahmen zu machen, da es viele Imponderabilien gibt.

Bei einem linearen Netzteil ist der Leistungstransistor (TO3-Gehäuse, $U_{CE} = 3V$, $I_C = 1A$) innen im Gehäuse platziert. Das Gehäuse ist aus Kunststoff und sein Volumen beträgt *1 l*. Für die spezifische Masse von Luft gilt $\rho = 1{,}2\ g/l$. Wann wird die maximal erlaubte Innentemperatur von *75 °C* erreicht? Die Anfangstemperatur, also die Temperatur vor dem Einschalten, ist *25 °C*. Das bedeutet, alle Teile haben am Anfang diese Temperatur - auch das TO3-Gehäuse des Transistors oder die Luft im Gerätegehäuse.

In [3] im Abschnitt 4.3 hatte ich die Formel zur Berechnung der Wärmeenergie angegeben. Für den ersten Ansatz unterstellen wir, dass die elektrische Energie vollständig in Wärmeenergie überführt wird. Zunächst würde man doch wie folgt vorgehen wollen:

$$W_{elektrisch} = Q_{Wärme}$$

$$U \cdot I \cdot t = c \cdot m \cdot \Delta T \qquad \{4.5\}$$

c ist die spezifische Wärmekapazität von Luft. Siehe Tabelle 4.4.

Stoff	c in $\frac{kJ}{kg \cdot K}$
Holz, *C+O+H+N*	*1,700*
trockene Luft, *N2* + O2	*1,006*
Aluminium, *Al*	*0,896*
Eisen, *Fe*	*0,470*
Kupfer, *Cu*	*0,381*
Zinn, *Sn*	*0,230*

Tabelle 4.4: Ungefähre, spezifische Wärmekapazität c einiger Stoffe.

Die Zeit *t zu* berechnen erfordert noch ein paar Ersetzungen und Umformungen:

$$\Delta T = \frac{Q}{c \cdot m}$$

$$m_{Luft} = V_{Luft} \cdot \rho_{Luft} \qquad \{4.6\}$$

$$t = \frac{c_{Luft} \cdot m_{Luft} \cdot \Delta T}{U \cdot I} \qquad \{4.7\}$$

$$t = \frac{1{,}005 \cdot \frac{kJ}{kg \cdot K} \cdot 0{,}0012 \frac{kg}{l} \cdot (75\,°C - 50\,°C)}{3V \cdot 1A}$$

Anmerkung: Die Temperaturdifferenz ist 75 °C - 25 °C = 50 K

$$c_{Luft} = 1{,}005 \cdot \frac{kJ}{kg \cdot K} = 1005 \cdot \frac{J}{kg \cdot K}$$

t ≈ 20,1 s

Tatsächlich dauert das Aufheizen dieses Gerätes aber deutlich länger. Der Grund ist, dass bei der Berechnung nur die Erwärmung der Luft im Gerätegehäuse berücksichtigt wurde. Es blieb das Aufheizen des Transistors im Metallgehäuse und des Gerätegehäuses aus Kunststoff unberücksichtigt. Diese nehmen doch zunächst Energie auf, bis sie die Temperatur von *75 °C* erreicht haben. Auch die Wärmeabstrahlung und Wärmeleitung des Gerätegehäuses blieb unbeachtet. Beides verlangsamt das Aufheizen, weil schon während des Aufheizvorgangs Wärmeenergie in die Umgebung abgegeben wird.

Ein MJ2955 PNP-Transistor im TO3-Gehäuse wiegt *12 g*. Die Nichtmetall-Anteile die in diesem Transistor stecken tragen zum Gewicht nur sehr wenig bei und werden vernachlässigt. Es wird angenommen, dass das Gerätegehäuse aus Kunststoff ohne Einbauten *100 g* wiegt. Das Gewicht der integrierten Verschraubungen bleibt unberücksichtigt. Die spezifische Wärmekapazität c von Metall oder Kunststoff ist zwar eher gleich oder kleiner als bei

Luft, die Massen sind aber deutlich größer (*100 g* Kunststoff gegen *1,2 g* Luft). Das macht dann den Unterschied. Die Rechnung sieht nun wie folgt aus:

$$t=\frac{c_M\cdot m_M\cdot \Delta T}{U_{CE}\cdot I_C}+\frac{c_K\cdot m_K\cdot \Delta T}{U_{CE}\cdot I_C}+\frac{c_L\cdot m_L\cdot \Delta T}{U_{CE}\cdot I_C}=\frac{(c_M\cdot m_M+c_K\cdot m_K+c_L\cdot m_L)\cdot \Delta T}{U_{CE}\cdot I_C} \quad \{4.8\}$$

In unserer elektronischen Werkstatt an der RWTH in Aachen gibt es zahlreiche Transistoren im TO3-Gehäuse. Mit einem Magneten habe ich festgestellt, dass einige Transistorgehäuse offensichtlich aus Eisen gefertigt sind, denn sie wurden sehr stark vom Magneten angezogen. Ich habe die Transistoren gewogen und Massen zwischen *11-15 g* pro Stück erhalten. Andere Transistoren im TO3-Gehäuse wurden gar nicht angezogen und sie fühlten sich auch leichter an. Auf der Waage ergab sich stets der gleiche Wert von *7 g*. Nach der Tabelle 4.4 hat Aluminium eine spezifische Wärmekapazität die doppelt so groß ist wie die von Eisen. Dafür ist es aber leichter. Bei einer Masse von *12 g* ist das vorliegende TO3-Gehäuse offensichtlich aus Eisen. Dafür gilt eine spezifische Wärmekapazität (nachzulesen z.B. in [4]) von:

$$c_{Al}=0{,}470\cdot\frac{kJ}{kg\cdot K}=470\cdot\frac{J}{kg\cdot K}$$

Die spezifischen Wärmekapazitäten für einige Kunststoffe die bei der Gehäuseherstellung benutzt werden sind in der Tabelle 4.5 zusammengestellt. Dort sind auch maximale Grenztemperaturen angegeben. Diese sind nicht ganz unwichtig, denn die Oberflächentemperatur von Leistungshalbleitern im Betrieb kann durchaus *140 °C* oder mehr erreichen ohne Schaden zu nehmen. Angrenzender Kunststoff ist dann häufig schon überfordert.

Kunststoff	**Grenztemperaturen in °C**	**Spezifische Wärmekapazität** $\frac{kJ}{kg\cdot K}$:
PS (Polystyrol)	Schmelztemperatur: 100	1,3
PC (Polycarbonat)	Dauergebrauchstemperatur: 125	1,17
PMMA (Polymethylmethacrylat, Acrylglas)	Erweichungstemperatur: 110	1,47
ABS (Acrylnitril-Butadien-Styrol)	Dauergebrauchstemperatur: 95	1,3

Tabelle 4.5: Grenztemperaturen und spezifische Wärmekapazität verschiedener Kunststoffe die oft für Gehäuse verwendet werden.

Ausgehend von einem Kunststoffgehäuse aus ABS sähe die Rechnung dann so aus:

$$t=\frac{\left(470\frac{J}{kg\cdot K}\cdot 0{,}012kg+1300\frac{J}{kg\cdot K}\cdot 0{,}1kg+1005\frac{J}{kg\cdot K}\cdot 0{,}0012g\right)\cdot 50\,K}{3V\cdot 1A}$$

t ≈ 2261 s --> 37 min, 41s

Dieser Wert kommt deutlich näher an die Realität heran. Ob sich nun nach dem Erreichen der Innentemperatur von *75 °C* ein stationärer Zustand einstellt, hängt davon ab, welche Wärmeabfuhrmöglichkeiten umgesetzt wurden.

4.2.5. Nutzung der Wärmekapazität

Manchmal werden Geräte nur kurz benutzt. In diesem Fall lassen sich zu hohe Temperaturen vermeiden, indem man die Wärmekapazität eines Körpers nutzt. Man schraubt den Transistor, in dem die Wärme entsteht, z.B. auf einen Aluminiumblock. Die Wärme des Transistors geht dann in den Aluminiumblock über. Dieser erwärmt sich allmählich. Wird das Gerät abgeschaltet, ehe die Temperatur einen kritischen Wert annimmt, ist das Ziel erreicht.

In der Tabelle 4.4 ist die Wärmekapazität von Aluminium angegeben. Mit Hilfe der umgestellten Gleichung {4.5} lässt sich die Zeit berechnen, die es dauert, bis eine bestimmte Temperatur erreicht ist:

$$t=\frac{c\cdot m\cdot \Delta T}{P} \qquad \{4.9\}$$

An der Gleichung ist zu erkennen, dass der Temperaturanstieg umso länger dauert, je größer die Wärmekapazität c und die Masse m sind.

Angenommen ein Transistor, der eine Wärmeleistung von 5 W erzeugt wird auf einer Masse von *200 g* aus Aluminium (Block oder Blech o.ä.) geschraubt. Die Anfangstemperatur ist eine Temperatur von ϑ_U = *21 °C*. Die kritische Temperatur ist ϑ_K = *120 °C*. Die meisten Halbleiter können eine Sperrschichttemperatur von ϑ_J = *170 °C* aushalten, so dass bei sauberer Montage ein ausreichender Sicherheitsabstand besteht. In diesem Fall kann das Gerät für

$$t=\frac{896\cdot\frac{J}{kg\cdot K}\cdot 0{,}2\,kg\cdot\left(120\,°C-21\,°C\right)}{5\,W}\approx 3548\,s$$

in Betrieb bleiben. Das ist eine knappe Stunde. Weitere Kühlungsmaßnahmen sind nicht erforderlich. Das Gerät könnte hermetisch abgeschirmt von der Umwelt sein. Wichtig ist allerdings: Bis zum nächsten Einschalten muss der Aluminiumblock wieder abgekühlt sein.

4.3 Kühlkörper

Grundsätzliches zu Kühlkörpern habe ich bereits in [1] aufgeschrieben. Da das Thema hier besonders relevant ist möchte ich es hier nochmals aufgreifen bzw. erweitern.

Grundsätzlich besteht jeder Kühlkörper aus einem gut wärmeleitenden Werkstoff, der den thermischen Widerstand zwischen dem Gehäuse eines Bauteils und der Umgebung R_{thCA} (**C**ase-**A**mbient = Gehäuse-Umgebung) verringern soll. Ein idealer, unendlich großer Kühlkörper mit dem Wärmeübergangswiderstand $R_{thCS} = 0$ würde den Wärmeübergangswiderstand R_{thJA} (**J**unction-**A**mbient = Sperrschicht-Umgebung) auf R_{thJC} (**J**unction-**C**ase = Sperrschicht-Gehäuse) reduzieren.

Verwendet werden Kühlkörper bei all den Bauelementen, die mehr Wärmeumsatz aufweisen, als ihre Gehäuseoberfläche und die Anschlussdrähte allein abzugeben vermögen. Zu den Kühlkörpern sind neben speziellen Metall-Formteilen natürlich auch die Anschlussdrähte, Befestigungsschrauben und die Leiterplatte zu rechnen. So lässt sich beispielsweise auch die Wärmeleitfähigkeit der Platine für Kühlzwecke benutzen. Das habe ich in [2] gezeigt.

In [1] hatte ich auf Seite 206 ein Diagramm zur Auslegung von Aluminium- oder Kupferplatten als Kühlmittel dargestellt. Ich stelle hier eine Alternative dazu vor. Diese hat den Vorteil, dass sie allgemeingültig verwendbar ist. Unter Kenntnis der Wärmeleitfähigkeit des Materials λ, der Lage (senkrecht oder waagerecht), des Zustandes (blank oder geschwärzt), der Materialdicke d und der Fläche A gilt die zugeschnittene Größengleichung

$$R_{thSA} = 33 \cdot \frac{C^{\frac{1}{4}}}{\sqrt{\lambda \cdot d}} + 650 \cdot \frac{C}{A} \qquad \{4.10\}$$

R_{thSA}: Wärmeübergangswiderstand zwischen Kühlfläche und Umgebungsluft in K/W
C: Konstante zur Berücksichtigung der Lage der Kühlfläche (senkrecht, waagerecht) und der Ausführung der Oberfläche (blank oder geschwärzt); siehe Tabelle 4.6
λ: Wärmeleitfähigkeit des Materials nach Tabelle 4.1
d: Dicke des Kühlbleches in mm
A: Fläche des Kühlbleches in cm²

Oberfläche	Lage des Chassis	
	waagerecht	senkrecht
blank	1,0	0,85
geschwärzt	0,5	0,43

Tabelle 4.6: Werte für die Konstante C für Gleichung 4.10.

Bild 4.3 zeigt die sich ergebende Kurve für senkrecht angeordnetes Aluminiumblech mit einer Dicke von 2 mm. Wesentlich an dieser Gleichung 4.10 ist, dass sie aus zwei Termen besteht. Mit dem zweiten Term wird die Tatsache erfasst, dass sich mit wachsender Kühlfläche der Wärmeaustausch verbessert, also der Wärmeübergangswiderstand sinkt. Der erste Term berücksichtigt dagegen den Wärmeübergangswiderstand, den das Material dem Wärmetransport entgegensetzt. In der Kurve nach Bild 4.3 sind diese Einflüsse deutlich zu erkennen. Mit größer werdender Kühlfläche nimmt der Wärmeübergangswiderstand langsamer ab, weil eben dann der erste Term von Gleichung 4.10 etwa gleich dem zweiten wird, d.h. der Vorteil der größeren Wärmeabstrahlfläche kommt deshalb nicht voll zur Geltung, weil gleichzeitig die Wärmeleitung innerhalb des Materials aufgrund der längeren Wege erschwert wird. Aus diesem Grund wählt man bei großen Kühlflächen nicht ein einzelnes Blech, sondern man schachtelt U-förmig gebogene Bleche ineinander (Bild 4.4). Dadurch bleibt der Wärmetransportweg klein. Bei fertig angebotenen Kühlkörpern ist das bereits durch die Formgebung berücksichtigt.

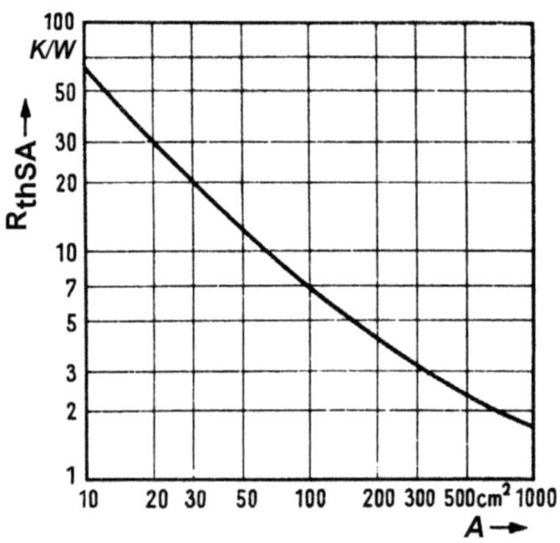

Bild 4.3: R_{thSA} = f(A) zum Bestimmen von Kühlflächen.
Grundlage: Gleichung 4.10 mit 2 mm Aluminiumblech, welches Vertikal aufgestellt ist.

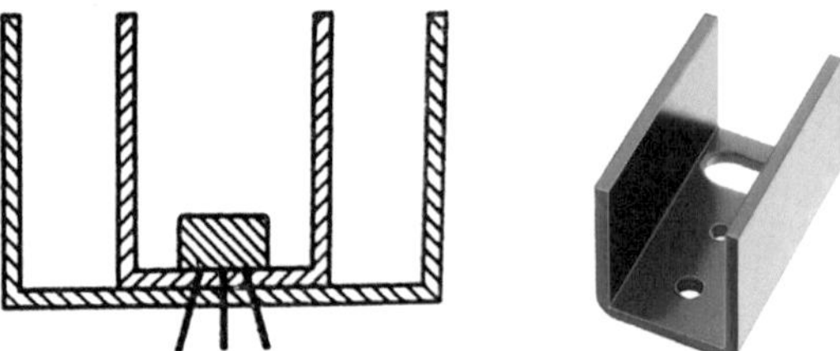

Bild 4.4: Links: Schnitt durch einen Kühlkörper (mit Transistor) der aus zwei U-förmig gebogenen Blechen aufgebaut ist.
Rechts: Üblicher, weit verbreiteter U-förmiger Kühlkörper für Transistoren im TO220-Gehäuse mit R_{thSA} = 20 K/W.

Beim Transistor MJ2955 handelt es sich um einen PNP-Leistungstransistor im TO3-Gehäuse der weit verbreitet ist. Man findet ihn auf Funker-Trödelmärkten oder baut ihn aus aussortierten, zur Verschrottung anstehenden Geräten aus. Dem Datenblatt kann man entnehmen:

- die maximal erlaubte Sperrschichttemperatur ist ϑ_{Jmax} = *200 °C*
- der Wärmeübergangswiderstand zwischen Sperrschicht und Gehäuse ist R_{thJC} = *1,52 K/W*
- der Wärmeübergangswiderstand zwischen Sperrschicht und Umgebung ist R_{thJA} = *35 K/W*

Der Wärmeübergangswiderstand zwischen Gehäuse und Umgebung lässt sich daraus leicht errechnen:

$$R_{thCA} = R_{thJA} - R_{thJC} = 35\ K/W - 1{,}52\ K/W = 33{,}48\ K/W$$

Die maximale Leistung, mit der dieser Transistor ohne Kühlungsmaßnahme beaufschlagt werden darf, lässt sich errechnen, wenn man die zulässige Umgebungstemperatur festlegt. Bild 4.5 veranschaulicht die Situation. Mit der zulässigen Geräteinnentemperatur von ϑ_A = 60 °C ergibt sich zum Beispiel:

$$\dot{Q} = P = \frac{\Delta T}{R_{thJA}} \qquad \{4.11\}$$

$$\dot{Q} = P = \frac{\vartheta_{Jmax} - \vartheta_A}{R_{thJA}} = \frac{200\,°C - 60\,°C}{35\,K/W} = 4\,W$$

Unter freiem Himmel in der Antarktis sähe das vielleicht so aus:

$$\dot{Q} = P = \frac{\Delta T}{R_{thJA}} = \frac{\vartheta_{Jmax} - \vartheta_A}{R_{thJA}} = \frac{200\,°C - (-30\,°C)}{35\,K/W} \approx 6{,}6\,W$$

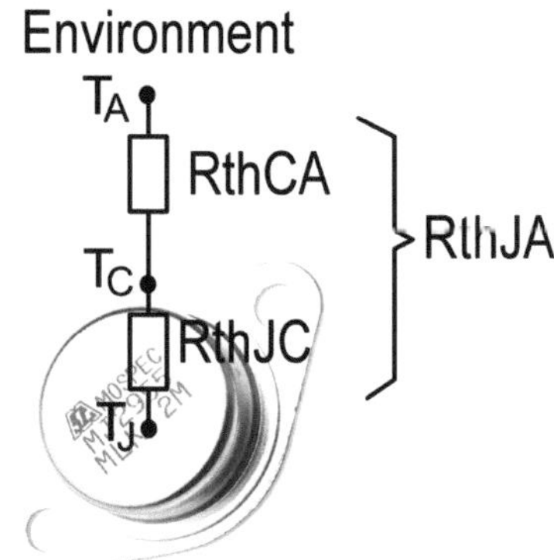

Bild 4.5: Zwei Wärmeübergangswiderstände befinden sich zwischen der Sperrschicht und der Umgebungsluft.
T_A – Umgebungstemperatur
T_C = Gehäusetemperatur
T_J = Sperrschichttemperatur

Bezogen auf Bild 4.5 ist genau genommen noch ein Wärmeübergangswiderstand R_{thCS} (**C**ase-**T**hermal **S**ink) zu berücksichtigen. Dieser ist nach R_{thJC} angeordnet. Aus R_{thCA} wird dann R_{thSA}. Dieser Übergangswiderstand kann aufgrund isolierter Montage entstehen oder auch ungewollt dadurch, dass keine innige Berührung zwischen Transistorgehäuse und Kühlblech besteht. Zur Abschätzung von R_{thCS} sind die beiden Fälle zu unterscheiden:

1.) Isolierte Montage mit Glimmerscheiben:

Dicke der Glimmerscheibe	Wärmeübergangswiderstand zwischen Transistorgehäuse und Kühlkörper
50 µm	$R_{thCS} = 1{,}25\ K/W$
100 µm	$R_{thCS} = 1{,}4\ K/W$

2.) Für die Montage ohne Isolation kann man abschätzen:

$$R_{thCS}=\frac{1}{\lambda_K \cdot A} \qquad \{4.12\}$$

mit λ_K = Kontaktleitfähigkeit $W/(cm^2 \cdot K)$
und A = Auflagefläche (abhängig vom Transistorgehäuse) in cm^2

Je nach Kontaktdruck und Güte der Auflage kann für λ_K ein Wert von *0,2 bis 1* gesetzt werden. Dann ergibt sich z.B. für ein TO3-Gehäuse ein Übergangswiderstand von R_{thCS} *. TO3 = 0,12...0,5 K/W*.
Ein TO220-Gehäuse hat eine Auflagefläche von $A = 1\ cm \cdot 1{,}5\ cm = 1{,}5\ cm^2$. Somit ist bei unisolierter Montage im besten Fall

$$R_{\mathrm{thCS.TO220}}=\frac{1}{1 \cdot 1{,}5\,cm^2}\approx 0{,}67\,K/W$$

und im schlechtesten Fall

$$R_{\mathrm{thCS.TO220}}=\frac{1}{0{,}2 \cdot 1{,}5\,cm^2}\approx 3{,}33\,K/W$$

Bei einer Verbindung Metallgehäuse auf Metallfläche (z.B. TO3-Transistor auf blankem Aluminiumkörper) sind eher kleinere Werte anzunehmen. Bei der Variante Metall auf Eloxalschicht (z.B. TO3-Transistor auf einen schwarz eloxierten Kühlkörper) größere.

4.3.1 Rückrechnung

Manchmal ist es hilfreich, eine "Rückrechnung" aufzustellen. Dann nämlich, wenn man denkt, dass die Konstruktion keiner Kühlung bedarf und es sich herausstellt, dass dann doch einer der Halbleiter sehr warm wird. Die Frage die man sich stellen kann ist etwa: Wie viel Wärmeleistung wird im Halbleiter erzeugt?

Auch ist es interessant herauszufinden, wie lange ein Leistungstransistor thermisch überlastet werden darf. Es wird unterstellt, dass alle Parameter unterhalb des maximalen Grenzwertes liegen. Die Kühlmaßnahmen werden für den normalen Betriebsfall ausgelegt. Eine Überlastung führt dann zwangsläufig zur thermischen Überlast, ohne dass dabei zwingend die Parameter, wie maximaler Kollektorstrom o.ä., überschritten werden. Interessant ist die Zeit, bis die maximale Sperrschichttemperatur erreicht ist.

4.3.1.1 Die Wirkung eines Kühlbleches

Im Beispiel geht es um einen Schalttransistor, der für die PWM-Ansteuerung meiner Shack-Beleuchtung verwendet wird. Die Beleuchtung meines Shack besteht aus zwei *12 V* Halogenlampen mit je *35 W* Leistung, die in Reihe geschaltet sind.

Der Schalttransistor ist vom Typ BDX54C. Im Betrieb war eine effektive Ausgangsspannung von ca. *10 V* eingestellt. Bei einer Eingangsspannung von *24 V* gehört dazu ein Puls-Pausen-Verhältnis von

$$\frac{U_{out}}{U_{in}} = \frac{t_{ein}}{t_{ein} + t_{aus}} = \frac{10\,V}{24\,V} \approx 42\,\%$$

Eine Messung ergab nach Einstellen eines ausgeglichenen Zustands eine Temperatur am Gehäuse des Schalttransistors von ϑ_{C1} = *110°C*. Mit einer einfachen Kühlmaßnahme (Bild 4.7) war die Temperatur ϑ_{C2} = *86 °C*. Siehe dazu Bild 4.6. Die Umgebungstemperatur war jeweils ϑ_U = *21 °C*.

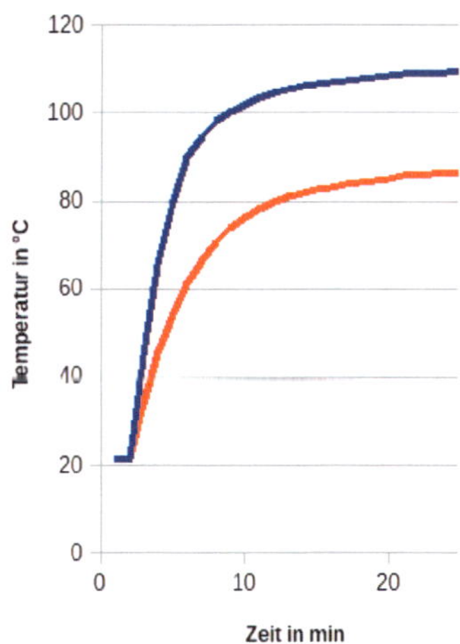

Bild 4.6: Erwärmung eines Leistungstransistors mit und ohne Kühlmaßnahme.

Im Datenblatt des Transistors BDX54C ist der thermische Widerstand zwischen Sperrschicht und Gehäuse angegeben mit R_{thJC} = *2,08 K/W* und zwischen Sperrschicht und Umgebung R_{thJA} = *70 K/W*. Die Differenz ergibt den thermischen Widerstand zwischen Gehäuse und Umgebung R_{thCA} = *67,92 K/W*. Damit lässt sich die Leistung errechnen, die im Transistor in Wärme umgesetzt wird.

$$P=\frac{\Delta T}{R_{th}}=\frac{\vartheta_{C1}-\vartheta_A}{R_{thCA}}=\frac{110\,°C-21\,°C}{67{,}92\,K/W}\approx 1{,}3\,W$$

ϑ_C ist die Gehäusetemperatur
ϑ_A ist die Umgebungstemperatur
R_{thCA} ist der Wärmewiderstand zwischen Gehäuse und Umgebung

Durch die Kühlmaßnahme hat sich der Wärmeübergangswiderstand zwischen Gehäuse und Umgebung nun verbessert. Er ist jetzt:

$$R_{thCA2}=\frac{\Delta T}{P}=\frac{\vartheta_{C2}-\vartheta_A}{P}=\frac{86\,°C-21\,°C}{1{,}3\,W}\approx 50\,K/W$$

Damit ist dann der neue Widerstand R_{thJA} = *52,08 K/W*.

Bild 4.7: Ein kleiner angeschraubter Stahlwinkel bewirkt eine Verbesserung des Wärmeübergangswiderstandes R_{thJA} von 70 K/W auf 52,08 K/W Transistor links: keine Kühlmaßnahme; Transistor rechts: angeschraubter Stahlwinkel.

4.3.1.2 Die Zeit bis zur Überlastung

Die grobe Abschätzung, wie lange es dauert, bis es für einen Transistor ohne Kühlung gefährlich wird - sprich: die maximale Sperrschichttemperatur erreicht ist, gelingt mit der Formel {4.9}. Gesucht ist die Funktion

$$t=f(P_W)=\frac{c_{FE}\cdot m_{FE}\cdot(\vartheta_C-\vartheta_A)}{P_W} \qquad \{4.13\}$$

P_W ist die Wärmeleistung, die in der Sperrschicht entsteht. Die Masse des Transistors steckt vor allem im Gehäuse (c für case), welches aus Metall gefertigt ist. Zu Berücksichtigen ist noch, dass der maximale Wert der Sperrschichttemperatur ϑ_{Jmax} nicht überschritten wird.

$$\vartheta_C=\vartheta_J-R_{thJC}\cdot P_W \qquad \{4.14\}$$

Die Gehäusetemperatur ist stets etwas kleiner, als die Sperrschichttemperatur. Der Temperaturunterschied zwischen Sperrschicht- und Gehäusetemperatur hängt ab von der in der Sperrschicht erzeugten Wärmeleistung. Die Gleichung {4.14} wird also in die Gleichung {4.13} eingesetzt.

$$t=f(P_W)=\frac{c_{FE}\cdot m_{FE}\cdot(\vartheta_{Jmax}-R_{thJC}\cdot P_W-\vartheta_A)}{P_W} \qquad \{4.15\}$$

Beispielhaft wird der Transistor MJ2955 betrachtet. Aus dem Datenblatt erfährt man die maximale Sperrschicht-Temperatur ist ϑ_J = *200 °C* und der Wärmeübergangswiderstand von Sperrschicht zum Gehäuse ist R_{thJC} = *1,52 K/W*.

Ich habe einen MJ2955 Transistor gewogen. Er wiegt 14 g. Ich nehme an, dass das Gehäuse des Transistors zunächst Zimmertemperatur (ϑ_A = *21 °C*) hat und dass die Masse im Metallgehäuse konzentriert ist. Der Transistor wird von einem Magneten angezogen, so dass ich die spezifische Wärmekapazität von Eisen (entnommen aus [4]) verwende:

$$c_{FE}=452\cdot\frac{Ws}{kg\cdot K}$$

mit ϑ_A = *21 °C* und eingesetzt in {4.15} erhalte ich

$$t=f(P_W)=\frac{452\frac{Ws}{kg\cdot K}\cdot 0{,}014\,kg\cdot\left(200\,°C-1{,}52\frac{K}{W}\cdot P_W-21\,°C\right)}{P_W}$$

$$t=f(P_W)=\frac{6{,}328\frac{Ws}{K}\cdot\left(179\,°C-1{,}52\frac{K}{W}\cdot P_W\right)}{P_W}$$

$$t=f(P_W)=\frac{1132{,}712\,Ws}{P_W}-9{,}61856\,s$$

dies gilt natürlich nur bis zur maximal erlaubten Wärmeleistung P_W = P_{tot} = *115 W*! (Anmerkung: die Wärmeleistung wird natürlich durch elektrische Leistung erzeugt). Den zugehörigen Kurvenverlauf zeigt Bild 4.8.

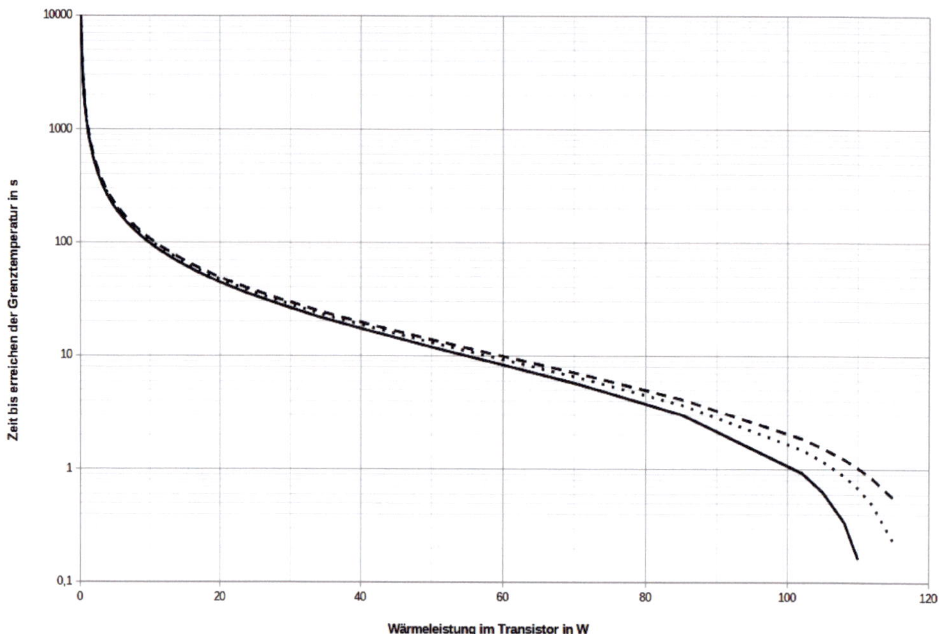

Bild 4.8: Transistor im TO3-Gehäuse (hier MJ2955) ohne Kühlmaßnahme. Dargestellt ist die Zeit (Ordinatenachse) bis zum Erreichen der maximalen Sperrschichttemperatur von ϑ_J = 200 °C bei den Umgebungstemperaturen ϑ_A = 15 °C (gestrichelt), 21 °C (gepunktet) und 30 °C (durchgezogen) in Abhängigkeit von der in der Sperrschicht umgesetzten Wärmeleistung (Abszissenachse).

Bei kleinen Leistungen (P_W *< 20 W*) und im Kurzzeitbetrieb kann es durchaus sinnvoll sein den Transistor ohne jede Kühlmaßnahme zu nutzen. Abhängig von der Umgebungstemperatur wird ab etwa P_W *= 100 W* die Grenztemperatur unterhalb einer Sekunde erreicht. Bei P_W *= 115 W* und ϑ_A *= 30 °C* sind es lediglich *180 ms*. Da bleibt nicht viel Zeit, weswegen ich es gar nicht erst versuchen würde.

4.3.2 Kühlkörper von der Stange

Neben normalen Blechen aus Aluminium oder Kupfer, die wir als Kühlflächen verwenden können gibt es eine Fülle an fertigen, kaufbaren Kühlkörpern. Es gibt sie in allen erdenklichen Größen und bereits vorbereitet für die Aufnahme unterschiedlichster Bauteile. Manche haben dafür vorgesehene Bohrungen (z.B. für das TO3-Gehäuse) und neuerdings immer öfter Vorbereitungen für die Befestigung mit Halteklammern. Damit entfällt das Verschrauben.

Die Firmen bieten häufig auch Befestigungs- und Isoliermaterial an. Dazu gehören dann Scheiben aus Glimmer oder speziellem, wärmeleitfähigem Kunststoff. Aber auch isolierende Hülsen für Schrauben oder Haltefedern. Letztere erlauben die Befestigung auch ohne Schrauben.

Bei diesen Kühlkörpern ist im Datenblatt neben den Abmessungen und Angaben über das Material auch immer der Wärmeübergangswiderstand R_{thSA} angegeben.

In einem späteren Abschnitt wird für ein Projekt beispielhaft ein fertiger Kühlkörper der europäischen Firma „Fischer electronic" verwendet.

4.4 Der Einsatz von Lüftern

Bei der Besprechung der Konvektion wurde schon klar, das Lüfter die Entwärmung stark verbessern können. Je nach Konstruktion ist eine ausreichende Entwärmung ohnehin nur unter der Verwendung von Lüftern möglich. Lüfter haben allerdings auch Nachteile: Sie benötigen Energie und sie verursachen Geräusche. Der Einsatz von Lüftern ist also sorgfältig zu planen.

Die erste Frage, die sich der Gerätebauer stellt, ist die Frage nach der Auswahl des Lüfters. Dazu gehören die Leistung des Lüfters aber auch der Durchmesser und die Drehzahl.

Dazu denke man sich ein Gerät in dem Wärme entsteht. Diese Wärme bewirkt im Geräteinnern einen Temperaturanstieg. Will man den Temperaturanstieg begrenzen, so muss die Wärmeenergie abgeführt werden. Der Temperaturanstieg hängt von vielen Faktoren ab, das wurde im vorausgegangenen Kapitel deutlich. Der Lüfter kann nur die Wärmeenergie abführen, die in der Luft steckt. Bild 4.9 verdeutlicht die Anordnung. Wir beschränken uns also auf die Betrachtung der erwärmten Luft. Außerdem beschränke ich mich auf Axiallüfter (Bild 4.10), da diese meist einfacher einbaubar sind.

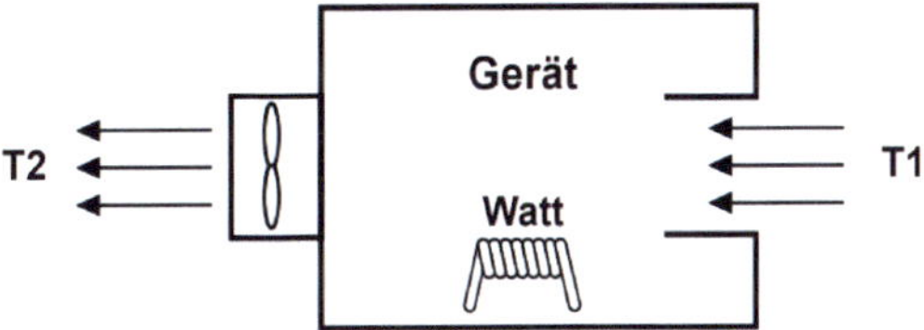

Bild 4.9: Gehäuse mit Wärmequelle im Innern und Lüfterkühlung.

Bild 4.10: Axiallüfter (links) und Radiallüfter (rechts).

Auf jeden Fall ist zu unterscheiden:

1.) der abzuführende Volumenstrom $\dot{V}$, der gewährleistet, dass die Temperatur ϑ_I nicht weiter ansteigt

2.) die Lüfterleistung P_L, die notwendig ist um diesen Volumenstrom durch das zu kühlende Gerät zu treiben

Zunächst zu Punkt 1.): Für die Berechnung des erforderlichen Luftstroms muss die Wärme bekannt sein, die im Gerät entsteht und abgeführt werden muss. Damit einhergehend ist dann auch die maximal erlaubte Temperatur im Gehäuseinnern bekannt. Im Kapitel 2 gab es unter dem Abschnitt 2.1.1.1 eine lineare Stabilisierungsschaltung, bei der eine Gesamt-Wärmeleistung von $P_W = 85{,}2\ W$ auftrat. Es wird angenommen, dass die gesamte Wärmeleistung im Innern des Gerätes entsteht.

Der maximale Temperaturanstieg im Gehäuseinnern muss festgelegt werden. Die meisten Geräte werden bei Zimmertemperatur ϑ_U betrieben. Also z.B. bei $\vartheta_U = 21\ °C$. Sind im Gehäuseinnern z.B. $\vartheta_I = 50\ °C$ zulässig, dann ist der zulässige Temperaturanstieg $\Delta T_{max} = 29\ K$.

Die erwärmte Luft kann man sich als Energie-Reservoir vorstellen. Die Frage ist nun, welche Energie muss kontinuierlich entnommen werden, damit der Temperaturanstieg nicht über ΔT_{max} hinausgeht. Da die Energie in der Luft steckt geht es also letztendlich um den Tausch von warmer Luft gegen kühle Luft. Die warme Luft wird abgesaugt und durch kühle Luft ersetzt. Das Ziel ist erreicht, wenn die abgeführte, in der Luft gespeicherte Wärmeleistung, der im Gerät erzeugten Wärmeleistung P_W entspricht:

$$P_W = \dot{m}_L \cdot c_L \cdot \Delta T \qquad \{4.16\}$$

$\dot{m}_L$ ist die Masse der umzuwälzenden Luft in *kg pro Zeiteinheit*

c_L ist die spezifische Wärmekapazität von Luft $1{,}01\ kJ/(kg \cdot K)$

Dabei gilt

$$\dot{m}_L = \dot{V} \cdot \varrho_L \qquad \{4.17\}$$

$\dot{V}$ = umzuwälzende Luftmenge in m^3/min
ϱ_L = Dichte der Luft in Meereshöhe ist $1{,}2\ kg/m^3$

Somit

$$P_W = \dot{V} \cdot \varrho_L \cdot c_L \cdot \Delta T \qquad \{4.18\}$$

$$\dot{V} = \frac{P_W}{\varrho_L \cdot c_L \cdot \Delta T} \qquad \{4.19\}$$

bzw. da c_L und ϱ_L Konstanten sind

$$\varrho_L \cdot c_L = 1212 \cdot \frac{W \cdot s}{K \cdot m^3} = 1212 \cdot \frac{W \cdot s}{K \cdot m^3 \cdot 60 \cdot \frac{s}{min}} = 20{,}2 \cdot \frac{W \cdot min}{K \cdot m^3}$$

$$\dot{V} \approx \frac{P_w}{20{,}2 \cdot \frac{W \cdot min}{K \cdot m^3} \cdot \Delta T}$$

$$\frac{\dot{V}}{[\frac{m^3}{min}]} \approx \frac{P_w}{20{,}2 \cdot \Delta T} \approx 0{,}05 \cdot \frac{P_w}{\Delta T} \quad \text{oder alternativ} \quad \frac{\dot{V}}{[\frac{m^3}{h}]} \approx 3 \cdot \frac{P_w}{\Delta T} \qquad \{4.20\}$$

mit P_W in W und ΔT in K

Zurückkommend auf den Anwendungsfall aus Abschnitt 2.1.1.1 muss also permanent ein Luftstrom von

$$\frac{\dot{V}}{[\frac{m^3}{min}]} \approx 0{,}05 \cdot \frac{85{,}2}{29} \approx 0{,}147 \frac{m^3}{min} \quad \text{bzw.} \quad \frac{\dot{V}}{[\frac{m^3}{h}]} \approx 3 \cdot \frac{85{,}2}{29} \approx 8{,}8 \frac{m^3}{h}$$

transportiert werden. Gelingt dies, überschreitet die Geräte-Innentemperatur (Lufttemperatur) im Beispiel nicht den Wert von $\vartheta_I = 50\ °C$. Der Luftstrom ist in den Datenblättern der Lüfter angegeben und heißt dort häufig Luftdurchsatz.

Nun zu Punkt 2.): Dem Transport der Luft durch das Geräte-Gehäuse wird ein Widerstand entgegen gesetzt, weil der Luftstrom durch die Einbauten (Platinen, Bauelemente, usw.) behindert wird. Würde man den Luftstrom durch Pusten erreichen wollen, müsste man sich umso mehr anstrengen, je mehr Aufbauten im Geräteinnern den Luftstrom behindern. Es resultiert daraus eine Druckdifferenz Δp zwischen der einströmenden und der ausströmenden Stelle. Diese Druckdifferenz muss überwunden werden. Es ergibt sich für die Lüfterleistung P_L dann

$$P_L = \Delta p \cdot \dot{V} \qquad \{4.21\}$$

Die Leistung verläuft also proportional zur unbekannten Druckdifferenz Δp. Der Luftstrom in m^3/s ist bekannt. Der Zusammenhang zwischen der Luftmenge, die durch das Gehäuse strömt, und der daraus resultierenden Druckdifferenz (so genannter statischer Druck) ist System-Charakteristisch. In der Literatur findet man die Formel

$$\Delta p = K \cdot \dot{V}^n \qquad \{4.22\}$$

K = Konstante, abhängig vom System-Aufbau
$\dot{V}$ = die umgewälzte Luftmenge
n = Turbulenz-Faktor, $1 \leq n \leq 2$; laminare Strömung: $n=1$; turbulente Strömung: $n=2$

Die Beziehung ist folglich nichtlinear, sobald Turbulenzen auftreten, denn dann wird n größer 1. K muss in der Praxis experimentell ermittelt werden. Auch der Tubulenz-Faktor n kann nur geschätzt und dann anhand eines Prototypen bestätigt oder angepasst werden. Dieser Aufwand ist allenfalls für die Massenproduktion sinnvoll. Was man aber sehen kann ist, dass mit zunehmenden Turbulenzen der Graph, der den Druck als Funktion der Luftmenge darstellt, von einer Geraden immer mehr abweicht. Er nimmt einen parabolischen Verlauf an (siehe Bild 4.11). Der Schnittpunkt zwischen dieser für das System charakteristischen Kurve (Luftstrom-Impedanz-Kurve) und der Last-Charakteristik des Lüfters bestimmt den aus der Theorie gewünschten Arbeitspunkt des mit dem Lüfter betriebenen Systems. Wie aus Bild 4.11 hervorgeht, ist hiermit der Arbeitspunkt des Systems festgelegt. Der Arbeitspunkt ist der Punkt, bei dem sowohl die Steigung des statischen Druckverlaufs als auch des System-Impedanz-Verlaufs am niedrigsten ist. Der statische Wirkungsgrad des Lüftersystems

$$\eta = \frac{p \cdot \dot{V}}{P} \qquad \{4.23\}$$

η = Wirkungsgrad des Lüftersystems
p = statischer Druck
P = Lüfterleistung

erreicht in diesem Punkt sein Maximum.

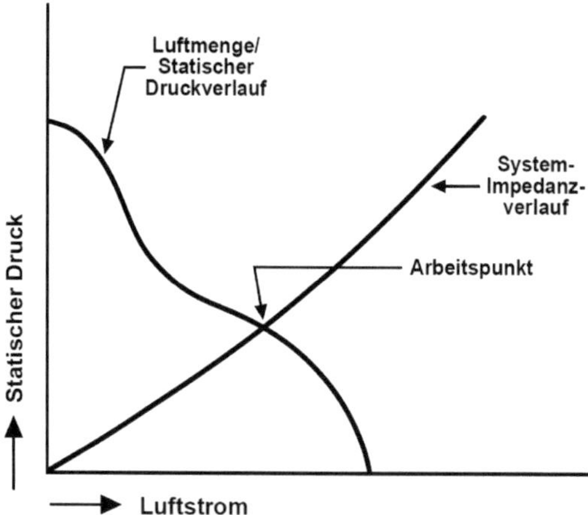

Bild 4.11: Schnittpunkt zwischen der Impedanz-Kurve (Luftstrom-Widerstandsverlauf) des Systems und Last-Charakteristik des Lüfters als optimaler Arbeitspunkt.

In der Praxis sind die Größen *Δp, K* und *n* nicht bekannt. Der Aufwand für die Ermittlung dieser Größen ist für Maker und Funkamateure viel zu groß - nicht nur hinsichtlich der Zeit - auch hinsichtlich der erforderlichen Investitionen für die Messapparaturen. Es ist eine andere Vorgehensweise notwendig. Eine für die tatsächliche Anwendung solide Abschätzung gelingt mir wie folgt: Für die Ermittlung der notwendigen Lüfterleistung habe ich einen besonders leistungsstarken Lüfter mit den Abmessungen, die ich am häufigsten einsetze. Nun befestige ich den Lüfter am Gehäuse (Bild 4.9) und betreibe den Lüfter bei einer bekannten Leistung (z.B. mit Hilfe eines einstellbaren Netzgerätes). Die Leistung stelle ich so ein, dass ich mit einem Anemometer (Bild 4.12) den Volumenstrom oder die Luftgeschwindigkeit gut messen kann. Wir wissen aus meinem vorangegangenen Geschreibsel, dass der Zusammenhang

Lüfterleistung = f(Volumenstrom)

parabelförmig verläuft. Dabei liegt der Scheitelpunkt im Ursprung - also im Nullpunkt. Das muss zwangsläufig so sein, denn wenn der Lüfter leistungslos ist, dann gibt es auch keinen Volumenstrom. Für die Parabel gilt also der Ansatz

$$P_L = a \cdot \dot{V}^2 \qquad \{4.24\}$$

Es wird also nur eine einzige Messung benötigt, denn die Gleichung enthält nur eine Unbekannte. Tatsächlich mache ich aber immer mehrere Messungen mit unterschiedlicher Leistung. Das ist einfach zu realisieren indem ich die Arbeitsspannung des Lüfters verändere und den Strom messe. Mehrere Arbeitspunkte ermöglichen das Ergebnis zu vergleichen. Eine praktische Messung ergab zum Beispiel die Resultate aus Tabelle 4.7. Für die Unbekannte a ergeben sich damit Werte zwischen 2,08 und 2,25. Nimmt man den Arbeitspunkt mit *900 mW* (*10 V/90 mA* - in der Tabelle 4.7 fett hinterlegt) dann ergibt sich das Diagramm gemäß Bild 4.13. Für die Funktion gilt

$$P_L = 2{,}13 \cdot \dot{V}^2$$

Für den Anwendungsfall aus Abschnitt 2.1.1.1 also

$$P_L = 2{,}13 \cdot \left(0{,}147 \cdot \frac{\dot{m}^3}{min}\right)^2 \approx 46\,mW$$

Der für die Messung verwendete *12 V* Lüfter könnte also mit *6 V* betrieben werden und wäre entsprechend leise. Oder man wählt gezielt einen Lüfter der mit ca. *50 mW* angegeben ist.

U/V	I/A	P/W	v/ m/s	Fläche in m²	Volumenstrom in m³/min
6,000	*0,055*	*0,330*	*1,500*	*0,00442*	*0,398*
8,000	*0,075*	*0,600*	*2,050*	*0,00442*	*0,544*
10,000	***0,090***	***0,900***	***2,450***	***0,00442***	***0,650***
12,000	*0,100*	*1,200*	*2,750*	*0,00442*	*0,729*

Tabelle 4.7: Ergebnis einer „Lüfter-Messung".

Anzumerken ist noch, dass auch diese Vorgehensweise nur eine Abschätzung ist. Alleine schon deshalb, weil der Wirkungsgradverlauf des Lüfters ebenfalls nicht bekannt ist. Mit der beschriebenen Vorgehensweise nehme ich einen Wirkungsgrad von $\eta = 1$ an. Es ist deshalb ratsam, die elektrische Leistung, mit der der Lüfter betrieben wird, etwas höher zu wählen als der ermittelte Wert.

Bild 4.12: Ein preiswertes Anemometer mit dem man neben der Luftgeschwindigkeit auch den Volumenstrom und die Lufttemperatur messen kann.

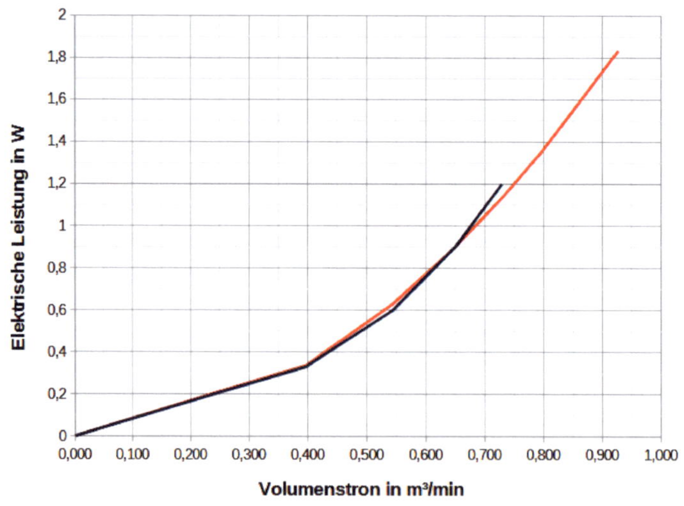

Bild 4.13: Verlauf der gemessenen Werte aus Tabelle 4.7 (blau) mit der berechneten Parabel $P_L = f(V)$ (rot).

4.4.1 Druck- oder saugseitige Anbringung

Im Bild 4.9 ist der Lüfter an der Auslassöffnung angebracht. Unter günstigen Einbaubedingungen ergibt sich unabhängig davon, ob ein Lüfter am Lufteinlass des Gerätes oder an dessen Luftaustritt positioniert wird, der gleiche Betriebspunkt als Schnittpunkt von Lüfter- und „Luftstrom-Widerstandskennlinie". Neben der Gewährleistung des erforderlichen Volumenstroms sind jedoch noch einige weitere Aspekte zu berücksichtigen: Die Ansaugströmung eines Lüfters ist weitgehend laminar und erfasst nahezu den gesamten Ansaugraum. Demgegenüber ist die Abströmung eines Lüfters meistens turbulent und erfolgt in einer Vorzugsrichtung, z.B. axial beim Axiallüfter. Die Turbulenz intensiviert den Wärmeübergang an den angeströmten Bauteilen, so dass hinsichtlich einer geforderten Kühlwirkung die druckseitige Anbringung (auf der Lufteintrittsseite des Gerätes) zu empfehlen ist. Bei der Gerätekühlung ist die druckseitige Anordnung des Lüfters sowieso vorteilhaft, weil dieser dann nicht mit warmer Luft belastet wird. Er arbeitet dann bei relativ geringer Umgebungstemperatur, was seiner Nutzungsdauer zuträglich ist.

4.4.2 Zwei Lüfter

Werden zwei identische Lüfter parallel zueinander angeordnet, dann erhöht sich die Gesamtmenge der transportierten Luft. Maximal verdoppelt sich die Luftmenge bei Systemen mit sehr niedrigen Luft-Widerständen.

Werden zwei identische Lüfter hintereinander angeordnet, dann ist im Vergleich zu einem einzelnen Lüfter eine höhere Druck-Differenz Δp (ein höherer statischer Druck) erreichbar. Maximal verdoppelt sich die Druck-Differenz, wenn der Luft-Widerstand hoch ist. Die transportierte Luftmenge verändert sich hingegen wenig bis gar nicht.

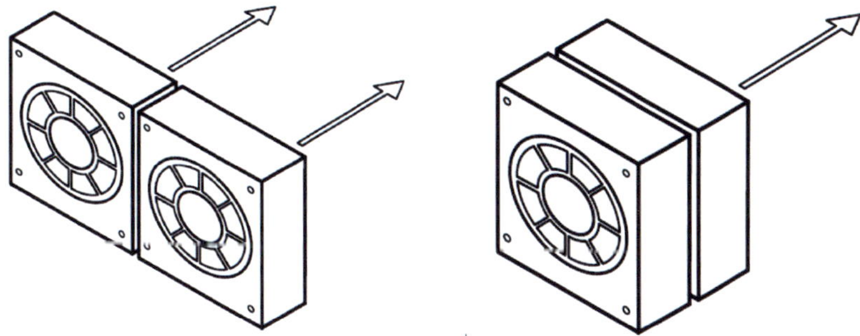

Bild 4.14: Zwei Lüfter. Links im Parallelbetrieb. Rechts im Serienbetrieb.

4.4.3 Geräuschpegel

Der eigentliche Grund für die Überlegungen und Berechnung ist es, mit möglichst wenig Leistung und möglichst wenig Geräuschkulisse das Gerät zu kühlen. Der Geräuschpegel steigt mit der dritten Potenz zur Drehzahl. Vorüberlegungen lohnen sich also. Um den gleichen Volumenstrom zu treiben, muss ein großer Lüfter mit geringerer Geschwindigkeit drehen, als ein kleiner Lüfter. Entsprechend ändert sich die Geräuschkulisse. Die mögliche Baugröße ist aber natürlich durch die Gegebenheiten im Gehäuse beschränkt.

Die Drehzahl eines DC-Lüfters ist im Übrigen abhängig von der Betriebsspannung. Sie sollte nicht höher als zur Erreichung der errechneten Lüfterleistung sein.

Weiterhin trägt die vom Lüfter transportierte Luftmenge (Volumenstrom) selbst zum Geräuschpegel bei. Je weniger Luft transportiert werden muss, umso geringer ist der Geräuschpegel. Dabei lohnt sich die Betrachtung der Gleichung {4.19}. Die Menge der durch das Gerät strömenden Luft ist umgekehrt proportional zum zulässigen Temperaturanstieg. Kleine Verschiebungen des zulässigen Temperaturanstiegs können deshalb größere Änderungen hinsichtlich der benötigen Luftmenge nach sich ziehen. Es lohnt sich also, dem zulässigen Temperaturanstieg etwas mehr Aufmerksamkeit zu widmen.

Um das Lüftergeräusch teilweise zu vermeiden bzw. als zusätzliche Maßnahme gegen den entstehenden Lärm kann man die Versorgung des Lüfters mit einem Komparator ausstatten. Dieser schaltet den Lüfter erst ein, wenn die Temperatur einen bestimmten Wert überschreitet. Statt eines Komparators würde man heute allerdings einen Mikrocontroller nutzen - z.B. so wie im Bild 4.15 dargestellt. Zu beachten ist aber, dass dieser, aufgrund der Taktfrequenz, ständig Rauschen erzeugt. Müssen hochreine Gleichspannungen bereitgestellt werden, ist der klassische Komparator, aufgebaut mit einem Operationsverstärker dann doch die bessere Lösung.

Hier wird nun eine Lüftersteuerung mit dem Mikrocontroller MSP430F2013 gezeigt. Die Lösung mit Operationsverstärker als Komparator folgt in einem späteren Projekt („Elektronische Last" im Kapitel 8). Der MSP430F2013 enthält einen 16 Bit AD-Wandler und einen Temperaturfühler. Da die MSP430 Mikrocontroller sehr wenig Energie benötigen, ist die vom Temperaturfühler gemeldete Temperatur ungefähr gleich der Umgebungstemperatur. Dies gilt umso mehr, je höher die Umgebungstemperatur ist.

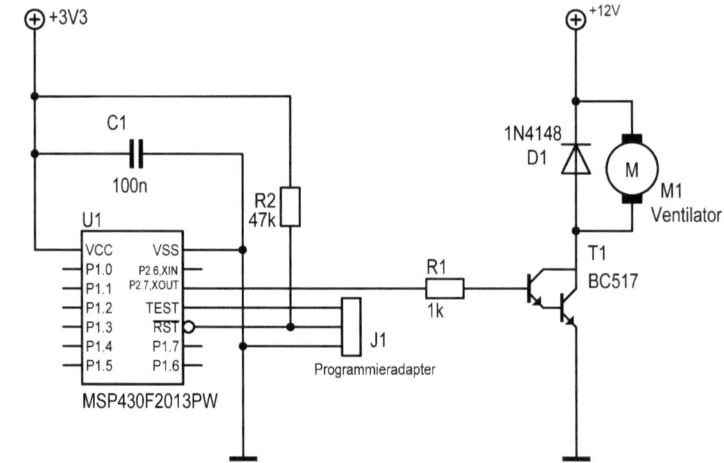

Bild 4.15: Die Ansteuerung für den Lüfter ist dank des Mikrocontrollers ziemlich übersichtlich. Die Anpassung der Schwellwerte erfolgt einfach durch Änderung der entsprechenden Parameter im Programm.

Der Temperatursensor ist nicht frei von einem Offset. In meinem Fall lag dieser bei *-2 °C*. Im folgenden Programm werden deshalb an der gekennzeichneten Stelle *2 °C* aufaddiert. Den Offset kann man leicht mit einem Referenzthermometer, das Kontakt mit dem Gehäuse des Mikrocontrollers hat, feststellen. Beim Anpassen der Temperaturwerte für das Ein- und Ausschalten des Ventilators sollte man dringend eine Hysterese berücksichtigen. Im Programmbeispiel beträgt die Hysterese *12 K* (*61 °C - 49 °C*).

```
/*Ventilatorsteuerung mit internem Temperatursensor
des MSP430F2013-Mikrocontrollers
Stand: 1. April 2023 / F.P. Zantis*/
  #include <msp430f2013.h>
  unsigned int temperatur;                //Temperatur vom ADU
  unsigned int tempgradc;                 //Temperatur in °C
  const int ventilatorein = 60;           //ein bei 61°C
  const int ventialtoraus = 50;           //aus bei 49°C
  unsigned int flagventilator;            //Ventilator-Status

int main(void)
{  WDTCTL = WDTPW | WDTHOLD;               //Stop watchdog timer
   BCSCTL1 = CALBC1_1MHZ;                 //SMCLK ist 1 MHz
   DCOCTL  = CALDCO_1MHZ;                 //use internal DCO

   P2SEL = 0x00;                          //P2 als GPIO verwenden
       P2DIR |= BIT7;                     //P2.7 output
       P2OUT &= ~BIT7;                    //P2.7 to GND;

    //Initialisierung AD-Wandler
   SD16CTL   = SD16SSEL_1;                //Clock für den ADC is SMCLK
   SD16CTL   |= SD16XDIV_3;               //Dividiert durch 48
   SD16CTL   |= SD16DIV_3;                //Dividiert durch 8
   SD16CTL   |= SD16REFON;                //Interne Referenzspannung von 1,2V wird
benutzt
   SD16INCTL0  = SD16INCH_6;              //ADC A6 interner Temperatursensor
   SD16CCTL0 |= SD16IE;                   //Interrupt des ADC aktivieren
   SD16CCTL0 |= SD16UNI;                  //Zahlenbereich von 0 bis FFFF
   SD16CCTL0 &= ~SD16XOSR;                //Oversampling
   SD16CCTL0 |= SD16OSR_256;              //Abtastrate = 1MHz/(48*8*256)
   SD16CCTL0 &= ~SD16SNGL;                //continous conversion
   SD16CCTL0 |= SD16SC;                   //start conversion

   _BIS_SR(GIE);                          //alle Interrupts freigegeben

   while (1)
   {    //umrechnen temperatur in °C; 39321 = 0°C; 51882 = 85°C; 148/K (aus dem
Datenblatt)
        if (temperatur >= 39321)
```

```
        {
            tempgradc = (temperatur - 39321)/148 + 2; //+2 empirisch ermittelter Offset
        }

        if (tempgradc < ventilatoraus) //ventilatoraus - 1
        {   if (flagventilator > 0)
            {
                flagventilator = 0;
                P2OUT &= ~BIT7;
            }
        }

        if (tempgradc > ventilatorein) //ventilatorein + 1
        {   if (flagventilator == 0)
            {
                flagventilator = 1;
                P2OUT |= BIT7;
            }
        }
    }
}


#pragma vector = SD16_VECTOR
__interrupt void SD16ISR (void)
{
        temperatur = SD16MEM0;
}
```

Bild 4.16: Lüftersteuerung nach Bild 4.15 auf einem Steckbrett (links). Das etwas ältere LaunchPad (rechts) habe ich nur zur Programmierung verwendet (SpyBiWire-Bus angezapft, entsprechend [2]).

4.4.4 Zusammenfassung

Die exakte Berechnung der erforderlichen Lüfterleistung ist sehr aufwändig. Nicht nur der Rechenaufwand ist hoch - auch für die Erfassung der für die Berechnung erforderlichen, unbekannten Größen unter den Einsatzbedingungen des (noch nicht vorhandenen) fertigen Gerätes ist der Aufwand immens. Eine genaue Berechnung ist deshalb für die Praxis der Maker und Funkamateure nicht empfehlenswert und auch nicht notwendig. Eine grobe Abschätzung, wie in diesem Kapitel aufgezeigt und daraus resultierende, großzügig aufgerundete Wahl der Lüfterleistung, reicht für die Praxis fast immer aus. Dafür ist es allerdings unabdingbar, die physikalischen Vorgänge zu verstehen.

4.5 Wärmeleistung reduzieren

In einem linearen Netzteil die Wärmeleistung vermeiden zu wollen ist ambitioniert. Eine Reduzierung kann aber gelingen. Die meiste Wärmeleistung entsteht aufgrund des Spannungsabfalls zwischen Eingang U_{IN} und Ausgang U_{OUT} und des fließenden Stroms I_{OUT}.

$$P_W = (U_{\mathrm{IN}} - U_{OUT}) \cdot I_{OUT} \qquad \{4.25\}$$

Die Ein- und Ausgangsspannung liegt in der Regel jeweils direkt am Stelltransistor (Leistungstransistor).

In manchen Fällen kann durch Umschalten oder Nachführen die Eingangsspannung U_{IN} reduziert werden. Sie muss nur so viel größer sein, dass der Stelltransistor Störungen ausregeln kann. Meistens reichen dazu ein paar Volt. Ein Beispiel für eine solche Nachregelung mit Hilfe eines vorgeschalteten Step-Up-Wandlers und eines Mikrocontrollers hatte ich in [2] beschrieben. Dort wurde eine batteriebetriebene Laborversorgung vorgestellt. Gerade bei Batteriebetrieb möchte man so wenig Energie wie möglich in Wärme umwandeln. Diese Variante hat aber den Nachteil, dass das vorgeschaltete Schaltnetzteil Störungen verursacht, die das nachgeschaltete lineare Netzteil womöglich nicht ausregeln kann. Auch können Störungen über benachbarte Leitungen eingestreut werden. Die Reinheit der Ausgangsspannung leidet durch die Maßnahme.

Bei einer Stromversorgung durch das Netz kann man eventuell zwischen verschiedenen Transformator-Sekundärspannungen umschalten. Werden am Ausgang kleine Spannungen gefordert, wird auf die kleine Sekundärspannung umgeschaltet, werden große Spannungen benötigt, auf eine größere Sekundärspannung. Ziel ist es, die Spannungsdifferenz U_{CE} am Leistungstransistor (Stelltransistor) möglichst klein zu halten.

Man kann die Sekundärspannung nach einer Fallunterscheidung per Relais umschalten oder auch per Schalttransistor. Im Kapitel 6 wird dies in einem konkreten Projekt (Labornetzteil für den Ortsverband G02) angewandt. Dort wird tatsächlich per Relais umgeschaltet. Eine ähnliche Schaltung stelle ich aber auch in diesem Kapitel an späterer Stelle noch vor.

4.5.1 Umschaltung der Gleichrichterschaltung

Auch möglich ist die Umschaltung zwischen Zweiweg- und Einweggleichrichtung. Bei der Einweggleichrichtung ist der arithmetische Mittelwert der Ausgangsspannung nur halb so groß wie bei der Zweiweggleichrichtung. Somit sinkt die Wärmeleistung im Stelltransistor entsprechend dem geringeren Spannungsabfall U_{CE} zwischen Kollektor und Emitter.

$$U1_{=}=\frac{U_{Seff}}{2,22} \qquad \{4.26\}$$

$U1_{=}$: arithmetischer Mittelwert der Spannung nach Einweggleichrichtung
U_{Seff} : Effektivwert der Sekundärwicklung des Netztransformators

$$U2_{=}=\frac{U_{Seff}}{1,11} \qquad \{4.27\}$$

$U2_{=}$: arithmetischer Mittelwert der Spannung nach Zweiweg(Brücken)-Gleichrichtung
U_{Seff}: Effektivwert der Sekundärwicklung des Netztransformators

Bei einer derartigen Konstellation wird der Glättungskondensator so ausgelegt, dass die minimal erforderliche Spannung für U_{IN} gerade eben nicht unterschritten wird. Im *50 Hz* Netz müssen dazu vom Spannungsmaximum am Kondensator bis zum nächsten Spannungsmaximum *20 ms* überbrückt werden. Ich hatte das bereits in [2] beim „Festspannungsnetzteil mit Linearregler" vorgestellt.

4.5.2 Spannungsbegrenzung durch elektronischen Schalter

Man kann dies noch weiter treiben, indem zwischen Gleichrichter und Glättungskondensator ein elektronischer Schalter eingeschleift wird. Ein Mikrocontroller oder ein Komparator steuert den Schalter dann so, dass U_{CE} nur so groß ist, wie unbedingt für das Konstanthalten der Ausgangsspannung erforderlich. Im Bild 4.17 ist dies verdeutlicht.

Die Steuer- und Regelschaltung erfasst permanent die an J1 anliegende Ausgangsspannung und steuert über T2 den Schalter T1 und damit die Spannung am Glättungskondensator C1. Entscheidend ist, dass T1 sauber geschaltet wird. T1 schaltet ein und C1 wird aufgeladen. Ist die Spannung ausreichend hoch wird T1 wieder gesperrt. In den meisten Fällen muss U_{C1} lediglich *3 bis 5 V* größer sein als die Ausgangsspannung. Wird dieser Wert unterschritten muss T1 wieder eingeschaltet werden. Wichtig dabei: Es ist eine möglichst große Hysterese einzuhalten. Es geht nicht um schnelles Schalten, wie in einem Schaltnetzteil, sondern lediglich darum die Verlustleistung in T3 zu reduzieren.

Die Ausgangsspannung unmittelbar hinter dem Brückengleichrichter ist halbwellenförmig. Jede Halbwelle ist *10 ms* breit. Zwischen den Halbwellen beträgt die Spannung *0 V*. Zur Vermeidung von Störungen durch diesen Schaltvorgang ist es optimal, wenn T2 und damit T1 genau dann eingeschaltet wird.

Bei der Erzeugung der Referenzspannung sind konstante Verhältnisse günstig. Deshalb erfolgt die Aufbereitung der Referenzspannung vor dem Schalter T1. Die Gate-Source-Spannung des Transistors IRF5210 darf *20 V* nicht übersteigen. Die Z-Diode D1 sorgt dafür, dass der Transistor T1 nicht überlastet wird, wenn die Eingangsspannung größer als *20 V* ist.

Die Dimensionierung von R1 und R2 ist für Eingangsspannungen von bis zu *43 V* ausgelegt. Dann nämlich fallen an R2 *23 V* ab, so dass ein Strom von 23 mA fließt. Das ist der maximal erlaubte Strom für eine *470-mW-Z*-Diode (D1).

Die Z-Diode D3 ist für die Referenzspannung zuständig. R4 wird so ausgelegt, dass durch die Z-Diode ein Strom von etwa *5 mA* fließt. Also

$$R4 = \frac{U_{C2} - 5{,}6\,V}{5 \cdot 10^{-3}\,A}$$

Der Hersteller Infineon hat den Drain-Source-Widerstand des Transistors IRF5210 mit *60 mΩ* angegeben. Bei einem Strom von *10 A* fallen also *600 mV* ab. Die in diesem Transistor auftretende Wärmeleistung beträgt dann *6 W*.

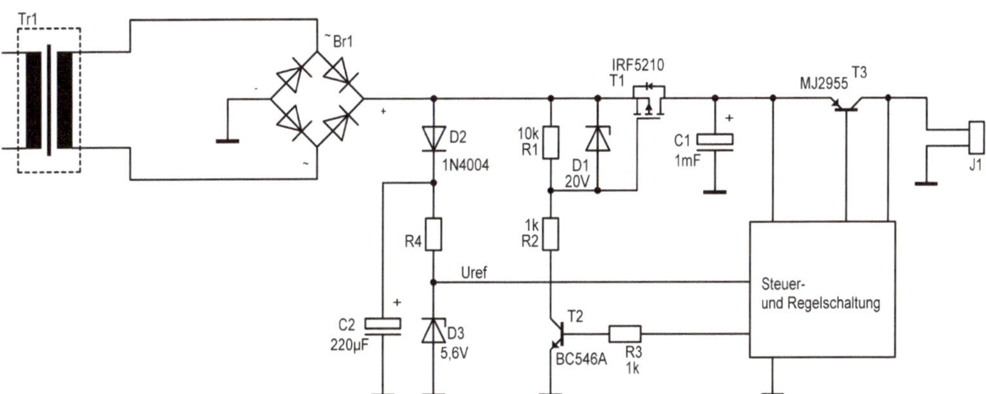

Bild 4.17: Eine Maßnahme zur Reduzierung der Wärmeleistung in T3 durch Absenkung der Spannung an C1.

4.5.3 Umschaltung mit Thyristoren

Eine weitere Applikation zur Reduzierung der Verlustleistung stammt in der Urversion aus [14]. Hier wird die Eingangsspannung direkt am Transformator ohne Mechanik und nur mit Halbleitern umgeschaltet. Die von mir aktualisierte Schaltung dazu zeigt Bild 4.18. Hier wird der integrierte Spannungsregler LM317 genutzt. Die Eingangsspannung (U_{C1}) muss bei diesem Regler *3 V* höher als die Ausgangsspannung sein. Alles was darüber liegt, ist für die Stabilität des Reglers nicht erforderlich und geht deshalb unnötig in die Wärmeleistung ein. Die sekundärseitige Umschaltung der Transformatoranschlüsse oder Nutzung unterschiedlicher Gleichrichterschaltungen können hier Abhilfe schaffen.

Im dargestellten Beispiel werden die Transformatoranschlüsse in Abhängigkeit von der Höhe der Ausgangsspannung umgeschaltet. Realisiert ist das durch eine Gleichrichterschaltung, die mit Thyristoren ausgestattet ist. Th1 und Th2 arbeiten als Gleichrichterdioden und lassen sich zu- bzw. abschalten.

Sind die Thyristoren durchgeschaltet, ist die Diode D3 gesperrt, denn das negativste Niveau der Spannung liegt an deren Anode. Es ergibt sich die Schaltung eines Brückengleichrichters, wobei sich die Spannungen der beiden Teilwicklungen addieren. An C1 liegt die höhere Spannung an.

Sperren die Thyristoren, dann kann man sie sich wegdenken. Jetzt erfolgt die Gleichrichtung mit D1, D2, und D3. Es ergibt sich eine Mittelpunktschaltung, bei der im Wechsel immer nur eine halbe Sekundärwicklung genutzt wird. D3 leitet für beide Wicklungen das negative Potential nach Masse. Das Ergebnis dieser Schaltungsmaßnahme ist die Halbierung der Eingangsspannung.

In beiden Fällen handelt es sich aber um Zweiweggleichrichtung, was für die Restwelligkeit der Schaltung von Vorteil ist.

Es bleibt die Erklärung der Steuerschaltung für die Thyristoren. Zentrales Bauelement dafür ist die Z-Diode D6, deren Zenerspannung den Umschaltpunkt in Abhängigkeit der Ausgangsspannung bestimmt. Wenn R_Z der statische Widerstand der Z-Diode ist, dann gilt bei Ausgangsspannungen, die unter der Zenerspannung liegen

$$R5 << R_Z$$

und es fließt kein Strom durch die Z-Diode.

Man kann sich die Z-Diode also auch wegdenken. Somit ist die Basis des Transistors über R6 und R5 mit dem Emitter verbunden und der Transistor sperrt. Die Thyristoren erhalten keinen Zündstrom und sind hochohmig.

Übersteigt die Ausgangsspannung U_{out} die Zenerspannung U_Z, bildet sich die Differenz an R5 ab:

$$U_{R5} = U_{out} - Uz$$

Bei etwa $U_{R5} = 1\ V$ öffnet der Transistor und die Thyristoren erhalten Zündstrom.

Die Inbetriebnahme der Schaltung sollte wie folgt vorgenommen werden: Zunächst ist mit R2 die Ausgangsspannung einzustellen, bei der die Umschaltung erfolgen soll. Hierbei sind die Spannungsdifferenz des Regelgliedes und etwa *1 V* für den Transistor T1 bei der Auswahl der Z-Diode zu berücksichtigen. Bei der so ermittelten Schaltschwelle muss die volle Transformatorspannung am Elektrolytkondensator C1 liegen. Ist das nicht der Fall, sind die Werte von R3 und R4 zu verkleinern. Liegen nur *75 %* der Transformatorspannung an, so ist das ein Zeichen für nur einen gezündeten Thyristor. Der Wert der beiden Gate-Widerstände R3 und R4 ist vom Thyristortyp und der Spannung am Emitter von T1 abhängig. Die Dioden D1 und D3 sowie die Thyristoren Th1 und Th2 müssen den maximal möglichen Ausgangsstrom tragen können.

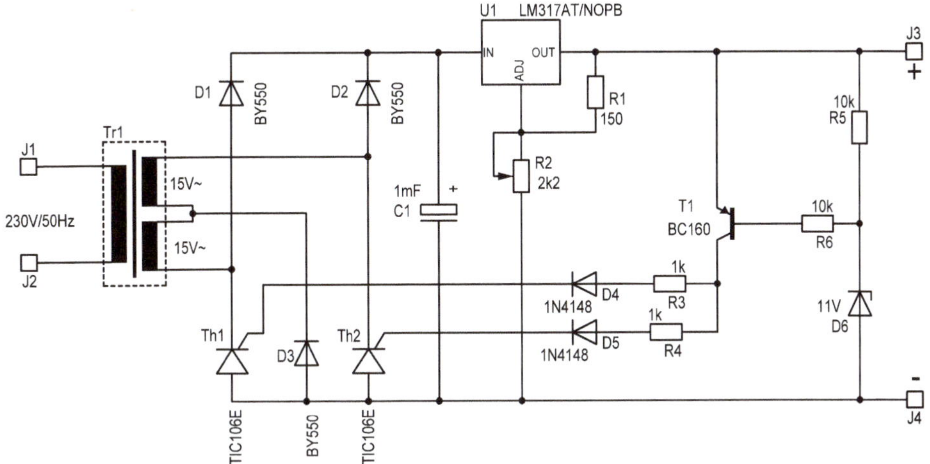

Bild 4.18: Konkreter Stromlaufplan eines Netzteils mit Verlustleistungsreduzierung.

4.5.4 Schaltbare Transformatorspannung

Bei den einschlägigen Elektronik-Händlern gibt es sogenannte „Universal-Netztransformatoren". Dabei handelt es sich um Transformatoren, deren Sekundärwicklung viele Anzapfungen hat. Damit lässt sich die Eingangsspannung der Stabilisierungs- oder Regelschaltung anpassen. Im Bild 4.19 wurde beispielhaft ein Transformator mit drei Anzapfungen verwendet. Er liefert die sekundären Nennspannungen *10 V*, *20 V* und *30 V*. Mit Hilfe der Relais RE1 bis RE3 wird nun eine der drei Spannungen auf den Brückengleichrichter Br1 geschaltet. Die Auswahl trifft der Mikrocontroller MSP430G2553 (U1). Über R5, R6 und R7 wird die Ausgangsspannung des Netzteils um den Faktor 1:20 heruntergeteilt. Der im Mikrocontroller vorhandene AD-Wandler hat eine Auflösung von *10 Bit*. Somit gilt für den vom ADU ausgegebenen Zahlenwert:

$$D_{ADU}=\frac{2^{10}-1}{U_{ref}}\cdot\frac{U_{OUT}}{20} \qquad \{4.28\}$$

U_{OUT} ist die Ausgangsspannung der Schaltung nach Bild 4.19.
U_{ref} ist die interne Referenzspannung des Mikrocontrollers.

Per Programmcode lässt sich diese auf
$U_{ref} = 1{,}5\ V$ einstellen. Bei einem Teilerverhältnis von *1:20* ergibt sich dann bei der maximalen Ausgangsspannung von $U_{OUT} = 30\ V$ Vollaussteuerung für den AD-Wandler.

Bei einer gut dimensionierten Stabilisierungs- oder Regelschaltung sollte es ausreichen, wenn die Eingangsspannung um *4 V höher ist als die Ausgangsspannung.* Daraus ergibt sich, welches Relais eingeschaltet sein muss, wie in Tabelle 4.8 aufgeführt. Dort wird von

Nennwerten ausgegangen - die Angaben zur Wärmeleistung sind deshalb grobe Abschätzungen und keine exakt berechneten Werte.

Ausgangsspannung	**zugehöriger Wert D_{ADU}**	**Situation der Relais**			**Wärmeleistung im Regler bei $I_{OUT} = 1\ A$**
		RE1	**RE2**	**RE3**	
$U_{OUT} \leq 6\ V$	$D_{ADU} \leq 205$	aktiv	passiv	passiv	$10\ W > P_W \geq 4\ W$
$6\ V < U_{OUT} \leq 16\ V$	$205 < D_{ADU} \leq 546$	passiv	aktiv	passiv	$14\ W \geq U_{OUT} \geq 4\ W$
$16\ V < U_{OUT}$	$546 < D_{ADU}$	passiv	passiv	aktiv	$14\ W < U_{OUT} \leq 4\ W$

Tabelle 4.8: Ausgangsspannung und gewünschte Relais-Aktivität bei der Schaltung 4.19.

Die Wärmeleistung im Regler/Steller ist bei einem Ausgangsstrom von $I_{OUT} = 1\ A$ im schlimmsten Fall $P_W = 14\ W$ und im besten Fall $P_W = 4\ W$. Ohne die Umschaltung ergäben sich unter diesen Umständen Wärmeleistungen im Bereich *4 W* (bei der höchsten Ausgangsspannung) bis knapp *30 W* wenn die Ausgangsspannung U_{OUT} sehr klein ist (z.B. kleiner als *1 V*).

Bei der Programmierung ist unbedingt zu beachten, dass immer nur ein Relais aktiv ist. Am besten schaltet man vor jedem Wechsel alle Relais aus. Erst dann darf ein anderes Relais (oder wieder das gleiche Relais) eingeschaltet werden.

Anstelle des Mikrocontrollers lässt sich natürlich auch ein Fensterdiskriminator (Fensterkomparator) einsetzen. Dazu fällt mir spontan der integrierte Schaltkreis Typ TCA965 ein. Allerdings ist dieser Typ kaum noch zu bekommen. Einen Fensterdiskriminator kann man allerdings auch mit Hilfe von Operationsverstärkern aufbauen. Ein Beispiel dazu hatte ich in [2] vorgestellt.

D1, R12, C2, U1 (7824) und C6 stellen die Betriebsspannung (*24 V*) für die Relais zur Verfügung. Eine Parallelstabilisierung bestehend aus R11, D5, T4, R10 und C4 generiert daraus die Betriebsspannung für den Mikrocontroller (*3,3 V*). Im Transistor T4 entsteht die maximale Wärmeleistung

$$P_{W.T4} = I_C \cdot U_{C4} = 0{,}063\,A \cdot 3{,}3\,V \approx 208\,mW$$

Tatsächlich ist die Verlustleistung kleiner, da der Mikrocontroller einen Teil des Stromes „zieht". Noch kleiner ist die Verlustleistung im Transistor, wenn zusätzlich eine der beiden Leuchtdioden (D6 und/oder D7) aktiv ist. Aus dem Datenblatt für den Transistor BC141 geht ein Wärmeübergangswiderstand zwischen Sperrschicht und Umgebung von

$$R_{thJA} = 200\ K/W$$

hervor. Ausgehend von einer Umgebungstemperatur von $\vartheta_A = 30\ °C$ (im Gehäuse des Netzteils) ergibt sich dann ohne Kühlmaßnahme eine Sperrschichttemperatur von

$$\vartheta_{J.T4} = \vartheta_A + R_{thJA} \cdot P_W = 30°\,C + 200\,K/W \cdot 0{,}208\,W = 71{,}6\,°C$$

Dieser Transistor kommt also ohne Kühlkörper aus.

Für die Relais RE1 bis RE3 kann man den Typ 34.51.7.024.4010 von FINDER einsetzen. Diese werden in der Europäischen Union hergestellt. Die Relais benötigen nur *7,2 mA* Spulenstrom. Insgesamt muss der Spannungsregler U1 dann einen Strom von etwas mehr als *70 mA* liefern. In diesem Regler entsteht demnach die Wärmeleistung von

$$P_{W.U1}=(U_{C2}-U_{C6})\cdot I$$

Dabei ist UC2 mit Hilfe von Gleichung {1.1}

$$U_{C2}=U_N\cdot\sqrt{2}-U_{D1}-I\cdot R12=30V\cdot\sqrt{2}-0{,}7V-0{,}07A\cdot 22\Omega=40{,}2V$$

$$P_{W.U1}=(40{,}2V-24V)\cdot 0{,}07A=1{,}134W$$

Dieses Ergebnis stimmt natürlich nur, wenn die Relais tatsächlich nicht mehr als *7,2 mA* Spulenstrom benötigen. Bei Verwendung des Typs 7824 für U1 im TO220 Gehäuse, ist der Wärmeübergangswiderstand zwischen Sperrschicht und Umgebungsluft mit *50 K/W* anzunehmen. Bei einer Geräte-Innentemperatur von $\vartheta_A = 30\,°C$ ist dann die Sperrschichttemperatur

$$\vartheta_{J.U1}=\vartheta_A+R_{thJA}\cdot P_W=30\,°C+50\,K/W\cdot 1{,}134\,W=86{,}7\,°C$$

Also benötigt auch dieses Bauteil keine weitere Kühlmaßnahme.

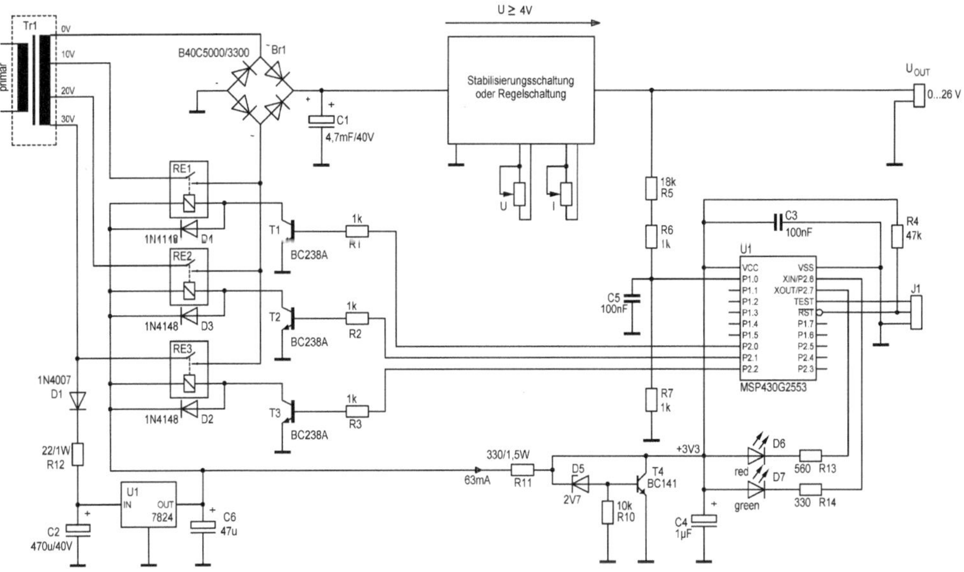

Bild 4.19: Verwendung eines Transformators mit mehreren Anzapfungen zur Reduzierung von Wärmeleistung im Regler.

4.6 Die Kernaussage

Im linearen Netzteil entscheiden die umgesetzten Kühlmaßnahmen über die Belastbarkeit eines Längstransistors und damit über den möglichen Ausgangsstrom bzw. über die mögliche Ausgangsleistung. Von zentraler Bedeutung ist die Gleichung {4.11}, weshalb sie hier nochmals steht:

$$\dot{Q}=P=\frac{\vartheta_{Jmax}-\vartheta_A}{R_{thJA}}$$

P	die maximale Wärmeleistung, die im Längstransistor umgesetzt werden darf
ϑ_{Jmax}	die maximal erlaubte Sperrschichttemperatur (steht im Datenblatt des Leistungstransistors)
ϑ_A	die höchste im Betrieb vorkommende Umgebungstemperatur - gemessen in etwas Entfernung zum Kühlaufbau
R_{thJA}	Wärmeübergangswiderstand zwischen Sperrschicht und Umgebung

Je besser die Kühlmaßnahmen, um so kleiner ist R_{thJA} und umso größer die umsetzbare Wärmeleistung. Dabei darf die im Datenblatt angegebene maximale Leistung P_{tot} natürlich nicht überschritten werden.

Steht die maximale Wärmeleistung fest, ist es ein Leichtes, mit Hilfe des Spannungsabfalls U_{CE} den möglichen, entnehmbaren Strom zu berechnen. Ist dieser zu gering und der Transistor könnte mehr liefern, muss die Kühlung verbessert werden, was einer Senkung von R_{thJA} entspricht.

5 • Leistungstransistoren-Kram

In diesem Kapitel möchte ich einiges zu Leistungstransistoren ergänzen. Besonders in linearen Netzteilen benötigen die Leistungstransistoren große Aufmerksamkeit. Der Arbeitspunkt muss sauber eingestellt werden und der Leistungsumsatz ist sorgsam zu beachten. Der Ausfall eines Leistungstransistors kann zur Zerstörung der angeschlossenen Verbraucher führen. Nämlich dann, wenn die Kollektor-Emitter-Strecke kurzschließt.

5.1 Parallelschaltung von Leistungstransistoren

Bild 5.1: Zwei Leistungstransistoren parallel geschaltet und isoliert befestigt auf einem Kühlkörper.

Wie im Kapitel 2 ersichtlich wurde, fällt bei der streng linearen Spannungsaufbereitung unter Umständen viel Wärmeenergie an. Häufig sind einzelne Leistungstransistoren damit schnell überfordert. Man könnte nun auf die Idee kommen einen besonders leistungsfähige „Super-Duper"-Transistoren zu verwenden, der hohe Temperaturen und hohe Wärmeleistung aushält. Die Wärme konzentriert sich dann auf einen einzelnen Transistor - also eine relativ kleine Masse mit relativ kleiner Oberfläche. Man muss dann sehr hohe Temperaturen akzeptieren. Die Bauteile müssen dafür ausgelegt sein. Hohe Temperaturen führen erfahrungsgemäß zu mehr Ausfällen. Alles wird schwierig.

Viel einfacher ist es, mehrere Leistungstransistoren parallel zu schalten. Damit verteilt sich die Wärmeleistung auf größere Massen/Flächen und die Temperaturen halten sich in

Grenzen. Das hilft der Zuverlässigkeit. Davon abgesehen gibt es keine „Super-Duper"-Transistoren aus Silizium, deren Sperrschicht höhere Temperaturen aushält als $T_{Jmax} = 200\ °C$.

5.1.1 Parallelschaltung von Bipolartransistoren (BJTs)

Der immer noch weit verbreitete Transistor Typ 2N3055 kann laut Datenblatt eine Wärmeleistung von $P_{tot} = 115\ W$ (*tot* steht für „total") umsetzen und eine Sperrschicht-Temperaturen bis zu $\vartheta_J = 200\ °C$. Bei genauerem Hinschauen findet man im Datenblatt, dass die maximale Wärmeleistung nur erlaubt ist, wenn die Gehäusetemperatur auf *25 °C* gehalten wird. Das funktioniert nicht einmal draußen im antarktischen Winter. Es ist also eine andere Betrachtung notwendig.

Bereits im Kapitel 4 und auch in [1] und [2] habe ich gezeigt, dass die maximale Leistung, die ein Transistor in Wärme umsetzen kann abhängig ist von der Summe der thermischen Widerstände von der Transistorsperrschicht zur Umgebungsluft, von der maximalen Sperrschichttemperatur und von der Umgebungstemperatur, bei der der Transistor betrieben wird. Die Summe der thermischen Serienwiderstände kann aus der folgenden Beziehung bestimmt werden:

$$Rt_{hJA} = R_{thJC} + R_{thCS} + R_{thSA} \qquad \{5.1\}$$

J steht für Sperrschicht (junction)
C steht für Gehäuse (case)
A steht für Umgebung (ambient)
S steht für Kühlkörper (heat-sink)

Der maximale Wert des thermischen Widerstands zwischen Sperrschicht und Gehäuse für den Transistor 2N3055, wie in den Spezifikationen des Herstellers angegeben, beträgt $R_{thJC} = 1{,}5\ K/W$. Angenommen der Transistor ist auf einem Aluminium-Kühlkörper mit einem Wärmeübergangswiderstand von $R_{thSA} = 2{,}5\ K/W$ montiert (aus dem Datenblatt des Kühlkörpers). Der Transistor ist isoliert montiert. Die Isolation besteht aus Glimmerscheibe und Wärmeleitpaste. Bei ordnungsgemäßer Montage kann angenommen werden: $R_{thCS} = 0{,}5\ K/W$. Für dieses thermische System lässt sich dann die Summe der thermischen Reihenwiderstände wie folgt ermitteln:

$$R_{thJA} = 1{,}5\ K/W + 0{,}5\ K/W + 2{,}5\ K/W = 4{,}5\ K/W$$

Für den Betrieb bei einer Umgebungstemperatur von $\vartheta_A = 50\ °C$ errechnet sich die maximale Wärmeleistung des Transistors 2N3055 im stationären Zustand wie folgt:

$$P_{Tmax} = \frac{\vartheta_{Jmax} - \vartheta_A}{R_{thJA}} \qquad \{5.2\}$$

$$P_{Tmax} = \frac{200\,°C - 50\,°C}{4{,}5\,K/W} = 33{,}3\,W$$

Die tatsächlich umsetzbare Wärmeleistung ist also nicht der Wert, der im Datenblatt unter P_{tot} angegeben ist, sondern der mit {5.2} errechnete Wert. Ausschlaggebend ist

- der mechanische Aufbau des Transistors selbst, der sich in R_{thJC} widerspiegelt,
- die Montage (mit oder ohne Kühlköper; mit oder ohne Isolation)
- die maximale Sperrschichttemperatur nach Datenblatt und
- die Umgebungstemperatur (je niedriger, umso einfacher ist die Wärmeabführung).

Die Gehäusetemperatur, die dann am Transistor messbar ist ergibt sich zu:

$$\vartheta_C = P \cdot R_{thCA} + \vartheta_A \qquad \{5.3\}$$

$$\textit{mit}\ R_{thCA} = R_{thCS} + R_{thSA} = 0{,}5\,K/W + 2{,}5\,K/W = 3\,K/W$$

$$\vartheta_C = 33{,}3\,W \cdot 3\,K/W + 50\,°C = 150\,°C$$

Nun montieren wir zwei Transistoren auf den gleichen Kühlkörper und schalten diese elektrisch parallel, so dass sie sich wie ein Transistor verhalten. Die Wärmeübergangswiderstände liegen jetzt ebenfalls parallel. Für den errechneten Wert für R_{thJA} gilt dann

$$R_{thJAges} = \frac{R_{thJA}}{n}$$

Dabei ist n die Anzahl der in gleicher Weise auf den gleichen Kühlkörper montierte Transistoren. Die maximal mögliche Wärmeleistung erhöht sich nun. Sie ist

$$P_{Tmax} = \frac{200\,°C - 50\,°C}{\frac{4{,}5\,K/W}{2}} = 66{,}6\,W$$

Dieses Ergebnis verwundert nicht. Im Kapitel 2 fiel bei einer Stabilisierungsschaltung eine Wärmeleistung von $P_W = 85{,}2\ W$ an. Um den Leistungstransistor zu entlasten wurde ein Widerstand bzw. eine Halogenlampe in Reihe geschaltet. Dieser Widerstand bzw. die Lampe hatte die Aufgabe einen Teil der Wärmeleistung „abzufangen". Der Leistungstransistor 2N3055 musste dann nur noch eine Wärmeleistung von *31 W* umsetzen. Diese Maßnahme lässt sich allerdings nur realisieren, wenn die Eingangsspannung ausreichen groß ist gegenüber der erwünschten Ausgangsspannung, denn am Widerstand bzw. an der Halogenlampe fällt nicht unerheblich Spannung ab.

Muss die Wärmeleistung von *85,2 W* vom Leistungstransistor alleine umgesetzt werden, ist bei der obigen Konstellation aus Transistor und Kühlkörper, eine Parallelschaltung von

$$n = \frac{P_W}{\frac{\vartheta_{Jmax} - \vartheta_A}{R_{thJA}}} \qquad \{5.4\}$$

$$n = \frac{85{,}2\,W}{33{,}3\,W} \approx 2{,}6$$

also aufgerundet dann 3 Transistoren erforderlich. Dies, obwohl der Typ 2N3055 laut Datenblatt bis zu P_{tot} = *115 W* verkraftet und einen Strom von I_C = *15 A* leiten kann. Beim Parallelschalten von Transistoren ist es in jedem Fall notwendig, dafür Sorge zu tragen, dass die Wärmeleistung auf die einzelnen Transistoren gleichmäßig verteilt wird. Rückblickend auf das Projekt im Kapitel 2 war der Ausgangsstrom *6 A*. Jeder der drei parallel geschalteten Transistoren muss also einen Strom von I_C = *2 A* liefern.

Amateurfunker, die mit hohen Sendeleistungen arbeiten benötigen aber oftmals viel mehr Strom als *6 A*. Auf manchen Bändern dürfen zugelassene Funkamateure mit bis zu *750 W PEP* senden. Aus diesem Grund sind Funkamateure an Netzteilen interessiert die *20*, *40* oder gar *100 A* liefern können. Die Konstruktion eines linearen Netzteils, welches diesen Strom liefern soll, erfordert immer die Parallelschaltung von Leistungstransistoren.

Schaltet man zwei Silizium-Leistungstransistoren des gleichen Typs parallel, ist die Erwartung, dass jeder der Transistoren die Hälfte des zu liefernden Stroms leitet. Aufgrund der Parameterstreuung teilen sich die Transistoren den Strom aber leider nicht gleichmäßig. Bild 5.2 zeigt eines der Probleme ganz allgemein. Hält man die Basis-Emitter-Spannung konstant und erhöht die Gehäusetemperatur des Transistors, dann steigt der Kollektorstrom. Ein höherer Kollektorstrom führt zu weiterer Erwärmung wodurch die Kollektorstrom noch weiter ansteigt. Ohne Gegenmaßnahme setzt sich dies fort, bis zur Überlastung des Transistors (Thermal Runaway). Auch wenn die parallel geschalteten Transistoren der gleichen Temperatur ausgesetzt sind, ergibt sich aufgrund von Exemplarstreuungen eine „Schieflage", die bis zur Überlastung eines einzelnen Transistors reicht.

Hält man nicht die Basis-Emitter-Spannung U_{BE} konstant, sondern den Basis-Emitter-Strom, wird man sehen, dass in diesem Fall bei Temperaturerhöhung die sich einstellende Basis-Emitter-Spannung sinkt. Bei Silizium-Transistoren sinkt U_{BE} mit ca. *-2 mV/K*. Der Startpunkt (U_{BE} bei Zimmertemperatur) und auch die Driftgeschwindigkeit variieren bei jedem Transistor aufgrund der Exemplarstreuungen.

Konservative Leistungstransistoren haben eine Stromverstärkung von *B=20...100*. Auch die Stromverstärkung ist temperaturabhängig. Das zeigt Bild 5.3 beispielhaft für den Transistor 2N3055. Das Diagramm zeigt deutlich den weiten Streubereich.

Man könnte auf die Idee kommen die Transistoren zu selektieren. Das ist jedoch wenig praktikabel, denn es ist aufwändig und eine Selektion unter Berücksichtigung aller in Frage kommenden Parameter ($U_{BE} = f(\vartheta)$, $B = f(\vartheta)$, $I_C = f(\vartheta)$, etc.) ist nicht möglich. Selektiert man aber nach nur einem Parameter, können die anderen trotzdem zu einer Schieflage der Lastaufteilung führen.

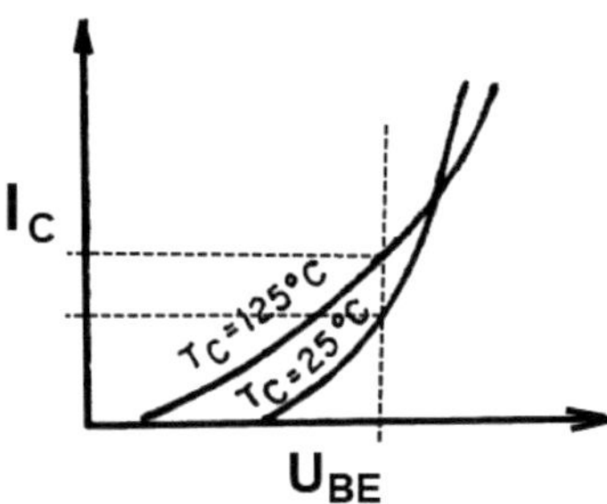

Bild 5.2: Bei konstant gehaltenem U_{BE} und Erwärmung, steigt der Kollektorstrom I_C. $I_C = f(U_{BE}, \vartheta)$.

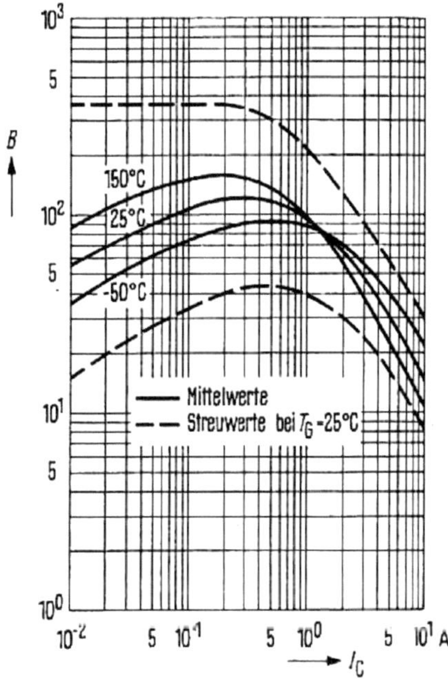

Bild 5.3: Änderung der Stromverstärkung in Abhängigkeit vom Kollektorstrom und von der Temperatur. $B = f(I_C, \vartheta)$. Hier beim Transistor 2N3055.

Welche Maßnahmen sind erforderlich, damit es beim Parallelschalten von Leistungstransistoren trotz der Exemplarstreuungen zu einer gleichmäßigen Lastaufteilung kommt?

a) Nur Transistoren des gleichen Typs parallel schalten. Am besten haben die Transistoren dann auch annähernd die gleiche Stromverstärkung. Damit meine ich, dass sie aus einer Charge vom gleichen Hersteller stammen..

b) Alle Leistungstransistoren haben thermischen Kontakt - sie sind also auf den gleichen Kühlkörper montiert.

c) Jeder parallel geschaltete Leistungstransistor erhält einen Emitterwiderstand (engl. ballast resistor oder current sharing resistor)

Bild 5.4a zeigt ein Beispiel ohne Emitterwiderstände. Durch Exemplarstreuungen übernimmt T1 *80 %* des Gesamtstrom und T2 nur *20 %*. War der Entwickler von einer Aufteilung zu je 50 % ausgegangen, dann wird T1 höchstwahrscheinlich überlastet werden.

Bei der Schaltung in Bild 5.4b sind nun zwei Emitterwiderstände mit je *100 mΩ* eingefügt. Die Spannung zwischen Basis und Emitter für das Gesamtgebilde ist jetzt nicht *0,7 V* sondern *1 V*. Die Aufteilung hat sich gebessert: T1 übernimmt nun noch *60 %*. T2 übernimmt jetzt *40 %*. Die Wärmeleistung am Widerstand R1 ist dann

$$P_{R1}=(I_{T1})^2 \cdot R1=(3A)^2 \cdot 0{,}1\Omega=0{,}9W$$

Im Bild 5.4c sind die Emitterwiderstände verdoppelt: statt *100 mΩ* nun *200 mΩ*. Der Ausgleich ist nun schon sehr gut. T1 übernimmt *55 %* des Stroms und T2 *45 %*. Die Wärmeleistung in R1 ist nun

$$P_{R1}=(I_{T1})^2 \cdot R1=(2{,}75A)^2 \cdot 0{,}2\Omega=1{,}5W$$

Im Bild 5.4d sind die Emitterwiderstände auf *500 mΩ* festgelegt. Die Stromaufteilung ist nun perfekt. Die Abweichung zwischen den Kollektorströmen ist gerade noch *4 %*. Dafür ist die Wärmeleistung in den Emitterwiderständen nun

$$P_{R1}=(I_{T1})^2 \cdot R1=(2{,}6A)^2 \cdot 0{,}5\Omega=3{,}38W$$

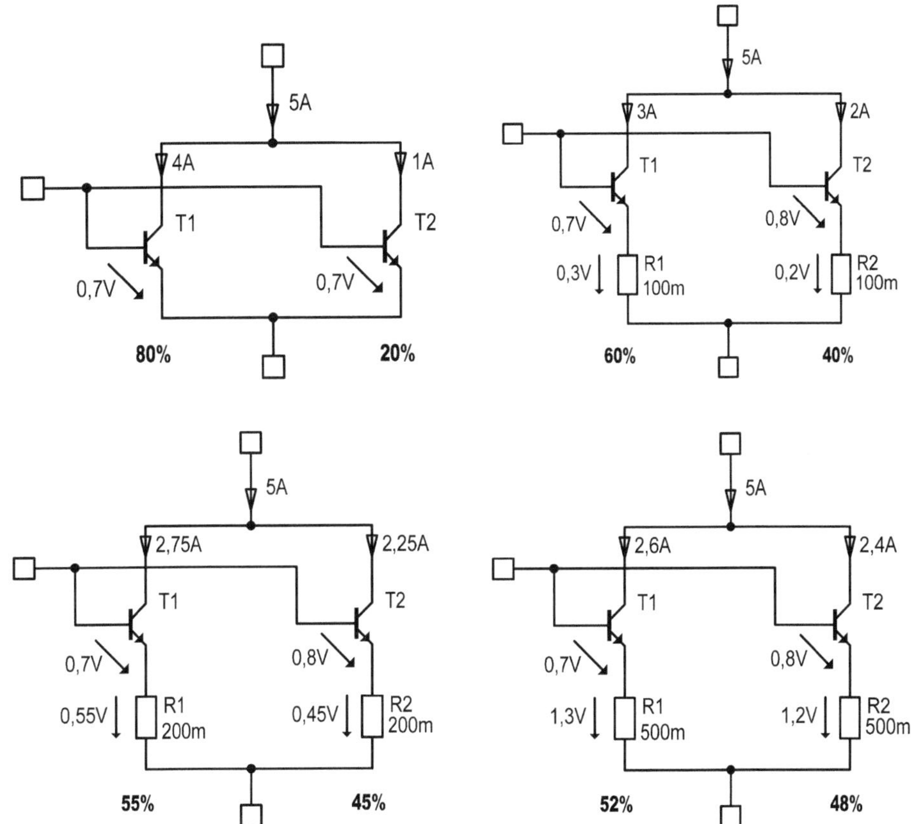

Bild 5.4: a) oben links: ohne Emitterwiderstände; b) oben rechts: mit 100 mΩ, c) unten links: mit 200 mΩ, d) unten rechts: mit 500 mΩ

Das Beispiel zeigt: Bei der Dimensionierung der Ballast-Widerstände entsteht ein Dilemma. Ein größerer Widerstandswert verbessert die symmetrische Aufteilung. Gleichzeitig führt das zu mehr Wärme im Widerstand sowie zu einer größeren Spannung am Widerstand. Beides ist unerwünscht. Letzteres reduziert die maximal mögliche Ausgangsspannung. Es gilt einen Kompromiss zu finden. Ausgangspunkt für die Abschätzung ist für mich: Liegt der Spannungsabfall an den Emitterwiderständen in der Größenordnung der Basis-Emitter-Spannung, dann ist die Funktion gewährleistet. Bei sehr großen Strömen muss man entweder eine höhere Wärmeleistung in den Emitterwiderständen akzeptieren (und diese entsprechend auslegen) oder die Anzahl der parallel geschalteten Transistoren erhöhen.

In dem Beispiel aus dem Kapitel 2 mit einer abzuführenden Wärmeleistung von *85,2 W* war der Gesamtstrom $I_{ges} = 6\ A$, also bei drei parallel geschalteten Transistoren (Bild 5.5) dann pro Transistor $I_C \approx I_E = 2\ A$. Um eine ausreichende Wirkung zu erzielen wähle ich die Emitterwiderstände so, dass an ihnen die Hälfte der Basis-Emitter-Nennspannung abfällt. Das wäre also

$$R_1 = R_2 = R_3 = R_E = \frac{\frac{U_{BE}}{2}}{I_E} = \frac{\frac{0{,}7\,V}{2}}{2\,A} = 175\,m\Omega$$

Der nächste verfügbare Wert wäre dann *180 mΩ*. In jedem Emitterwiderstand entsteht dann die Wärmeleistung

$P_{RE} = (2\,A)^2 \cdot 0{,}18\,\Omega = 720\,mW$ in allen vier Widerständen zusammen dann entsprechend *2,88 W*.

Angesichts der *85,2 W*, die insgesamt in Wärme umgesetzt werden, wenn der Gesamtstrom von 6 A gefordert wird, ist das nicht viel.

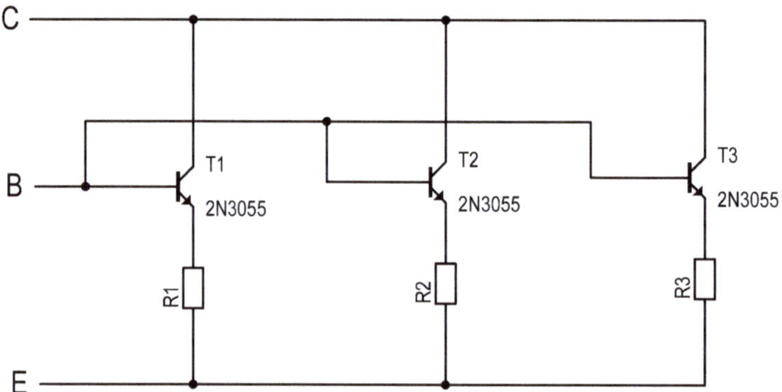

Bild 5.5: Drei parallel geschaltete Transistoren gleichen Typs für die Umsetzung der Wärmeleistung von 85,2 W (siehe Kapitel 2).

Die Zusammenschaltung nach Bild 5.5 kann nun als ein Leistungstransistor angesehen werden. Die Basis-Emitter-Spannung dieses Transistors ist natürlich höher als die üblichen *0,7 V* bei Silizium-Transistoren. Sie steigt auf *1,06 V*, wenn der geforderte Strom von *6 A* fließt. Das ist bei der Dimensionierung der Treiberstufe zu berücksichtigen. Für Großsignal-Stromverstärkung des Gesamtgebildes nehme ich den arithmetischen Durchschnitt der einzelnen Transistoren:

$$B_{ges} = \frac{B_{T1} + B_{T2} + B_{T3} + \ldots + B_{Tn}}{n}$$

Wegen der Exemplarstreuung erübrigt sich allerdings die genaue Berechnung. Für die Praxis reicht es den niedrigsten, im Datenblatt angegebenen Wert zu verwenden.

5.1.2 Parallelschaltung von Leistungs-MOSFETs

Bei MOSFETs werden Current-Sharing-Widerstände nicht benötigt. Die Drain- und Source-Anschlüsse der MOSFET-Transistoren können einfach eins zu eins parallel geschaltet werden. In MOSFETs ist eine Gegenkopplung bereits vorhanden: Wenn ein MOSFET einen größeren Anteil des Stroms erhält, wird dieser entsprechend wärmer. Der Temperaturkoeffizient des Drain-Source-Widerstandes R_{DS} ist positiv. Somit erhöht sich der Drain-Source-Widerstand und es verringert sich die durch ihn fließende Strommenge. Die anderen Transistoren in der Parallelschaltung übernehmen dafür mehr Strom. So gibt es einen Ausgleich.

Sehr problematisch ist allerdings die starke Exemplarstreuung hinsichtlich

$$I_D = f(U_{GS})$$

Maßnahmen dagegen sind schwierig. Beschaltet man die Gateleitung zum Beispiel mit Widerständen, so werden auf Grund der Gate-Source-Kapazität die Transistoren auch langsam.

Für den Einsatz in linearen Netzteilschaltungen sind bipolare Transistoren deshalb sowieso die bessere Wahl.

Anders sieht es bei Schaltvorgängen aus. Beim reinen Schalten kann man MOSFET-Transistoren sehr unproblematisch parallel schalten.

5.2 Darlingtonschaltungen

Die preiswerten und leicht zu erhaltenden Leistungstransistoren haben in der Regel eine vergleichsweise geringe Stromverstärkung. Beim Standard-Transistor 2N3055 ist diese meistens mit

$B \geq 15$ angegeben.

Soll also bei einem linearen Netzteil ein Ausgangsstrom von z.B. *15 A* bereitgestellt werden, erfordert dies bereits einen Basisstrom von einem Ampere.

5.2.1 Darlingtonschaltungen mit gleicher Dotierungsfolge

Abhilfe kann die Darlingtonschaltung nach Bild 5.6a für NPN-Transistoren oder Bild 5.6b für PNP-Transistoren bringen. Diese Schaltung besteht aus zwei Bipolartransistoren, wobei der erste, kleinere Transistor als Emitterfolger auf die Basis des zweiten, größeren arbeitet. Die Anordnung kann als ein Transistor angesehen werden. Ziel ist die Erhöhung des Stromverstärkungsfaktors *B*. Bei der Darlingtonschaltung multiplizieren sich die Stromverstärkungen der Einzeltransistoren.

$$B_{ges} = B_{T1} \cdot B_{T2} \qquad \{5.5\}$$

Im Bild 5.6 sind die Transistoren 2N3055 sowie BC140 beteiligt. Bei einem Kollektorstrom von 100 mA ist für den BC140-6 eine Mindest-Stromverstärkung von $B = 40$ angegeben. Die resultierende Stromverstärkung der Schaltung aus Bild 5.6 ist demnach

$$B_{ges} = 15 \cdot 40 = 420$$

Um nun einen Ausgangsstrom von *15 A* zu steuern werden nur noch lediglich *2,4 mA* Basisstrom benötigt.

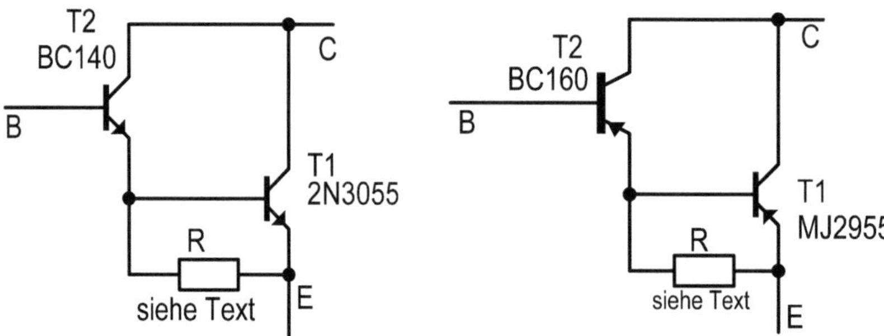

Bild 5.6a: Darlingtonschaltung bestehend aus zwei NPN-Transistoren.

Bild 5.6b: Darlingtonschaltung bestehend aus zwei PNP-Transistoren.

Zu beachten ist, dass sich die Basis-Emitter-Spannung nun addieren. Statt der bei einem Silizium-Transistor typischen Spannung von *0,7 V* ergeben sich *1,4 V*. Auch die resultierende Kollektor-Emitter-Sättigungs-Spannung erhöht sich, und zwar um die Durchlassspannung der Basis-Emitter-Strecke des zweiten Transistors.

$$U_{CEsat} = U_{CEsat.T1} + U_{BE.T2}$$

Sie liegt bei der Darlingtonschaltung zwischen etwa

U_{CEsat} = *0,9 V* bei Kleinsignaltypen (gegenüber *0,2 V*) bis über
U_{CEsat} = *2 V* bei Leistungstypen.

Das kann zu erhöhter Wärmeleistung führen, wenn der Transistor vollständig öffnen soll. Bei linearen Netzteilen mit einstellbarer Ausgangsspannung ist das nur relevant, wenn die maximal mögliche Spannung gefordert wird und die Eingangsspannung nur wenig oder gar nicht größer ist als unbedingt notwendig.

Befinden sich beide Transistoren in einem einzigen Gehäuse, spricht man auch vom Darlington-Transistor. Die Bezeichnung „Darlington" kommt übrigens vom Erfinder Sidney Darlington, der die Anordnung vorgestellt und zum Patent angemeldet hat.

Die maximal mögliche Kollektor-Emitter Spannung der Schaltung nach Bild 5.6 wird durch den Transistor mit dem kleineren Grenzwert bestimmt. Beim 2N3055 sind bei offener Basis U_{CE0} = *60 V* erlaubt. Beim BC140 sind U_{CE0} = *40 V* zulässig. Die Anordnung im Bild 5.6a ist also wegen

$$U_{CE0.T2} < U_{CE0.T1}$$

lediglich einsetzbar bis

$$U_{CE0}=U_{CE0.T2}+U_{BE.T1}$$

$$U_{CE0}=40\,V+0{,}7\,V=40{,}7\,V$$

Die Hauptlast trägt T1. Dabei wird leicht übersehen, dass auch T2 überlastet werden kann. Dazu eine Worst-Case-Abschätzung die sowohl für Bild 5.6a als auch für Bild 5.6b gültig ist:

Soll der Transistor T1 im Bild 5.6 tatsächlich vollständig geöffnet werden, dann muss der Basisstrom von T1 und damit der Kollektorstrom von T2 bis zu $I_{B.T1} = I_{C.T2} = 1\ A$ erreichen. Im Beispiel nach Bild 5.6 kann T2 eine maximale Verlustleistung von $P_{tot} = 3{,}7\ W$ verkraften. Somit darf dann dessen Kollektor-Emitter-Spannung nicht größer sein als $U_{CE} = 3{,}7\ V$. Das ist zu beachten. Außerdem muss dann auch der Transistor T2 gut gekühlt werden. Zur Verarbeitung größerer Spannungen wäre die Wahl eines anderen Transistors erforderlich.

Zwischen Basis und Emitter der resultierenden Darlingtonschaltung gibt es zwei PN-Übergänge! Dies führt dazu, dass die Ladungsträger im Halbleitermaterial zwischen Emitter T2 und Basis T1 nur langsam abfließen können. Anschaulich wird das, wenn man annimmt, dass T1 und T2 leiten und dann T2 plötzlich gesperrt wird. Als Resultat ist die Basis von T1 hochohmig auf undefiniertem Potential. Aus diesem Grund sind Darlingtonschaltungen nicht für schnelle Vorgänge (Schalten, Regeln) geeignet. Man kann zwischen Basis und Emitter von T1 einen Widerstand schalten. Das Abfließen der Ladungsträger wird damit verbessert. Allerdings verschlechtert diese Maßnahme die Gesamt-Stromverstärkung, da ein Teil des Basisstroms, der für T1 vorgesehen ist, dann durch den Widerstand abfließt. Beim Entwurf normaler Standard-Netzteile braucht man dies nicht zu beachten. Beim Design eines High-End-Stromversorgungsgerätes eventuell doch. Der Widerstand kann dabei so groß gewählt werden, dass der Strom durch ihn mindestens 10 mal kleiner ist als der Basisstrom der in T1 hineinfließt. Bei niedrigen Schaltgeschwindigkeiten bzw. linearen Netzteilschaltungen darf diese Verhältniszahl deutlich größer gewählt werden. Es geht im Wesentlichen darum, dass die Basis von T1 nie ohne Potentialbezug ist. Zur Abschätzung können wir hier also ansetzen

$$R\approx\frac{U_{BE.T1}}{\frac{I_{B.T1}}{100}}=\frac{U_{BE.T1}}{\frac{I_{C.T1}}{B\cdot 100}} \qquad \{5.6\}$$

Die Basis-Emitter-Spannung $U_{BE.T1}$ von T1 hat bei Silizium-Transistoren einen Wert von meist etwa *650 mV* bei sehr kleinen Basisströmen. Bei einem relativ hohen Basisstrom kann dieser Wert jedoch durchaus *800 mV* oder mehr erreichen. Ich gehe vom üblichen Annahmewert aus: *700 mV*. Angenommen T1 ist ein Leistungstransistor der einen Kollektorstrom $I_C = 3\ A$ liefert und die Stromverstärkung von T1 beträgt $B = 40$, dann hat der Basisstrom der in T1 hineinfließt einen Wert von $I_{B.T1} = 75\ mA$. Mit {5.6} ergibt sich entsprechend ein Wert für den zwischen Basis und Emitter zu schaltenden Widerstand von *933 Ω*. Der nächste Wert aus der E12-Reihe ist dann *1 kΩ*.

Einen sorgfältig ausgearbeiteten Entwurf für ein Labornetzteil mit einer Darlingtonschaltung nach Bild 5.6b als Stellglied befindet sich im Kapitel 6.

5.2.2 Komplementär-Darlingtonschaltung

Eine ähnliche Anordnung aus komplementären Transistoren wird als Sziklai-Paar oder als Komplementär-Darlingtonschaltung bezeichnet. Sie ist im Bild 5.7 dargestellt. Komplementär heißt hier: es werden ein PNP- und ein NPN-Transistor verschaltet. Der Name stammt auch hier vom Erfinder: dem Ingenieur Georg Sziklai. Diese Verschaltung hat gegenüber der Schaltung aus Bild 5.6 den Vorteil, dass die Basis-Emitter-Spannung identisch ist mit der Basis-Emitter-Spannung eines Einzeltransistors - im Bild 5.7 von T2. Auch hier verhält sich die Gesamtschaltung wie ein einzelner NPN oder PNP-Transistor, wobei die Schichtfolge des ersten Transistors (im Schaltbild T2) das Verhalten der Gesamtschaltung bestimmt. Auch hier ergibt sich die Gesamtstromverstärkung aus der Multiplikation der Stromverstärkung der beteiligten Einzeltransistoren (Gleichung {5.5}).

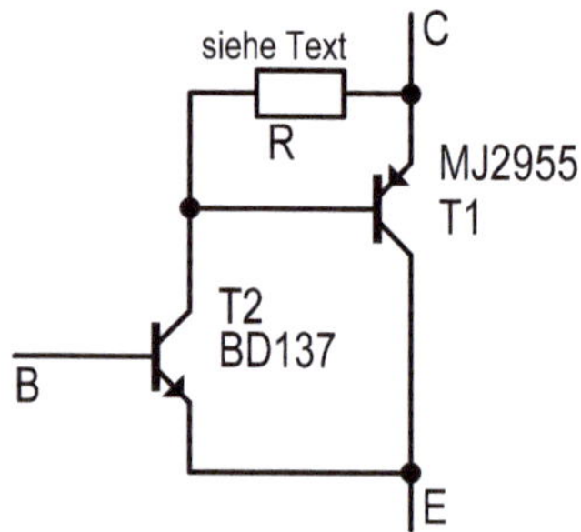

Bild 5.7a: Komplementär-Darlingtonschaltung NPN.

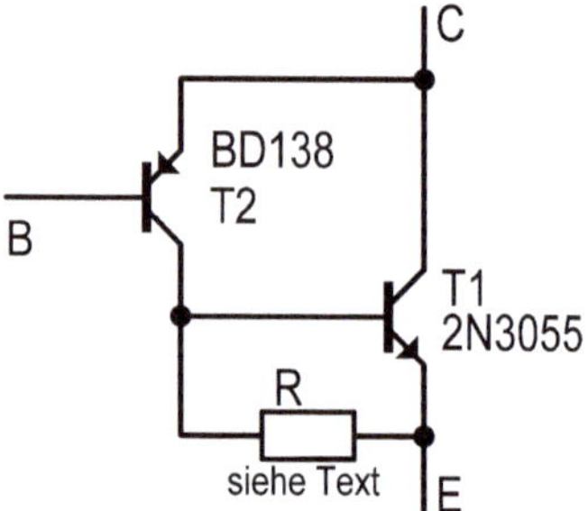

Bild 5.7b: Komplementär-Darlingtonschaltung PNP.

Für langsame Schaltfunktionen, wie z.B. zur Steuerung einer Lampe, kann die Schaltung wie im Bild 5.7 übernommen werden. Bei höheren Schaltgeschwindigkeiten, auch schon im kHz-Bereich, sollte man - entsprechend den Erläuterungen im Abschnitt 5.2.1 - zwischen Basis und Emitter von T1 einen Widerstand schalten.

6 • Lineare Regelung

Unter Berücksichtigung einer einfachen Realisierung, liefern Spannungsstabilisierungsschaltungen wie im Kapitel 2 beschrieben, nach den Batterien und Akkus die reinsten Gleichspannungen. Die absolute Höhe der Gleichspannung ist aber manchmal nicht ausreichend stabil. Es gibt aber Anwendungen, bei denen die primäre Forderung eine absolut hochstabile Spannung ist. Das ist z.B. der Fall, wenn von der Gleichspannung eine Referenz abgeleitet werden soll. Das ist bei der Messung analoger Größen fast immer der Fall.

Die beste Stabilität wird mit einer Rückführung und Auswertung des Istwertes erreicht, hier also der gewünschten Ausgangsspannung. Durch diese Maßnahme wird aus der Spannungsstabilisierung eine Spannungsregelung. Das Grundprinzip hatte ich in [1] schon vorgestellt. Das Ziel ist die Einhaltung der absoluten Höhe der Ausgangsspannung. Regelschaltungen korrigieren ständig den Sollwert. Dies verursacht eine Welligkeit der Ausgangsspannung. Diese muss vernachlässigbar klein bleiben.

6.1 Serielle Spannungsregelung

Bei der seriellen Spannungsregelung gilt wieder Das Bild 2.1a. Der Unterschied ist, dass R1 ständig nachjustiert wird, wenn die absolute Höhe der Ausgangsspannung vom Sollwert abweicht.

Es gibt seit Jahrzehnten schon fertige Spannungsregler als IC, die nach dem Prinzip der linearen, seriellen Spannungsregelung arbeiten. Dazu gehören zum Beispiel die bekannten 78er-ICs (7805, 7809, etc.). Im Prinzip arbeiten diese wie die Schaltung im Bild 6.1. Allerdings bieten diese Bausteine zusätzlich eingebaute Schutzschaltungen gegen Überlastung hinsichtlich Strom und Temperatur. Die 78er/79er-Bauteile sind allgegenwärtig und ich greife gerne darauf zurück. Man kann sie auch gut aus Altgeräten auslöten und wiederverwenden. Bereits in [1] hatte ich diese Teile vorgestellt.

Im Jahre 2007 wurde mit dem Baustein LT3080 eine neue Architektur eingeführt, bei der als Referenz nicht eine Spannungsquelle, sondern eine Stromquelle und als Ausgangsverstärker ein Spannungsfolger verwendet werden. Die Vorteile dieser Architektur bestehen darin, dass ohne weitere Maßnahmen eine Parallelschaltung möglich ist und der Regler die Ausgangsspannung bis auf *0 V* herunterregeln kann. Da der Ausgangsverstärker immer mit der Verstärkung $V = 1$ arbeitet, bleiben Bandbreite und Regelgüte konstant. Außerdem ist das Transientenverhalten unabhängig von der Ausgangsspannung und die Regelung kann im mV-Bereich erfolgen.

Trotz der vielen integrierten Spannungsregler, möchte ich auch Schaltungen vorstellen, die aus einzelnen Bauteilen aufgebaut sind. Erstens geht es um das Verständnis der Funktion, zweitens macht es Spaß die Spannungsregelung mit recycelten Bauteilen oder mit Teilen vom Trödelmarkt zusammenzulöten und drittens kann man beim Eigenentwurf die Schaltung natürlich an alle Wünsche und Gegebenheiten optimal anpassen.

Eine Grundschaltung in zwei Varianten ist im Bild 6.1 zu sehen. Die Schaltung ist universell verwendbar und leicht zu Dimensionieren. Als Stellglied wird ein PNP-Transistor genutzt.

Der Transistor wird dann nicht in Kollektorschaltung bzw. Emitterfolger betrieben sondern in Emitterschaltung. Dies hat den Vorteil, dass am Transistor weniger Spannungsabfall vorhanden ist. Die Ausgangsspannung kann deshalb nah an die Eingangsspannung heranreichen. In diesem Fall wird sogar etwas weniger Wärme erzeugt als beim Emitterfolger. Ausschlaggebend ist hier die Kollektor-Emitter-Sättigungsspannung (Collector Emitter Saturation Voltage, U_{CEsat}). Bei dem Typ BD240 beispielsweise ist diese Spannung mit *0,7 V* im Datenblatt angegeben. Erfahrungsgemäß sollte man großzügig aufrunden und hier mindestens *1 V* Spannungsabfall einkalkulieren.

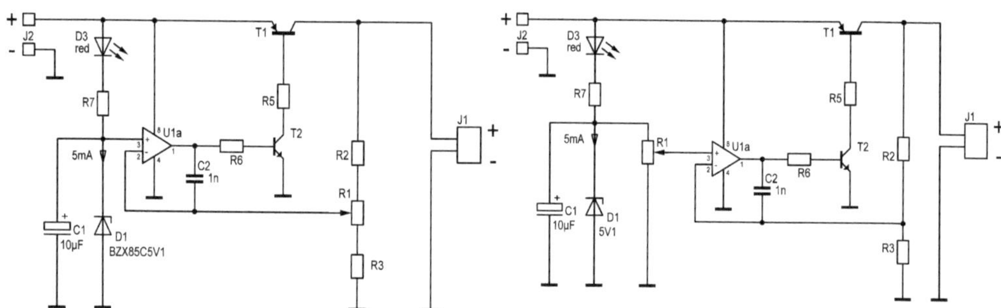

Bild 6.1: Grundschaltung zur Spannungsbereitstellung mit Regelung in zwei Varianten

Der Schaltungsteil für die Bereitstellung der Referenzspannung ist wie bei den Stabilisierungsschaltungen ausgeführt. Da mit U1a ein verstärkendes Bauteil (Operationsverstärker) eingebaut ist, können am Ausgang auch Spannungen generiert werden, die höher sind als die Zenerspannung. Die Dimensionierung ist unproblematisch. R7 wird so dimensioniert, dass ein Strom von ca. *5 mA* durch die Z-Diode fließt. Die rote LED D3 dient zur Funktionsanzeige. Diese Diode könnte auch weggelassen werden.

Die Eingangsspannung wird an J2 angeschlossen. Somit ist sie zur Berechnung von R7 die variable Größe und man kann folgendes rechnen:

$$R7=f(U_{J2})=\frac{U_{R7}}{I_Z}=\frac{U_{J2}-U_{D3}-U_Z}{I_Z}=\frac{U_{J2}-1{,}7\,V-5{,}1\,V}{0{,}005\,A} \qquad \{6.1\}$$

Wie hoch die Eingangsspannung sein darf hängt vom verwendeten Operationsverstärker ab und auch vom Stelltransistor T1. Der Operationsverstärker LM324 kann mit *32 V* versorgt werden. Der LM324 ist weit verbreitet und billig. Es befinden sich 4 Operationsverstärker in einem DIL14-Gehäuse. Bei dem Typ LM2904 handelt es sich um zwei Operationsverstärker vom Typ LM324 in einem DIL8-Gehäuse. Beide Bauteile gibt es auch in SMD-Gehäuse. Gehen wir von diesem Wert aus dann berechnet sich R7 zu

$$R7=\frac{32\,V-1{,}7\,V-5{,}1\,V}{0{,}005\,A}=5040\,\Omega$$

Wählen würde ich den nächst kleineren Normwert aus der E12-Reihe: *4700 Ω*. Die Verlustleistung in diesem Widerstand ist

$$R_{R7}=I^2 \cdot R7=(0{,}005\,A)^2 \cdot 4700\,\Omega=0{,}1175\,W=117{,}5\,mW$$

Ein Standardwiderstand im bedrahteten Gehäuse (THT „through hole technology") kann typischerweise mindestens *250 mW* verkraften, so dass weiter nichts zu beachten ist.

In der Schaltung 6.1 rechts muss allerdings gelten $I_{R1} \ll I_{D1}$. Da die Eingänge des Operationsverstärkers hochohmig sind, ist das leicht zu gewährleisten.

6.1.1 Spannungseinstellung über die Rückkopplung

In der Schaltungsvariante nach Bild 6.1 links ist die Referenzspannung an D1 fest an den positiven Eingang des Operationsverstärkers angeschlossen. Der Istwert wird über den Teiler bestehend aus R2, R1 und R3 dem negativen Eingang des Operationsverstärkers zugeführt. Der Operationsverstärker steuert dann die Transistoren so, dass am Ausgang die gewünschte Ausgangsspannung an J1 ansteht und stabil bleibt. Die maximale Ausgangsspannung stellt sich ein, wenn der Schleifer von R1 am unteren Ende steht. Es gilt:

$$U_{J1max}=\frac{U_Z}{R3}\cdot(R2+R1+R3) \qquad \{6.2\}$$

Mit der Voraussetzung

$$U_{J2} \geq (U_{T1CEsat} + U_{J1max})$$

wäre die maximale Ausgangsspannung sowieso

$U_{J1max} \leq U_{J2} - U_{T1CEsat}$ bzw. dann im vorliegenden Fall $U_{J1max} \leq 32\ V - 1\ V$ also $U_{J1max} \leq 31\ V$

Die minimale Ausgangsspannung stellt sich ein, wenn der Schleifer von R1 am oberen Anschlag steht. Sie kann nicht kleiner werden als die Referenzspannung, denn der Operationsverstärker steuert die Transistoren so, dass an seinen Eingängen die Spannungsdifferenz zu Null wird ($U_+ - U_- = 0$). Wenn die minimale Ausgangsspannung dem entsprechen soll, kann man R2 durch eine Drahtbrücke ersetzen. Ansonsten gilt die Formel:

$$U_{J1min}=\frac{U_Z}{R1+R3}\cdot(R2+R1+R3) \qquad \{6.3\}$$

Mit $R2 = 0$ entspricht also die minimale Ausgangsspannung der Referenzspannung U_Z.

Zurück zur maximalen Ausgangsspannung: Tatsächlich wird die maximale Ausgangsspannung erreicht, sobald die Spannung am negativen Eingang U_- des Operationsverstärkers geringfügig kleiner ist als die Referenzspannung, die am positiven Eingang U_+ anliegt. Um den gesamten Regelbereich des Potentiometers ausnutzen zu können sollte man R3 deshalb so auslegen, dass an ihm etwas weniger als die Referenzspannung U_Z auftritt.

$$R3 = \frac{U_Z \cdot (R2 + R1)}{U_{J1max} - U_Z} \qquad \{6.4\}$$

Soll der komplette mögliche Einstellbereich ausgenutzt werden, dann ist R2 also eine Drahtbrücke. Für R3 kann man dann einsetzen:

$$R3 = \frac{U_Z \cdot R1}{U_{J1max} - U_Z} \qquad \{6.5\}$$

Ein gängiges, passendes Potentiometer für R1 wäre ein Potentiometer mit linearer Charakteristik und einem Widerstand von *10 kΩ*. In dieser Kombination wäre also R3

$$R3 = \frac{5{,}1\,V \cdot 10000\,\Omega}{31\,V - 5{,}1\,V} \approx 1969\,\Omega$$

Da der Spannungsabfall an R3 etwas kleiner sein soll als die Referenzspannung wähle ich den nächst kleineren Wert aus der E12-Reihe – also dann *1,8 kΩ.*

Die Operationsverstärker LM324 bzw. LM2904 können am Ausgang das GND-Potential erreichen. Das vereinfacht die Schaltung, denn dann ist in jedem Fall sichergestellt, dass der Transistor T2 vom Operationsverstärker vollständig gesperrt werden kann. Bei Operationsverstärkern, die nicht bis GND herunter regeln können, kann man eine oder mehrere Silizium-Diode in Reihe mit der Basis-Emitter-Strecke schalten. An jeder Diode fallen dann ca. $U_F = 700\ mV$ ab. Der Transistor öffnet erst, wenn die Ausgangsspannung über $U_{FDioden}$ + U_{FBE} ansteigt. In diesem Fall empfiehlt es sich außerdem, einen Widerstand in der Größenordnung von *100 kΩ* bis *1 MΩ* zwischen Basis und Emitter von T2 einzufügen. Dieser stellt sicher, dass die Basis von T2 immer mit einem sicheren Potential verbunden ist - auch dann, wenn die Dioden sperren.

Hier handelt es sich um eine Regelschaltung – also eine Schaltung mit Rückkopplung. Regelschaltungen neigen zum Schwingen. Um ein Schwingen zu unterdrücken ist C2 vorgesehen. Man sollte einen möglichst kleinen Kapazitätswert verwenden um die Regeleigenschaften nicht zu verschlechtern. Das Motto ist: so klein wie möglich und nur so groß wie unbededingt erforderlich.

Zusätzlich könnte man noch einen weiteren Kondensator parallel zu J1 anordnen. Auch dieser Kondensator sollte nur eine kleine Kapazität aufweisen (typ. *1....10 µF*). Große Kapazitätswerte an dieser Stelle sorgen zwar für resistives Verhalten gegen Schwingneigung, sie verschlechtern aber die Regeleigenschaften der Schaltung massiv.

Beim Leistungsteil geht man vom gewünschten maximalen Ausgangsstrom aus. Leistungstransistoren haben in der Regel nur kleine Stromverstärkungsfaktoren *(B oder* h_{fe} *in den Datenblättern).* Dann ist eine sorgfältige Dimensionierung notwendig. Ausnahmen sind Darlingtontransistoren. In der Schaltung nach Bild 6.1 lässt sich für T1 sehr einfach auch ein Darlingtontransistor verwenden. Der Grund dafür ist, dass die Basis-Emitter-Strecke nicht im Ausgangskreis liegt. Die Stromverstärkung *B* wäre bei einem Darlingtontransistor so hoch, dass für T2 ein Kleinleistungstransistor ausreicht. Der Widerstand R5 ist in diesem

Fall auch einfach zu dimensionieren. Er dient dann nur als Schutzwiderstand für zu große Ströme. Werte zwischen *470 Ω* und *1 kΩ* sind in der Regel eine gute Wahl. R6 kann um den Faktor 10 größer gewählt werden.

6.1.2 Spannungseinstellung durch Variation der Referenzspannung

In der Schaltungsvariante nach Bild 6.1 rechts ist die Referenzspannung, die von D1 bereitgestellt wird, am Potentiometer R1 angeschlossen. Der Strom, der durch das Potentiometer fließt, sollte mindestens 10-mal kleiner sein, als der Strom durch die Z-Diode D1. Am positiven Eingang des Operationsverstärkers liegt nun eine Spannung, die sich je nach Schleiferstellung des Potentiometers von *0 V* bis zur Referenzspannung U_{D1} ändern kann.

Die Rückkopplung ist über R2 und R3 starr ausgelegt. Man geht von der maximal gewünschten Ausgangsspannung aus. Es gilt

$$U_{OUT.max}=\frac{U_{D1}}{R3}\cdot(R2+R3)$$

Bei dieser Ausgangsspannung ist die Spannung an R3 genau so groß wie die Referenzspannung U_{D1}, beziehungsweise wäre eine sinnvolle Vorgabe für R3 zum Beispiel *1 kΩ*. Dann fließt durch R3 und R2 ein maximaler Strom von

$$I_{R3}=\frac{U_{D1}}{R3}=\frac{5{,}1\,V}{1000\,\Omega}=5{,}1\,mA$$

Für den zu berechnenden Widerstand R2 gilt dann

$$R2=U_{OUT.max}\cdot\frac{R3}{U_{D1}}-R3=R3\cdot(\frac{U_{OUT.max}}{U_{D1}}-1)=1000\,\Omega\cdot(\frac{U_{OUT.max}}{5{,}1\,V}-1)$$

6.1.3 Anmerkungen zur Regelung

Bei der Regelung von konstanten Spannungen sind Überspannungen nur in seltenen Ausnahmefällen tolerierbar. Ein Lastwechsel an einem ungeregelten Stromversorgungsgerät verändert die Ausgangsspannung. Bei einem Stromversorgungsgerät mit Regelung erwartet man, dass diese Spannungsänderung möglichst schnell ausgeregelt wird - allerdings ohne über den Sollwert wesentlich hinauszugehen. Ein angeschlossenes Gerät oder Bauteil kann auf Überspannung empfindlich reagieren und Schaden nehmen.

In der analogen Regelungstechnik werden meistens Operationsverstärker als Regelverstärker eingesetzt. Die Beschaltung entscheidet über das Regelverhalten. Umfangreiche, praktisch verwertbare Information zur Regelungstechnik findet man in [4].

Anschaulich kann man sich die Funktion der Regelung in der Schaltung nach Bild 6.1 wie folgt vorstellen:

Ein Operationsverstärker in einer Schaltung mit Rückführung des Ausgangssignals auf den negativen Eingang ist bestrebt, dass die Differenzspannung zwischen dem positiven Eingang und dem negativen Eingang *0 V* beträgt. Wenn die Referenzspannung von U_{ref} = U_+ = *+5 V* gegen GND am positiven Eingang liegt, wird der Operationsverstärker in der Schaltung nach Bild 6.1 die Transistoren T1 und T2 so aufsteuern, dass auch am negativen Eingang U_- = *5 V* gegen GND anstehen. Wie und wie schnell dies geschieht hängt von den Parametern des Operationsverstärkers ab und natürlich von der Beschaltung.

In der Regelungstechnik unterscheidet man drei Regel-Charakteristika:

Ein **D-Anteil** (D für differenzierend) im Regler kann die Ausregelung einer Störung enorm beschleunigen. Allerdings führt ein D-Anteil immer auch zum Überschwingen. D-Anteile sind deshalb für die Konstantspannungserzeugung nicht das richtige Mittel. **I-Anteile** (I für integrierend) führen zur vollständigen Ausregelung der Störung (also der Abweichung vom vom Sollwert). Aber auch hier kann es eine Art Überschwingung geben. Nämlich mit der Form, dass eine einmal eingestellte hohe Ausgangsspannung nicht beliebig schnell reduziert werden kann. Vor allem aber verlangsamen I-Anteile den Regelvorgang.Für die Regelung einer stabilen Spannung werden fast ausschließlich **P-Regler** (P für proportional) verwendet. Bei diesen ist Überschwingen nicht möglich. Der Istwert erreicht nie vollständig den Sollwert - was aber hier keine Rolle spielt, denn der Abstand zwischen Soll- und Istwert kann (fast) beliebig klein werden. Allerdings: Je kleiner dieser Abstand, um so höher ist die notwendige Verstärkung und umso eher neigt der Regelverstärker zum Oszillieren. Wobei die Schwingbedingung in diesem Fall durch parasitäre Elemente entsteht.

Deshalb werden meistens winzige I-Anteile ergänzt um eine Schwingneigung der Schaltung zu unterdrücken. Letztendlich wird die Schaltung aber mit realen Bauteilen aufgebaut und es gibt parasitäre Reaktanzen, die ungewollt zum Beispiel einen D-Anteil hinzufügen. Dieser wird mit dem prophylaktisch eingebauten, winzigen I-Anteil im besten Fall gerade so kompensiert.

In der Schaltung nach Bild 6.1 bewirkt der Kondensator C2 den I-Anteil und er unterdrückt somit die Schwingneigung. Ist eine schnelle Ausregelung der Ausgangsspannung nicht so wichtig, kann man die Kapazität C2 etwas größer wählen. Die Schaltung neigt dann weniger zum Schwingen. Je kleiner die Kapazität von C2, desto schneller kann der Regler reagieren - aber die Schwingneigung nimmt zu.

Die Schleifenverstärkung ändert sich mit der eingestellten Ausgangsspannung, da das Potentiometer in der Rückkopplung liegt. Von daher kann es mehrere Arbeitspunkte geben die zum Schwingen neigen.

Schwingneigung gibt es natürlich auch bei den fertig integrierten Spannungsreglern (78xx/79xx, LM317, LT1086, etc. etc.). In den Datenblättern sind in der Regel Vorschläge für die Schwingunterdrückung angegeben.

In der Schaltung nach Bild 6.1 links ist noch anzumerken, dass die Stabilisierungswirkung - im Prinzip die Spannungsverstärkung der Schaltung - von der Stellung des Potentiometers abhängt. Änderungen der Ausgangsspannung werden nämlich zunächst abgeschwächt, bevor sie an den Eingang U_- des Operationsverstärkers gelangen. Weiterhin ist zu bemerken, dass die Einstellung der Spannung mit dem Potentiometer einer nichtlinearen Kennlinie folgt. Meistens ist ein Spannungsmesser am Ausgang vorgesehen, so dass dies nicht stört. Aufwändig wird es, wenn man darauf verzichten möchte und mit einer Skala um den Spannungseinsteller auf der Frontplatte auskommen will.

Bei der Schaltung nach Bild 6.1 rechts wird die Ausgangsspannung über ein festes Widerstandsverhältnis von R2 und R3 auf den negativen Eingang des Operationsverstärkers zurück gekoppelt. Die Schleifenverstärkung des Operationsverstärkers ist somit immer gleich. Die Einstellung der Ausgangsspannung erfolgt durch Vorgabe der Spannung am positiven Eingang des Operationsverstärkers mit dem Potentiometer R1. Die Ausgangsspannung $U_{OUT} = U_{J1}$ *lässt* auf diese Weise einstellen zwischen

$$0\,V \leqslant U_{J1} \leqslant U_{D1} \cdot v$$

Die Einstellung der Ausgangsspannung mit dem Potentiometer R1 folgt hier einer linearen Kennlinie. Somit benötigt man nicht zwingend einen Spannungsmesser am Ausgang und man kann das Potentiometer mit einer leicht zu erstellenden, linearen Skala versehen.

6.1.4 Spannungsversorgung mit Operationsverstärker als Regler

Eine dimensionierte Schaltung mit einstellbarer Ausgangsspannung zeigt Bild 6.3. Grundlage ist die Schaltung zu Bild 6.1 links. Die Bereitstellung der Referenzspannung wurde um einen Spannungsteiler bestehend aus R4, R8 und R9 erweitert. Am positiven Anschluss des Operationsverstärkers U_+ liegt nun eine Referenzspannung von $U_{ref} = 500\ mV$. Das hat zur Folge, dass die Ausgangsspannung U_{J1} bis zu diesem Wert herunter geregelt werden kann.

Hier ist nun für T1 ein Standard-Leistungstransistor vom Typ MJ2955 eingesetzt. Man findet diesen Typ oft für wenig Geld auf Trödelmärkten speziell auf Märkten der Funkamateur- oder Maker-Szene. Der MJ2955 steckt, wie sein Pendant 2N3055, im recht großen TO3-Metallgehäuse. Das macht die Wärmeabführung einfacher und robuster. Die Gleichung {4.1} zeigt, dass mit zunehmender Fläche die Wärmeleitfähigkeit steigt. Die Gleichungen {4.10} und {4.12} zeigen wiederum, wie der Wärmeübergangswiderstand mit steigender Fläche kleiner wird. Große Transistorgehäuse bringen uns Konstrukteure von Einzelexemplaren also durchaus Vorteile.

Auch die Montage ist unkompliziert. Es reichen im einfachsten Fall M3-Schrauben und Muttern sowie Standard-Werkzeuge für Elektroniker und ein einfacher Lötkolben. Dieser Transistor hat laut Datenblatt eine Großsignal-Stromverstärkung von $B \geq 15$. Soll der Ausgangsstrom I_{J1} bis zu $3{,}5\ A$ betragen, dann gehört dazu ein maximaler Basisstrom I_{BT1} von

$$I_{BT1} = \frac{3{,}5\,A}{15} \approx 233\,mA$$

Dieser Strom muss von T2 geliefert werden können. Der Typ 2N3053 im TO39-Gehäuse von CDIL (Indien) kann bis zu $I_C = 700\ mA$ liefern. Er hat eine Stromverstärkung von

$B \geq 50$. Der Basisstrom I_{BT2} dieses Transistors ist dann maximal

$$I_{BT2} = \frac{233\,mA}{50} = 4{,}66\,mA$$

Der eingesetzte Operationsverstärker LM2904 kann diesen Strom liefern. Die maximale Ausgangsspannung des Operationsverstärkers liegt 1,5 V unterhalb der Versorgungsspannung, also bei *32 V - 1,5 V = 30,5 V*. Von diesem Wert muss noch die Basis-Emitter-Spannung von T2 in Höhe von $U_{BET2} = 0{,}7\,V$ abgezogen werden. Damit lässt sich nun der maximale Wert für R6 festlegen:

$$R6 \leq \frac{30{,}5\,V - 0{,}7\,V}{0{,}0058\,A} \approx 5138\,\Omega$$

Der nächste Wert aus der E12-Reihe ist dann *4,7 kΩ*. Im Bild 6.3 wurde ein Widerstand von *R6 = 1 kΩ* verwendet. Das hat hier keinen Nachteil. Die Konsequenz ist lediglich, dass der Operationsverstärker eine etwas niedrigere Spannung ausgibt. Größere Werte als die errechneten 5138 Ω können zu Problemen führen, weil der notwendige Basisstrom gegebenenfalls nicht erreicht wird.

Kritisch ist hingegen R5. Durch ihn fließen bis zu *233 mA*. Er soll sicherstellen, dass keine größeren Ströme fließen können. Dazu kann man rechnen

$$R5 = \frac{U_{J2} - U_{BET1} - U_{CEsatT2}}{I_{BT1}} = \frac{32\,V - 1{,}5\,V - 1{,}5\,V}{0{,}233\,A} \approx 124\,\Omega$$

Aus der E12-Reihe würde ich dann *120 Ω* einsetzen. Im Hinblick darauf, dass bei beiden Transistoren die minimalen Stromverstärkungen angenommen wurden, kann auf den nächstgrößeren Wert aufgerundet werden. Das wären dann *150 Ω*. Der maximale Kollektorstrom für T1 ist dann

$$I_{BT1} = \frac{U_{J2} - U_{BET1} - U_{CEsatT2}}{R5} = \frac{32\,V - 1{,}5\,V - 1{,}5\,V}{150} \approx 193\,mA$$

Die im Extremfall erreichte Leistung ist in diesem Widerstand

$$P_{R5} = I^2 \cdot R5 = (0{,}193\,A)^2 \cdot 150\,\Omega \approx 5{,}6\,W$$

Es gibt überlastfähige zementierte Widerstände, die eine Nennleistung von *5 W* aushalten. Vorsichtige Konstrukteure ersetzen den Widerstand durch eine Serienschaltung bestehend aus zwei *68-Ω-Wiederstände*. Die Leistung teilt sich dann gleichmäßig auf zwei Widerstände auf.

Die Wärmeleistung die in T1 umgesetzt wird, ist maximal, wenn die kleinste Ausgangsspannung bei maximalem Ausgangsstrom gefordert werden. Dann nämlich ist die am Transistor abfallende Spannung U_{CE} maximal. Die Wärmeleistung steigt auf

$$P_{T1}=I_{maxT1}\cdot U_{CEmaxT1}=I_{maxT1}\cdot(U_{J2}-U_{J1})=3{,}5\,A\cdot(30\,V-0{,}5\,V)\approx 103{,}25\,W$$

Maximal erlaubt ist bei diesem Transistor P_{tot} = *115 W*. Dieser Grenzwert wird also noch nicht erreicht. Aber wie bereits in den Kapiteln 4 und 5 beschrieben, ist zur Umsetzung dieser Leistung fast immer eine Parallelschaltung mehrerer Leistungstransistoren erforderlich. Andernfalls ist der Aufwand für die Kühlung des Transistors sehr hoch.

Der MJ2955 hat einen Wärmeübergangswiderstand von der Sperrschicht zum Gehäuse von R_{thJC} = *1,52 K/W*. Die maximale Sperrschicht-Temperatur ist angegeben mit ϑ_{Jmax} = *200 °C*. Es wird ein Kühlkörper benötigt. Die Geräte-Rückwand besteht aus Aluminiumblech mit einer Dicke von *2 mm*. Die Abmessungen sind *300 mm x 100 mm*. Der Wärmeübergangswiderstand für dieses Blech (*30000 mm²*) ist dann nach Gleichung {4.10} etwa R_{thSA} = *3,35 K/W*. Der Transistor wird isoliert befestigt. Der Gesamt-Wärmeübergangswiderstand ist dann

$$R_{thJA} = R_{thJC} + R_{thCS} + R_{thSA} = 1{,}52\,K/W + 0{,}5\,K/W + 3{,}35\,K/W = 5{,}37\,K/W$$

Für die Sperrschichttemperatur ϑ_J gilt dann

$$\vartheta_J=P\cdot R_{thJA}+\vartheta_A \qquad \{6.6\}$$

Da die Rückwand des Gehäuses verwendet wird, kann für die Umgebungstemperatur ϑA die Zimmertemperatur von *21 °C* eingesetzt werden. Für die maximal im Transistor umsetzbare Wärmeleistung gilt dann mit Hilfe von {5.2} (oder durch Umstellen von {6.6}):

$$P=\frac{\vartheta_J-\vartheta_A}{R_{thJA}}=\frac{200\,°C-21\,°C}{5{,}37\,K/W}=\frac{179\,K}{5{,}37\,K/W}\approx 33{,}3\,W$$

Wenn die Rückwand als Kühlkörper genutzt werden soll, dann sind mit {5.4}

$$n=\frac{103{,}25\,W}{33{,}3\,W}=3{,}1$$

Transistoren notwendig. Vorsichtige Designer nehmen dann 4 Transistoren. Jeder Transistor übernimmt dann

$$n=\frac{103{,}25\,W}{4}=25{,}8125\,W$$

Die Gehäusetemperatur jedes Transistors steigt dann bis auf

$$\vartheta_C=P\cdot(R_{thCS}+R_{thSA})+\vartheta_A=25{,}8125\,W\cdot(0{,}5\,K/W+3{,}35\,K/W)+21\,°C=120{,}4\,°C$$

Die Transistoren müssten also abgedeckt werden, damit der Anwender sich nicht die Finger verbrennt. Hier empfehle ich die Verwendung eines Drahtgitter-Kastens.

Auch die Wärmeleistung in T2 ist zu beachten. Zunächst ist zu ermitteln, wann die maximale Verlustleistung erreicht wird.

$$P_{T2}=I_{BT1}\cdot U_{CET2}=I_{BT1}\cdot(U_{J1}-U_{BET1}-(I_{BT1}\cdot R5)) \qquad \{6.7\}$$

Es ergibt sich eine Funktion in Abhängigkeit von I_{BT1}:

$$P_{T2}=f(I_{BT1})=I_{BT1}\cdot U_{J1}-I_{BT1}\cdot U_{BET1}-I_{BT1}^{2}\cdot R5 \qquad \{6.8\}$$

Um den Maximalwert zu finden wird die erste Ableitung gebildet:

$$P_{T2}'=f(I_{BT1})'=U_{J1}-U_{BET1}-2\cdot I_{BT1}\cdot R5$$

Der Extremwert ist dort, wo diese Ableitung zu Null wird. Also

$$U_{J1}-U_{BET1}-2\cdot I_{BT1}\cdot R5=0$$

Der zugehörige Basisstrom von T1 ist dann

$$I_{BT1}=\frac{(U_{J1}-U_{BET1})}{(2\cdot R5)}=\frac{(30\,V-1{,}5\,V)}{(2\cdot 150\,\Omega)}=0{,}095\,A$$

Eingesetzt in Gleichung {6.7}

$$P_{T2}=f(I_{BT1})=0{,}095\,A\cdot 30\,V-0{,}095\,A\cdot 1{,}5\,V-(0{,}095\,A)^2\cdot 150\,\Omega\approx 1{,}354\,W$$

Im Datenblatt des Transistors 2N3053 findet man P_{tot} = *5 W* sowie die Wärmeübergangswiderstände zwischen Sperrschicht und Gehäuse von R_{thJC} = *35 K/W*. Dieser Transistor benötigt also auch eine Kühlmaßnahme. Es gibt für TO39-Gehäuse passende Kühlkörper. Das Exemplar aus Bild 6.2 hat einen Wärmeübergangswiderstand von *44 K/W*. Damit ergibt sich dann der Wärmeübergangswiderstand R_{thJA} für den Transistor 2N3053 zu

$$R_{thJA}=R_{thJC}+R_{thCA}=35\,K/W+44\,K/W=79\,K/W$$

Dieser Transistor ist auf jeden Fall im Gehäuseinnern platziert. Wir nehmen an, dass dort eine Temperatur von *40 °C* herrscht. Die maximale Sperrschichttemperatur ist dann für diesen Transistor-Chip nach {6.6}:

$$\vartheta_J=P\cdot R_{thJA}+\vartheta_A=1{,}354\,W\cdot 79\,K/W+40\,°C\approx 147\,°C$$

Die Kühlmaßnahme würde also ausreichen. Vorsichtige Designer würden nun vielleicht einen kleinen Lüfter einsetzen um die Wärme vom Transistor T2 besser abzuleiten. Da die errechnete Temperatur noch nicht kritisch ist, erübrigt sich dafür eine umfangreiche Berechnung. Jeder kleine Lüfter bringt Verbesserung. Alternativ kann man einen anderen Transistor aussuchen oder einen größeren Kühlkörper. Mutige Designer gehen davon aus, dass die angenommene Stromverstärkung für den Transistor T1 in der Praxis größer ist als die Annahme. Angenommen wurde doch der schlechteste Wert. Wenn die Stromverstärkung nur wenig größer ist als angenommen, reduziert sich der Kollektorstrom für T2 und damit die in diesem Transistor umgesetzte Wärmeleistung.

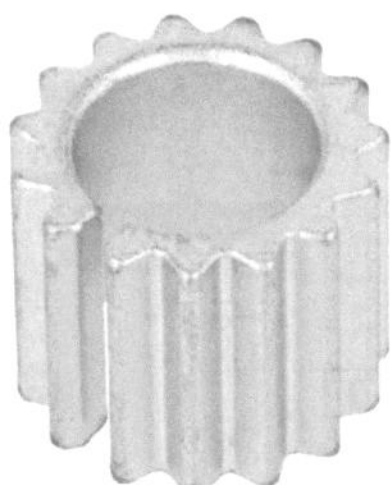

Bild 6.2: Kühlkörper für TO39- oder TO5-Gehäuse mit R_{thSA} = 44 K/W von der Firma Fischer Elektronik aus Lüdenscheid.

Nun müssen wir uns noch um die Parallelschaltung der vier Leistungstransistoren kümmern. Jeder Transistor übernimmt einen Strom von

$$I_C = \frac{I_{ges}}{4} = \frac{3{,}5\,A}{4} = 875\,mA$$

Gemäß dem Kapitel 5 rechne ich für die Emitterwiderstände:

$$R_E = \frac{\frac{0{,}7\,V}{2}}{I_{Emax}} = \frac{0{,}35\,V}{0{,}875\,A} = 0{,}4\,\Omega$$

Mit Rücksicht auf die Spannungsverluste von zusätzlich maximal U_{RE} = *350 mV* nehme ich den nächstkleineren Wert aus der E12-Reihe. Das wären dann *390 mΩ*. In jedem Widerstand entsteht die Verlustleistung

$$P_{RE} - I_C^2 \cdot R_E = 0{,}875\,A^2 \cdot 0{,}39\,\Omega \approx 0{,}3\,W$$

Für R1 wird wieder ein *10 kΩ* Potentiometer benutzt. Da die wirksame Referenzspannung nur noch *500 mV* beträgt, errechnet sich R3 aus Bild 6.1 links mit Hilfe von Gleichung {6.5} zu:

$$R3 = \frac{U_Z \cdot (R1)}{U_{J1\,max} - U_Z} = \frac{(0{,}5\,V \cdot 10000\,\Omega)}{(29\,V - 0{,}5\,V)} \approx 175\,\Omega$$

Der nächsten Wert aus der E12-Reihe wäre dann *180 Ω*. Dieser Widerstand ist wichtig. Ersetzt man ihn durch eine Brücke, dann wird der Operationsverstärker den Transistor T1 voll aufsteuern. Eine Regelung ist dann nicht mehr möglich. Alle Wechselspannungsanteile oder absolute Schwankungen etc. der Eingangsspannung erscheinen dann auch am Ausgang. Voraussetzung für eine funktionierende Regelung ist ein Spannungsabfall U_{CE} über T1. Dieser sollte ein paar Volt nicht unterschreiten.

Auf die Sinnhaftigkeit der beiden Kondensatoren C2 und C3 hatte ich bereits hingewiesen.

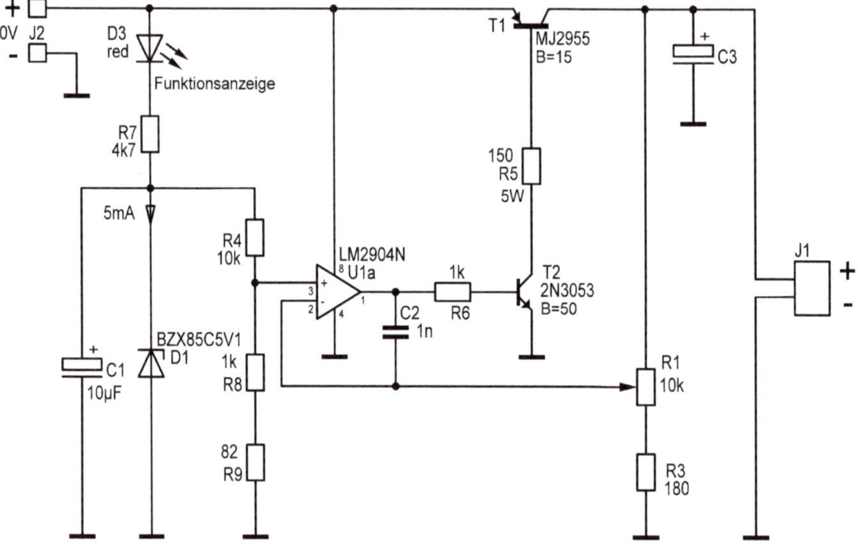

Bild 6.3: Spannungsbereitstellung mit Regelung vorgesehen für Ausgangsspannungen von 0,5 V...28 V und einem maximalen Ausgangsstrom von 3,5 A.

6.1.4.1 Festspannungsnetzteil

Die Parallelschaltung von Leistungstransistoren im vorangegangenen Beispiel ist nur erforderlich, weil die Ausgangsspannung variabel ist und sehr kleine Werte annehmen darf. Bei einem Festspannungsnetzteil würde man die Eingangsspannung so wählen, dass der Leistungstransistor mit nur einer kleinen Spannungsdifferenz belastet wird. Z.B. gewünschte Ausgangsspannung $U_{J1} = 12\ V$; Eingangsspannung $U_{J2} = 15\ V$. Selbst bei einem Strom von $I_{OUT} = 10\ A$ übersteigt die Wärmeleistung P_W im Leistungstransitor nicht den Wert von

$$P_W = U_{CE} \cdot I_{OUT} = 3\,V \cdot 10\,A = 30\,W$$

Dieser Wert ist mit dem Transistor MJ2955 und geeigneten Kühlmaßnahmen leicht beherrschbar. Unter den Bedingungen aus dem vorherigen Abschnitt reicht ein Transistor aus.

6.1.4.2 Netzteil für 24 V Ausgangsspannung

Die Schaltung nach Bild 6.3 soll für eine konstante Ausgangsspannung von *24 V* verwendet werden. Die Kühlmaßnahmen aus dem vorherigen Abschnitt 6.1.4 mit letztendlich

$$R_{thJA} = 5{,}37\ K/W$$

sind beizubehalten. Es ergibt sich mit Hilfe der Gleichung {6.6} für den Leistungstransistor T1 die maximale Verlustleistung zu

$$P = \frac{\vartheta_J - \vartheta_A}{R_{thJA}} = \frac{200\,°C - 21\,°C}{5{,}37\,K/W} = \frac{179\,K}{5{,}37\,K/W} \approx 33{,}0\,W$$

Der maximal entnehmbare Strom ist dann

$$I_A = \frac{P}{U_{CE}} = \frac{P}{U_{J2} - U_{J1}} = \frac{33\,W}{30\,V - 24\,V} = 5{,}5\,A$$

Das kann mit einem Transistor MJ2955 umgesetzt werden. Allerdings wird er ziemlich heiß, denn für die Temperatur am Transistorgehäuse gilt

$$\vartheta_C = P \cdot (R_{thCS} + R_{thSA}) + \vartheta_A = 33\,W \cdot (0{,}5\,K/W + 3{,}35\,K/W) + 21\,°C = 148{,}05\,°C$$

Möchte man so hohe Temperaturen nicht, dann empfiehlt sich die Parallelschaltung von zwei Transistoren nach Kapitel 5.

R1 wird dann als Trimmpotentiometer ausgeführt und nach der Einstellung der Ausgangsspannung von *24 V* versiegelt.

6.1.4.3 Netzteil für 13,8 V Ausgangsspannung

Die Schaltung nach Bild 6.3 kann auch für eine konstante Ausgangsspannung von *13,8V* eingesetzt werden. Diese Spannung ist sehr beliebt bei Funkamateuren, denn das ist eine übliche Betriebsspannung für Funkgeräte.

Im Wesentlichen muss in diesem Fall die Eingangsspannung U_{J2} angepasst werden. Eine Eingangsspannung von *30 V* führt zu großer Wärmeleistung im Transistor. Senken wir die Eingangsspannung auf *18 V* und verwenden wieder die gleichen Kühlmaßnahmen wie unter dem Abschnitt 6.1.4 ist auch in diesem Fall der Transistor mit einer Wärmeleistung von *33 W* belastbar.

Entsprechend ergibt sich der mögliche, entnehmbare Strom zu:

$$I_A = \frac{P}{U_{CE}} = \frac{P}{U_{J2} - U_{J1}} = \frac{33\,W}{18\,V - 13{,}8\,V} = 7{,}8\,A$$

Obwohl die Kühlmaßnahme nicht geändert werden muss, kann nun mehr Strom entnommen werden. Der Grund dafür ist die etwas kleinere Spannung zwischen Kollektor und Emitter. Um eine Eingangsspannung von 18 V bereitzustellen, geht man so vor wie es in Kapitel 1 oder in [1] beschrieben ist. Für die Auswahl des Transformators wird die Gleichung {1.2} nach U_N umgestellt:

$$U_N = \frac{\hat{U}_A + 2\,U_F}{F \cdot \sqrt{2}}$$

Den Faktor F entnimmt man [1] oder notfalls setzt man $F = 1$. Der Wert für U_N wird dann allenfalls etwas zu hoch. Im vorliegenden Beispiel hätte der Transformator dann optimalerweise eine sekundäre Nennspannung von

$$U_N = \frac{18\,V + 2 \cdot 0{,}7\,V}{1 \cdot \sqrt{2}} = 13{,}7\,V$$

Hier muss man immer aufrunden. Marktüblich sind dann Netztransformatoren mit einer sekundären Nennspannung von *14 V*. Für hochreine Gleichspannungen ist diese Vorgehensweise zwingend.

6.1.4.4 Kurzschlussfestigkeit

Der Transistor T1 (MJ2955) kann bis zu *15 A* leiten. Sofern in der Schaltung nach Bild 6.3 die an J2 einspeisende Quelle einen größeren Strom nicht liefern kann, ist die Schaltung für kurze Zeiten kurzschlussfest. Die im Kurzschlussfall entstehende Wärmeleistung, die im Innern des Transistors entsteht, heizt die Sperrschicht auf. Die Zeit, die vergeht, bis zum Erreichen der kritischen Temperatur von *200 °C* hängt von der Höhe *des* Stromflusses (Kurzschlussstrom) ab. Details dazu habe ich im Kapitel 4 beschrieben (z.B. 4.3.1.2).
In diesem Zusammenhang könnte man vor J2 einen Niedervolt-Sicherungsautomaten anordnen oder ein sehr knapp bemessenes PPTC-Sicherungselement [4].

6.1.4.5 Hybrides Netzteil

Wenn es nicht ganz so darauf ankommt, kann man an Stelle des Transformators und des Gleichrichters einfach ein fertiges, handelsübliches Schaltnetzteil benutzen. So etwas, was vielen Geräten mitgeliefert wird. Man findet diese Schaltnetzteile fix und fertig mit Eurostecker auf Trödelmärkten oder bei bekannten Elektronik-Lieferanten als Gebrauchtgeräte oder Restposten für wenig Geld. Dieses Schaltnetzteil muss dann eine Ausgangsspannung von *18 V* liefern. Ist die Ausgangsspannung geringfügig höher, funktioniert das auch, allerdings reduziert sich dann der maximal mögliche Ausgangsstrom unseres Linearreglers.

Unser Linearregler eliminiert im besten Fall alle in der Ausgangsspannung des Schaltnetzteils vorhandenen Wechselanteile. Anteile die über parasitäre Kapazitäten, parallel am Linearregler vorbei, vom Schaltnetzteil ausgesendet werden, kann der Linearregler nur bedingt ausregeln. Vom Schaltnetzteil abgestrahlte Hochfrequenz kann der Linearregler nicht ausregeln. Aus diesem Grund ist ein so zusammengestelltes hybrides Netzteil nur die drittbeste Lösung (nach reiner Batteriespannung und reinem Linearregler).

Das Schaltnetzteil muss natürlich auch den Strom liefern können. Mehrere Schaltnetzteile (am besten des gleichen Typs) können mit Leistungsdioden parallel betrieben werden. In diesem Fall müssen die Schaltnetzteile eine Spannung liefern die um die Schleusenspannung der Dioden höher ist. Im vorliegenden Fall dann *18,7 V* bzw. *19 V*. Im Bild 6.4 ist die Parallelschaltung von zwei Schaltnetzteilen über eine Doppel-Schottky-Diode skizziert. Die dort angegebene Diode (zwei Dioden in einem Gehäuse) kann bei entsprechender Kühlung Ströme bis *2x 15 A* leiten.

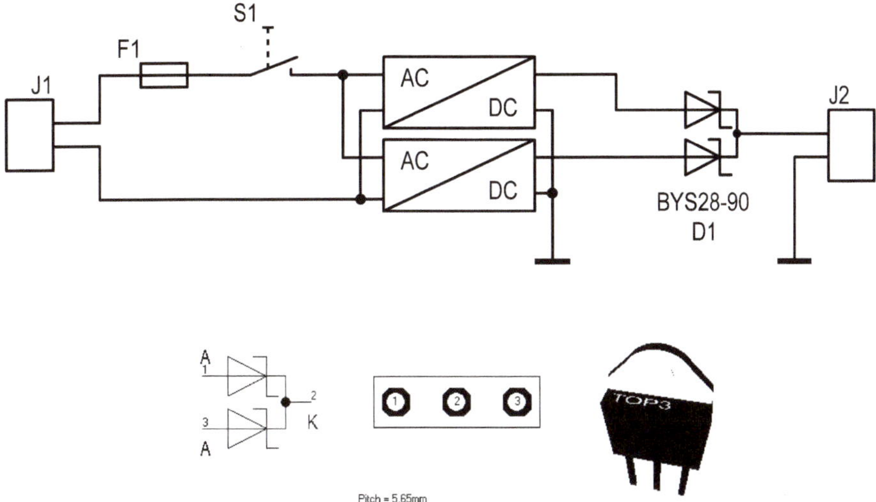

Bild 6.4: „Hybrides Netzteil" - Parallelschaltung von fertigen Schaltnetzteilen als Ersatz für Transformator, Gleichrichter und Glättungskondensator.

6.1.5 Festspannungsnetzteil mit Mikrocontroller als Regler

Die vorgestellte Regelung mit Hilfe eines Operationsverstärker als P-Regler (eventuell mit kleinem I-Anteil) arbeitet analog und unmittelbar. Änderungen der Ausgangsspannung haben unmittelbar Auswirkungen auf die Ansteuerung des Leistungstransistors. Bei linearen Netzteilen ist das vorteilhaft.

In der heutigen Zeit verwendet man allerdings gerne Mikrocontroller. Oftmals auch ohne Erfordernis. Aber da diese Bauteile sehr flexibel sind und wenig kosten setzt man sie auch dort ein, wo es nicht dringend nötig ist.

In unserem einfachen Netzteil bietet uns der Mikrocontroller die Möglichkeit, bei gleicher Hardware nur durch geänderte Programmierung unterschiedliche Netzteile zu bauen.

Bei höchsten Anforderungen an die Reinheit und Stabilität der Ausgangsspannung rate ich ab, Mikrocontroller oder Schaltnetzteile zu verwenden. Es sind getaktete Systeme, die in jedem Fall auch Unruhe und Welligkeit erzeugen. Kommt es hingegen nicht so sehr darauf an, können Mikrocontroller vieles vereinfachen und vereinheitlichen. Die Bereitstellung der Energie erfolgt immer noch linear. Lediglich die vom Mikrocontroller übernommenen Steuer- und Regelaufgaben laufen getaktet ab. Hier folgt ein Beispiel bei dem ein Mikrocontroller die Aufgabe der Regelung übernimmt. Ich empfehle nicht, es nachzubauen - es soll lediglich die Technik erklären.

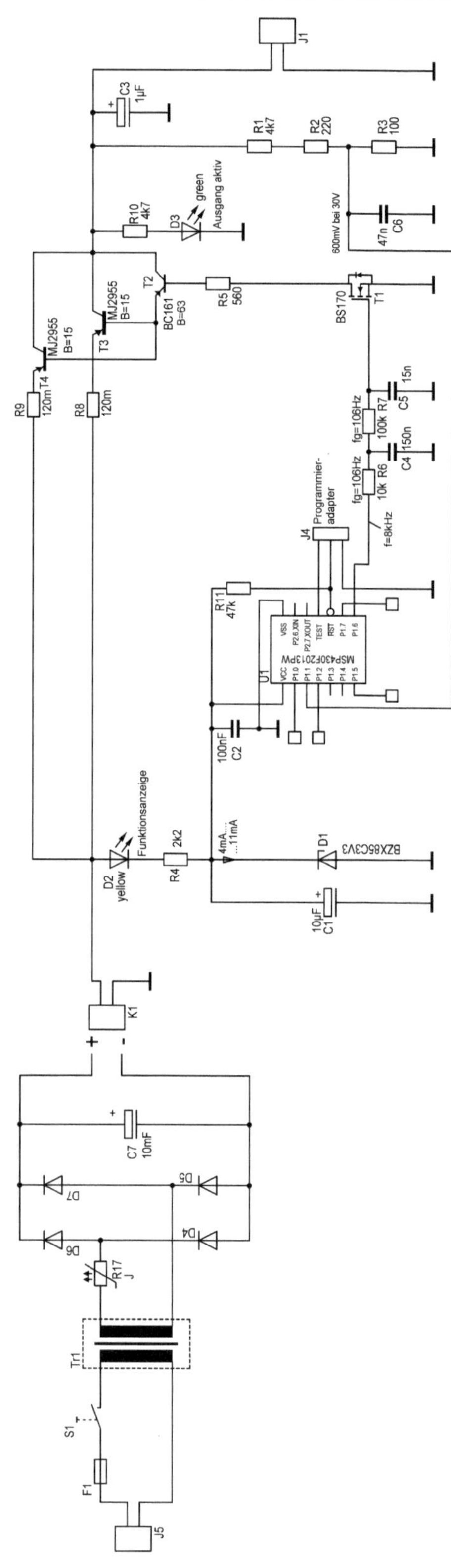

Bild 6.5: Lineares Festspannungsnetzteil mit Mikrocontroller als Regler.

Das Schaltbild ist im Bild 6.5 zu sehen. Die Ansteuerung der Leistungstransistoren sieht ähnlich aus wie im vorherigen Beispiel. Es sind zwei Leistungstransistoren parallel geschaltet. Das Besondere ist hier, dass der Treibertransistor T1 nun von einem Mikrocontroller angesteuert wird. Der verwendete Mikrocontroller MSP430F2013 besitzt einen AD-Wandler, der zur Messung des Istwertes der Eingangsspannung genutzt wird. Allerdings hat der Mikrocontroller keinen eingebauten DA-Wandler. Um den Treibertransistor T2 aufzusteuern benötigt man eine Gleichspannung. Als Lösung bietet es sich an, ein Pulsweitensignal (PWM-Signal) zu nutzen. Bei einem PWM-Signal handelt es sich um eine rechteckförmige Schwingung mit konstanter Frequenz, bei der das Verhältnis von Ein- und Ausschaltzeit variiert wird [10]. Der arithmetische Mittelwert der Ausgangsspannung ergibt sich dann zu:

$$U_{DC} = \frac{\hat{U} \cdot t_{ein}}{t_{ein} + t_{aus}} \qquad \{6.9\}$$

mit $T = \frac{1}{f} = t_{ein} + t_{aus}$ {6.10}

dabei ist f die Frequenz des PWM-Signals.

Der Mikrocontroller arbeitet mit einer Betriebsspannung von *3,3 V*. Durch Ändern des Puls-Pausen-Verhältnisses lässt sich jede beliebige effektive Ausgangsspannung von $U_{DC} = 0\ V$ bis knapp unter $U_{DC} = 3{,}3\ V$ *einstellen.* Der Transistor T2 muss mit einer reinen Gleichspannung angesteuert werden. Aus diesem Grund wird das PWM-Signal durch zwei RC-Tiefpassfilter geleitet. Diese mitteln das PWM-Signal. Die Taktfrequenz des PMW-Signals ist im Programm des Mikrocontrollers auf $f = 8\ kHz$ eingestellt. Die Grenzfrequenz für jeden der beiden RC-Tiefpassfilter ist $fg = 106\ Hz$. Der Widerstand des zweiten Filters ist zehnmal größer als der Widerstand des ersten Filters. Dadurch erreicht man, dass das erste Filter am Ausgang nicht merklich belastet wird. Für ein derartiges Filter gilt die resultierende Grenzfrequenz

$$f_C = \frac{1}{2 \cdot \pi \cdot \sqrt{R1 \cdot R2 \cdot C1 \cdot C2}} \cdot \sqrt{2^{\left(\frac{1}{n}\right)} - 1} \qquad \{6.11\}$$

mit hier $n = 2$.

$$f_C = \frac{1}{2 \cdot \pi \cdot \sqrt{10000\,\Omega \cdot 100000\,\Omega \cdot (150 \cdot 10^{-9} F) \cdot (15 \cdot 10^{-9} F)}} \cdot \sqrt{(\sqrt{(2)} - 1)} \approx 68{,}3\,Hz$$

Weitere Details zu Filtern können in [6] nachgelesen werden.

An C5 steht die Steuerspannung dann zur Verfügung. Die Restwelligkeit ist für viele Anwendungsfälle klein genug. Die Steuergleichspannung wird direkt dem Gate des Transistors T1 zugeführt. Für T1 ist ein Feldeffekt-Transistor (FET) vorgesehen. Ein bipolarer Transistor (BJT) wäre an dieser Stelle problematisch, da dieser mit geringsten Stromänderungen vom vollständig gesperrten Zustand bis zum leitenden Zustand gebracht wird. Die mögliche PWM-Auflösung wäre also gar nicht nutzbar. Der Feldeffekt-Transistor wird dagegen mit einer Spannung gesteuert. Beim eingesetzten N-Kanal-Anreicherungstyp liegt der Bereich zwischen Sperren und vollständigem Leiten zwischen ca. U_{GS} = *1..... 3 V*.

Weiterhin soll das Filter nicht belastet werden. Ein FET-Transistor bietet dafür beste Voraussetzungen, denn er wird durch die anliegende Spannung gesteuert, ohne das ein Strom fließen muss.

Bei einer derartigen Anordnung ist die Auflösung des PWM-Signals ein wichtiger Faktor für den Erfolg. Gemeint ist damit in wie vielen Stufen die minimale und maximale Pulsbreite einstellbar ist. Was da möglich ist hängt von der Taktfrequenz des Mikrocontrollers ab. Hier sind 2000 Stufen möglich (siehe die später abgedruckte, kommentierte Software).

Die Eingangsspannung liegt an K1. Bei einem Festspannungsnetzteil wählt man sie so, dass an den Leistungstransistoren nicht übermäßig viel Spannung abfällt. Für eine Ausgangsspannung von U_{J1} = *13,8 V* könnte man eine Eingangsspannung von U_{K1} = *18 V wählen.* Wenn T1 vollständig leitet, fließt in T2 ein Basisstrom von

$$I_{BT3} = \frac{U_{K1} - 2 \cdot U_{BE}}{R5} = \frac{18V - 2 \cdot 0{,}7V}{560\Omega} \approx 30\,mA$$

Der Transistor T2 hat eine Stromverstärkung von B_{T3}=*63*. Damit kann der Basisstrom für die beiden parallel geschalteten Leistungstransistoren T3 und T4 Werte bis

$$I_{BT1T4max} = 30\,mA \cdot 63 \approx 1{,}9\,A$$

annehmen. T2 muss dabei unbedingt gekühlt werden. Wie man die maximale Verlustleistung für diesen Transistor abschätzt, hatte ich im Abschnitt 6.1.4 bereits gezeigt. Da jeder der beiden Leistungstransistoren nochmal eine Stromverstärkung von mindestens *B=15* aufweist, können nach dieser Rechnung also pro Transistor bis zu

$$I_{T1} = I_{T4} = \frac{1{,}9\,A}{2} \cdot 15 \approx 14\,A$$

gesteuert werden. Demnach stehen an J1 dann bis zu *28 A* zur Verfügung. Auf Grundlage der Kapitel 4 und 5 vermuten wir allerdings schon, dass das nur mit ausreichender Entwärmung funktioniert!

Laut Datenblatt sind pro Transistor P_{tot} = *115 W* erlaubt. Zusammen sind das *230 W*. Die maximale Sperrschichttemperatur ist ϑ_J = *200 °C* und der Wärmeübergangswiderstand zwischen Sperrschicht und Gehäuse ist R_{thJC} = *1,52 K/W*.

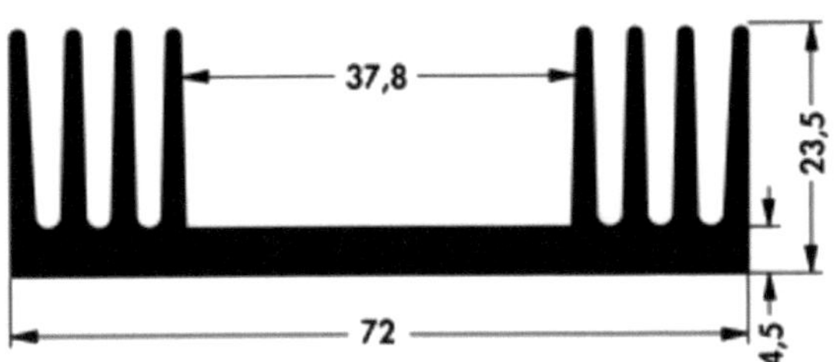

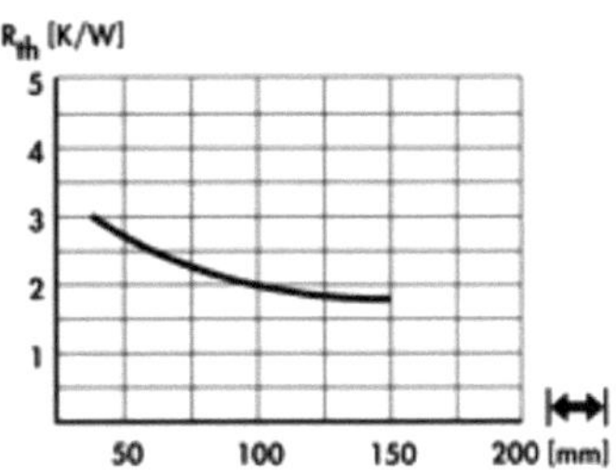

Bild 6.6: Kühlkörperprofil „SK 97 100 Aluminium natur" der Firma „Fischer Electronic", Lüdenscheid.

Die Transistoren werden auf den Kühlkörper aus Bild 6.6 geschraubt. Der Kühlkörper hat eine Länge von $l = 125\ mm$. Aus dem Diagramm (Bild 6.6) ist zu erkennen, dass dazu ein Wärmeübergangswiderstand von $R_{thSA} = 1{,}8\ K/W$ gehört. Bei isolierter Montage kämen nach Abschnitt 4.3 noch $R_{thCS} = 1{,}4\ K/W$ hinzu. Das Metallgehäuse der Transistoren ist mit dem Kollektor verbunden. Das Schaltbild zeigt, dass die Kollektoren sowieso elektrisch verbunden sind. Somit ist es nicht notwendig, die Transistoren isoliert zu befestigen. Bei der nicht isolierten Montage ist im schlechtesten Fall von $R_{thCS} = 0{,}5\ K/W$ auszugehen. Der

Wärmeübergangswiderstand vom Transistorgehäuse zur Umgebung ist dann

$$R_{thCA} = R_{thSA} + R_{thCS} = 1{,}8\ K/W + 0{,}5\ K/W = 2{,}3\ K/W.$$

Der gesamte Wärmeübergangswiderstand von der Sperrschicht bis zur Umgebungsluft ist dann

$$R_{thJA} = R_{thJC} + R_{thCA} = 1{,}52\ K/W + 2{,}3\ K/W = 3{,}82\ K/W$$

Der Grenzwert für die Sperrschichttemperatur wird mit Gleichung {4.11} erreicht bei einer Leistung von

$$\dot{Q} = P = \frac{\vartheta_J - \vartheta_A}{R_{thJA}} = \frac{200\,°C - 21\,°C}{3{,}82\ K/W} \approx 47\ W$$

Im normalen Betriebsfall wäre also pro Transistor ein Strom von

$$I_{J1\,erlaubt} = \frac{47\ W}{18\ V - 13{,}8\ V} \approx 11\ A$$

möglich. Unter diesen Voraussetzungen kann die Schaltung nach Bild 6.5 einen Ausgangsstrom von insgesamt $I_A = 22\ A$ liefern. Bei der Berechnung wurde vorausgesetzt, dass die Umgebungstemperatur maximal $\vartheta_A = 21\,°C$ beträgt - der Kühlkörper samt Transistoren muss also auf der Außenseite des Gerätes angebracht sein. Im Geräteinnern wäre die Umgebungstemperatur natürlich viel größer, was zur Überlastung der Transistoren führen würde.

Eventuell muss der gesamte Kühlkörper vor Berührung geschützt werden, z.B. mit Hilfe eines Drahtkäfigs. Hier macht das sowieso Sinn, denn durch die nicht isolierte Montage weißt der gesamte Kühlkörper das Gleichspannungspotential des Ausgangs auf.

Der Mikrocontroller enthält eine Referenzspannungsquelle. Diese kann auch außerhalb des Mikrocontrollers verwendet werden. Mit entsprechender Programmierung ist sie über Pin P1.3 erreichbar. Man könnte sie verwenden um die Ausgangsspannung einstellbar zu machen. Hier vorliegend wird die gewünschte Ausgangsspannung fest im Programmcode hinterlegt (Festspannungsnetzteil).

Die Widerstände R1, R2 und R3 bilden einen Spannungsteiler. Mit dessen Hilfe wird der Istwert (die Ausgangsspannung) erfasst. Die Aussteuergrenze des im Mikrocontrollers verbauten ADU ist *600 mV,* bei einer Auflösung von *16 Bit*. Setzt man die Aussteuerungsgrenze an, dann können Spannungen an U_{J1} – also Ausgangsspannungen - von bis zu *30 V* erfasst werden.

$$\frac{U_{ADU}}{R3}=\frac{U_{J1}}{R1+R2+R3}$$

$$U_{J1}=U_{OUT}=\frac{U_{ADU}}{R3}\cdot(R1+R2+R3)=\frac{0{,}6\,V}{100\,\Omega}\cdot(4700\,\Omega+100\,\Omega+220\,\Omega)\approx 30\,V$$

Der vom ADU gelieferte Wert ist dann

$$ADUwert=\frac{2^{16}-1}{30\,V}\cdot U_{ist}$$

etwa *2185* Bits pro Volt bzw. es ergibt sich eine Auflösung von $0{,}458\ \frac{mV}{Bit}$.

Die Verknüpfung zwischen dem fest im Programm hinterlegten Sollwert und dem Istwert (am Port P1.1 des Mikrocontrollers) erfolgt dann per Software.

Die LED D2 zeigt an, dass der Mikrocontroller seine Versorgungsspannung bekommt. Die LED D3 signalisiert, das der Ausgang aktiv ist und Spannung führt.

Nachfolgend das Programmlisting. Am Programmanfang werden die Konstanten festgelegt. Hier wurde in der Ausgangsspannung eine Toleranz von *+/- 100 mV* erlaubt. Im Programmcode ist eine Ausgangsspannung von *5 V* eingestellt. Zur Sicherheit wurde auch ein Überspannungsschutz einprogrammiert. Steigt die Ausgangsspannung über *6 V* wird die Pulsweite schlagartig um die Hälfte reduziert.

```
//Spannungsregelung mit Mikrocontroller; ohne DAU; Festspannung
//Stand 5. Mai 2023, F.P. Zantis
#include <msp430f2013.h>

unsigned int Uist;
const unsigned int Usoll = 10923;              //für 5V (pro Volt 2185)
const unsigned int Utohigh = 13110;            //Überspannungsschutz, ab 6V
const unsigned int Utoleranz = 219;            //Toleranz ist 100 mV
unsigned int pwm = 1;                          //Startwert PWM

void main(void)
{         WDTCTL = WDTPW | WDTHOLD;        //Stop watchdog timer
          BCSCTL1 = CALBC1_16MHZ;          //clock SMCLK=16MHz
          DCOCTL = CALDCO_16MHZ;           //use internal DCO as clock with 16MHz

          P2SEL &= ~BIT6;          //P2.6 als normaler I/O
          P2SEL &= ~BIT7;          //P2.7 als normaler I/O
          P2DIR |= BIT6;           //P2.6 als Ausgang
          P2DIR |= BIT7;           //P2.7 als Ausgang
          P2OUT &= ~BIT6;          //P2.6 auf GND
          P2OUT &= ~BIT7;          //P2.7 auf GND

          //Referenzspannung ausgeben
          SD16CTL |= SD16REFON;    //interne Referenz aktivieren
          SD16CTL |= SD16VMIDON;   //interner Buffer für die Referenz
          P1DIR |= BIT3;           //P1.3 als Ausgang
          SD16AE &= ~SD16AE3;      //ADU-Eingang disabled
          P1SEL |= BIT3;           //Referenzsspannung an P1.3

          //Einstellung Timer für PWM
          P1DIR |= BIT6;       //P1.6 als Ausgang
          P1SEL |= BIT6;       //P1.6 als Timer-Ausgang
          TACTL = TASSEL_2;    //Timer clock ist SMCLK
          TACTL |= ID_0;       //Timer clock ist SMCLK/1
          TACTL |= MC_1;       //Timer in Up-Mode
          CCTL1 = OUTMOD_3;    //set-reset-Mode für PWM
          CCR0 = 2000;         //PWM-Frequenz ist 8kHz
          CCR1 = 1999;         //PWM-Start, set at minimum pulsewidth

          //configure ADU
          P1DIR &= ~BIT1;              //P1.1 als Eingang für den Ist-wert
          P1REN &= ~BIT1;              //P1.1 pullup/pulldown-resistors disabled
          SD16CTL |= SD16SSEL_1;       //Clock für den ADC is SMCLK
          SD16CTL |= SD16XDIV_3;       //Teiler1: Dividiert durch 48
          SD16CTL |= SD16DIV_0;        //Teiler2: Dividiert durch 1
          SD16CTL |= SD16REFON;        //Interne Referenzspannung von 1,2V wird
```

```
benutzt
        SD16INCTL0  = SD16INCH_4;  //ADC A4 an P1.1
        SD16AE = SD16AE1;          //P1.1  A+, A- = GND
        SD16CCTL0 |= SD16IE;       //Interrupt des ADC aktivieren
        SD16CCTL0 |= SD16UNI;      //Zahlenbereich von 0 bis FFFF
        SD16CCTL0 |= SD16XOSR;     //Oversampling; long filter
        SD16CCTL0 |= SD16OSR_512;  //Abtastrate = 651 = 16MHz/(48*1*512)
        SD16CCTL0 &= ~SD16SNGL;    //continous conversion
        SD16CCTL0 |= SD16SC;       //start conversion

        __bis_SR_register(LPM0_bits + GIE);
}



#pragma vector = SD16_VECTOR
__interrupt void SD16ISR (void)
{
   Uist = SD16MEM0;

   if (Uist > Utohigh)          //Überspannungsschutz
   {
        pwm = pwm >>1;          //Pulsweite auf die Hälfte reduzieren
   }
   else if(Uist > (Usoll+Utoleranz))
   {
        if (pwm > 1 )           //PWM Grundfrequenz soll nicht abbrechen
        {
            pwm--;
        }
        }
        else if(Uist < (Usoll-Utoleranz))
        {
            if(pwm < 1999 )     //PWM Grundfrequenz soll nicht abbrechen
            {
                    pwm++;
            }
        }
   CCR1=(2000-pwm);             //wegen des verwendeten OUTMOD des Timers
}
```

Ein Aufbau, wie im Bild 6.5 können bezüglich der Ausgangsspannung keine sehr hohe Qualität bieten. Der Mikrocontroller als Regler ist dafür zu langsam. Das liegt zu einem großen Teil an der Bereitstellung der Steuerspannung über die PWM und am Filter. Filter verursachen immer eine Verzögerung im Zeitbereich. Würde man die PWM und das Filter durch ein DA-Konverter-IC (DAC) ersetzen, ergäbe sich dennoch eine Zeitverzögerung durch die nicht beliebig schnelle Datenübertragung vom Mikrocontroller zum DAC.

6.2 Kurzschlussschutz und Strombegrenzung

Bisher ging es ausschließlich um das Konstanthalten der Spannung. Mehrmals hatte ich angemerkt, unter welchen Bedingungen der Ausgang kurzschlussfest ist. Tatsächlich müssen wir uns etwas mehr darum kümmern. Manchmal geht es nur um Kurzschluss und Überlastschutz; manchmal möchte man den maximal entnehmbaren Strom vorgeben/begrenzen.

Die Strombegrenzung lässt sich als eigenständige Funktionseinheit ergänzen. Es gibt mehrere Möglichkeiten dazu. In jedem Fall ist es erforderlich die Stromstärke zu erfassen. Dafür gibt es Spezial-ICs auf Basis des Halleffektes (siehe [4]). Bild 6.7 zeigt beispielhaft den inneren Aufbau eines solchen Stromsensors.

Vorteilhaft ist der praktisch nicht vorhandene Spannungsabfall in der stromführenden Leitung (im Bild 6.7 links mit IN+ und IN- gekennzeichnet). Für den Bastler und Erfinder nachteilig ist allerdings auch hier wieder die Verfügbarkeit und die vergleichsweise kurze Zeit bis zur Abkündigung des ICs. Die Verwendung eines Shunts ist jedoch immer möglich. Dieser wird vom Strom durchflossen. Die an ihm abfallende Spannung ist das Maß für den Strom $U \sim I$ bzw. $U = R \cdot I$. Die Spannung am Shunt muss so groß sein, dass sie als Messwert verwendet werden kann. Sie muss deutlich über der Rauschspannung liegen. Mit steigender Spannung verursacht der Shunt Verlustleistung. Für den Shunt gilt demnach das Gleiche wie für die Ballast-Widerstände beim Parallelschalten von Leistungstransistoren: Der Widerstandswert soll so klein wie möglich und nur so groß wie unbedingt notwendig sein.

Neben der Größe des Widerstandswertes muss entschieden werden, wo der Shunt in der Schaltung angeordnet wird. Es gibt zwei Möglichkeiten: in der Plusleitung (Minusleitung bei negativer Spannung gegen GND) oder in der Masse-Leitung. Das Einschleifen in die Masse-Leitung ist schaltungstechnisch einfacher, es kann aber nachteilig sein. Meistens möchte man ein Bezugspotential ohne „Hindernisse". Ganz konkret wird es problematisch, wenn zwei Stromversorgungsgeräte miteinander verbunden werden. Dann ist der Massebezug des angeschlossenen Gerätes nicht identisch mit der Netzteilschaltung. Besser ist also die Strommessung in der Plusleitung, in Reihe mit dem Leistungstransistor. Man nennt dies allgemein High-Side-Strommessung. Bei einem Netzgerät das negative Spannungen gegenüber GND liefert, wäre High-Side dann die Minusleitung. Sofern schon Ballast-Widerstände vorhanden sind (so wie im Bild 6.5), lässt sich einer davon gleichzeitig als Shunt nutzen.

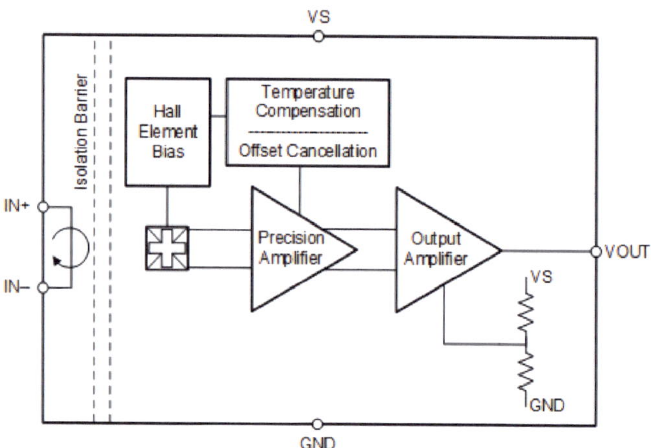

Bild 6.7: Blockschaltung eines Stromsensors auf Basis des Hall-Effektes. Hier der Typ AEC-Q100 von Texas Instruments. Dieser kann bei einer Versorgungsspannung von V_S=5 V Strom bis zu ±46 A messen.
Der zu messende Strom wird links über IN+ und IN- eingeschleift. Die zum Strom proportionale Spannung wird rechts an V_{OUT} abgenommen.

Ist die Position für den Shunt gefunden, wird noch eine Schaltung benötigt, die den Strom in eine gegen Masse (GND) messbare Gleichspannung umwandelt. Ich möchte hier zwei Möglichkeiten für die High-Side-Strommessung vorstellen. Diese sind im Bild 6.8 abgedruckt. Betrachten wir zunächst die linke Schaltung. Fließt ein Strom durch den Shunt, dann ist die Spannung links von ihm etwas größer als rechts. Die Spannung rechts vom Shunt steht aber auch am negativen Eingang des Operationsverstärkers an. Der Operationsverstärker öffnet nun den Transistor T1 so weit, dass der Spannungsabfall an R2 dem Spannungsabfall am Shunt entspricht. Dann nämlich ist die Spannung an den Eingängen des Operationsverstärkers *U+ - U- = 0 V.* Dieser Strom durch den Kollektor des Transistors ist dann

$$I_{R2}=\frac{U_{shunt}}{R2}$$

Dieser Strom fließt auch durch R1, so dass gilt

$$U_{J1}=\frac{U_{shunt}}{R2}\cdot R1 \qquad \{6.12\}$$

Mit der angegebenen Dimensionieren misst man *1 V* an R1, wenn durch R_{shunt} ein Strom von *1 A* fließt.

In der Schaltung rechts ist ein Differenzverstärker zu sehen. Dieser multipliziert die Spannung über R_{shunt} mit dem Verstärkungsfaktor

$$v=\frac{R4}{R2}=\frac{R3}{R1} \qquad \{6.13\}$$

Im vorliegenden Fall erzeugt ein Strom von *1 A* eine Spannung von *100 mV* über R_{shunt}, die um *v = 10* verstärkt, *1 V* am Ausgang des Operationsverstärkers ergibt.

Beide Schaltungen erzeugen die gleiche Ausgangsspannung. Sie sind aber nicht gleichwertig. Der Differenzverstärker rechts hat in der Regel eine geringere Bandbreite als der Strommessverstärker links. Er eignet sich daher besser zur Messung des gemittelten Stroms, der durch eine Last fließt. Die Strommessverstärker links kann hingegen auch schnellen Stromänderungen folgen.
Ein weiterer wichtiger Faktor, den es zu berücksichtigen gilt, ist die Gleichtaktunterdrückung (Common Mode Rejection; CMR). Da die Gleichtaktspannung an den Eingängen hoch ist, führt selbst eine kleine Asymmetrie zwischen den beiden Eingängen zu einem Fehler am Ausgang des Verstärkers. Der Differenzverstärker benötigt daher hochpräzise Widerstände, um den CMR-Faktor so gering wie möglich zu halten. Im Stromsensor-Verstärker links ist es hauptsächlich der Operationsverstärker, der den CMR-Fehler bestimmt, ein Parameter, für den der Hersteller des ICs verantwortlich ist.

Auf der anderen Seite kann ein Differenzverstärker (rechts) dank seine externen Widerstände leichter an sehr hohe Gleichtaktspannungen angepasst werden. Außerdem bilden die hohen Widerstände einen Schutz vor Transienten. Das macht den Differenzverstärker vergleichsweise robust. Die Stromaufnahme ist beim Strommessverstärker geringer als beim Differenzverstärker, da immer ein wenig Strom durch die Beschaltungswiderstände fließt. Bei den hier betrachteten Linearregler-Schaltungen spielt das aber keine Rolle.

Die an J1 verfügbare Spannung ist nun das Maß für den Strom $U_{J1} \sim I$. Diese Spannung kann nun verwendet werden um

a) einen Überlastschutz einzurichten oder um
b) eine Stromregelung zu verwirklichen.

Für a) wird z.B. mit Hilfe eines Komparators der Ausgang gesperrt, sobald der maximal erlaubte Ausgangsstrom überschritten wird. Für b) wird ein zweiter Regelkreis aufgebaut, mit dem anstelle der Ausgangsspannung der Ausgangsstrom konstant gehalten wird. Ein Beispiel für den zweiten Fall ist im nachfolgenden Nachbauprojekt „Isolated Source" verwirklicht.

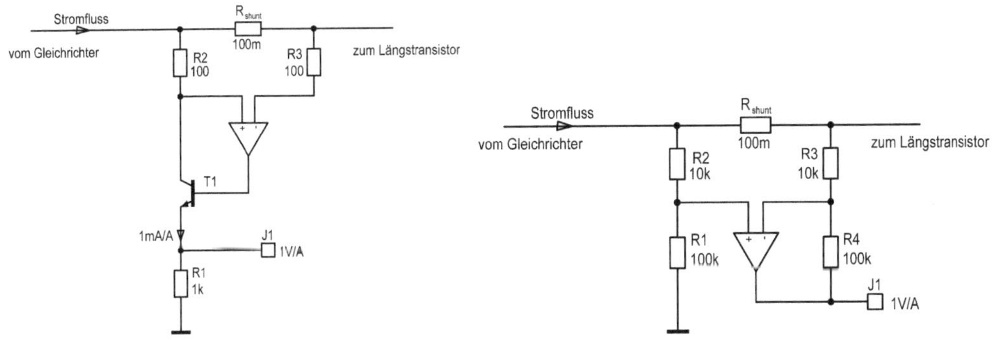

Bild 6.8: Zwei Möglichkeiten für die High-Side-Strom-Erfassung mit Shunt.

6.3 Isolated Source

Mein Shack wird von 10 Solarpaneelen im Inselbetrieb versorgt. Dazu habe ich ein 24 V Gleichspannungsnetz eingerichtet. Die meisten Geräte und Werkzeuge arbeiten mit dieser Spannung. Dazu gehört auch ein selbstgebautes Labornetzgerät, welches ich für die Entwicklung von elektronischen Schaltungen zur Signalverarbeitung nutze. Dieses kann Ausgangsspannungen von *±0....±13,8 V* liefern. Der maximale Ausgangsstrom ist *±0......±500 mA.*

Bei der Schaltungsentwicklung kommt oft der Wunsch nach einer potentialfreien Spannungsversorgung auf. Das funktioniert über Batterien bzw. Akkumulatoren oder über die hier vorgestellte „Isolated Source". Damit die Isolation der Ausgänge vom 24 V Netz gelingt habe ich einen hybriden Entwurf realisiert. Die gesamte Schaltung zeigt Bild 6.9.

Die Gleichspannung vom 24 V Netz gelangt über eine Feinsicherung und dem Schalter S1 zum DC/DC-Wandler TEN 15-2423WI der Firma TRACO-Power (Schweiz). Dieser Wandler (im Schaltbild U1) formt aus der Gleichspannung von 24 V zwei isolierte, potentialfreie Ausgangsspannungen: *+15 V* und *-15 V*. Da es sich um einen schaltenden Wandler handelt ist er reichlich mit Kondensatoren umgeben, welche die Schaltwechselspannung von der Ausgangsspannung und von der Umgebung fern halten sollen. An C1 und C16 steht dann die postive und negative Nutzspannung zur Verfügung. Über L1, C2, L2 und C6 wird die Restwechselspannung weiter gefiltert. Ab C2 folgt dann die rein lineare Spannungsaufbereitung für die positive Spannung und ab C6 entsprechend diejenige für die negative Spannung. Wer das Buch bis hierhin aufmerksam gelesen hat sollte keine Schwierigkeiten haben die Schaltung zu verstehen.

Als Referenzspannungserzeuger ist die Z-Diode D9 mit einer Nennspannung von $U_Z = 6{,}2\ V$ eingesetzt. Der Ausgangsspannungssollwert wird dann mit den Potentiometern R6 (für die negative Ausgangsspannung) und R4 (für die positive Ausgangsspannung) eingestellt. Der Operationsverstärker UC2 regelt die positive Ausgangsspannung. Der U2A entsprechend die negative Ausgangsspannung.

Die Regelschaltung für den positiven und negativen Zweig unterscheiden sich nur wenig. Der Ausgang des Reglers für die positive Spannung gelangt auf T3 und dann auf den Längstransistor T2. Diese Anordnung habe ich schon detailliert besprochen. Die Feedback-Leitung läuft über R28, hinter dem Shunt R2 und dem analogen Strommessinstrument, direkt von der Ausgangsklemme ausgehend. C21 verhindert eine Schwingneigung. Der Operationsverstärker ist als nicht invertierender Verstärker verschaltet. Hier nochmal der Hinweis, dass eine Verkleinerung von C21 eine schnellere Ausregelung zur Folge hat und mit einer größeren Schwingneigung einhergeht. Wer möchte kann also experimentieren und für C21 den kleinsten Wert ausfindig machen, bei der die Schaltung in jedem Betriebszustand stabil arbeitet.In diesem Projekt wird die Ausgangsspannung an K2 durch Verändern der Referenzspannung eingestellt. Nach dem Prinzip aus dem Bild 6.1 rechts. Als Vorteil kann man die Ausgangsspannung von 0 V an einstellen. Voraussetzung dafür ist, dass der verwendete Operationsverstärker U2C die Ausgangsspannung bis nahe GND senken kann.

Weiterhin ist bei dieser Schaltungsart der Stabilisierungsfaktor (also die Verstärkung des Regelkreises) konstant. Die maximale Ausgangsspannung ergibt sich hier für den positiven Ausgang (K2) dann zu:

$$U_{K2}=U_{C18}\cdot V=U_{C18}\cdot(1+\frac{R28}{R26})=U_{C18}\cdot(1+\frac{12\,k\Omega}{10\,k\Omega})$$

U_{C18} ist die Spannung am Schleifer des Potentiometers R4. Die maximale Ausgangsspannung an K2 ist dann rein rechnerisch

$$U_{K2max}=U_{C18max}\cdot V=6{,}2\,V\cdot 2{,}2=13{,}64\,V$$

Der negative Zweig unterscheidet sich im Wesentlichen nur dadurch, dass hier ein invertierender Verstärker zum Einsatz kommt. C20 ist entsprechend wie C21 beim positiven Zweig zur Unterdrückung der Schwingneigung. Für den negativen Ausgang (K7) gilt (Absolutbetrag; ohne Vorzeichen):

$$U_{K7}=U_{C8}\cdot V=U_{C8}\cdot\frac{R8}{R3}=U_{C8}\cdot\frac{120\,k\Omega}{47\,k\Omega}$$

U_{C8} ist die Spannung am Schleifer des Potentiometers R6. Die maximale Ausgangsspannung an K7 ist dann rein rechnerisch

$$U_{K7max}=U_{C8max}\cdot V=6{,}2\,V\cdot 2{,}55\approx 15{,}8\,V$$

Eine Besonderheit ist die Aufbereitung der Betriebsspannung für die vier Operationsverstärker, die sich allesamt in einem DIL14-Gehäuse befinden. Mit R7, D3 und C7 (positive Spannung) und R14, D4 und C5 (negativer Zweig). Dies hat sich als notwendig herausgestellt um kurzfristige Abschaltungen des DC/DC-Wandlers beim Überschreiten des maximalen Stroms zu überbrücken. Schaltet der Wandler ab, wird der Operationsverstärker noch von den Kondensatoren C5 und C7 versorgt. Die überbrückte Zeit reicht bis zum erneuten Einschalten des Wandlers.

Der Ausgangsstrom wird über den Shunt R2 erfassst. Bei einem Ausgangsstrom von $I_A = 500\ mA$ fallen darüber $U_{shunt} = 250\ mV$ ab. Diese werden mit dem als Differenzverstärker geschalteten Operationsverstärker U2D um den Faktor 25,6 (R39/R38=R37/R33) verstärkt. Am Potentiometer R1 stehen dann bis zu *6,4 V* an. Mit R1 wird der Einsatzpunkt der Strombegrenzung eingestellt. Über das Netzwerk R19, C10 und R18 wird beim Erreichen des Einsatzpunktes der Transistor T9 geöffnet und damit T3 bzw. T2 gedrosselt. Dann ist die Stromregelung aktiv. Die Stromregelung ist der Spannungsregelung überlagert. Bei aktiver Stromregelung ist die Spannungsregelung „außer Kraft" gesetzt.

Die Spannungs- und Stromregelung für die negative Ausgangsspannung funktionieren entsprechend.

Die maximale Verlustleistung an einem Längstransistor ergibt sich, wenn nur eine minimale Ausgangsspannung bei maximalem Strom entnommen wird. Rechnerisch geht man davon aus, dass die gesamte Spannung am Längstransistor abfällt (Kurzschlussfall):

$$P_{maxTT2} = P_{maxT4} = U_{max} \cdot I_{max} = 15V \cdot 0{,}5A = 7{,}5W$$

Die maximal erlaubte Leistung für diese Transistoren (BD136/BD137) ist P_{tot} = 12,5 W. Die Wärmeübergangswiderstände sind im Datenblatt angegeben mit R_{thJC} = *10 K/W* bzw. R_{thJA} = *100 K/W*. Geht man von einer Geräte-Innentemperatur von maximal ϑ_I = *40°C* aus, dann ist die maximale Sperrschicht-Temperatur erreicht bei einer in der Sperrschicht in Wärme umgesetzen elektrischen Leistung von

$$P_{Jmax} = \frac{\vartheta_J - \vartheta_A}{R_{thJA}} = \frac{150\,°C - 40\,°C}{100\,K/W} = 1{,}1\,W$$

Da aber bis zu *7,5 W* anfallen, ist eine Kühlmaßnahme erforderlich. Deshalb sind die Transistoren auf Stahlblech-Winkel (die lagen gerade in meiner Werkstatt herum) montiert. Jeder der beiden Längstransistoren ist auf einen eigenen, isoliert befestigten Stahlwinkel geschraubt. Dabei wurden die Transistoren einfach aufgeschraubt - ohne Isolationsmaterial (siehe Bild 6.11). Es reicht die Betrachtung der auf die Stahlwinkel montierter Transistoren. Erreicht werden muss ein Gesamtwärmeübergangswiderstand R_{thJA} von

$$R_{thJA} \leqslant \frac{T_J - T_A}{P_{max}} = \frac{150\,°C - 40\,°C}{7{,}5\,W} = 14{,}7\,K/W$$

Bei einer Messung wurde im Transistor T2 eine elektrische Leistung von P_{T2} = *2,6 W* umgesetzt (Ausgangsspannung an K2: *2 V*, Ausgangsstrom: *200 mA*). Die gemessene Temperatur am Stahlwinkel (Kühlkörper) stieg bis auf ϑ_S=*52,2 °C*. Die Umgebungstemperatur war ϑ_A = *23 °C*. Somit war der Temperaturanstieg Δ_K = *29,2 K*. Für den Wärme-übergangswiderstand des Kühlkörpers (Stahlwinkel) zur Umgebungsluft im montierten Zustand gilt demnach

$$R_{thSA} = \frac{29{,}2\,K}{2{,}6\,W} = 11{,}23\,K/W$$

Dem aufmerksamen Leser sollte nicht entgangen sein, dass dies nicht ausreicht, denn der gesamte Wärmeübergangswiderstand ist dann

$$R_{thJA} = R_{thJC} + R_{thCS} + R_{thSA} = 10\,K/W + 0{,}5\,K/W + 11{,}23\,K/W = 21{,}73\,K/W$$

R_{thCS} aus dem Datenblatt des Transistors T2
R_{thCS} bei sauberer Montage des Transistors ohne Isolation gemäß Kapitel 4
R_{thSA} nach Messung berechnet

Als Folge darf ich den Kurzschluss bei meinem Gerät nicht beliebig lange anstehen lassen. Wer tatsächlich den Kurzschlussfall beliebig lange akzeptieren will muss weitere Kühlmaßnahmen einbringen. Das könnte ein Ventilator sein, der die Kühlbleche anblässt oder einfach größere Kühlbleche.

Die LEDs D1 und D2 zeigen an, wenn eine Ausgangsspannung ansteht (die größer ist als die Schwellspannung der LEDs).

Zur Anzeige von Strom und Spannung habe ich Einbau-Drehspulmesswerke benutzt (siehe Bild 6.12). Diese benötigen keine gesonderte Spannungsversorgung. Die für die Anzeige (Zeigerausschlag) benötigte Energiemenge entnehmen die Instrumente dem zu messenden Signal selbst. Außerdem enthalten sie keine Bauteile, die einen (emittierenden) Takt produzieren.

Wer das Gerät aus dem 230 V Netz betreiben möchte, entfernt den Wandler U1 sowie die Kondensatoren C12, C13, C14 und C15. Ersatzweise kann man ein fertiges Schaltnetzteil *230 V~/2x15 V=* nutzen oder zwei getrennte Schaltnetzteile mit jeweils *230 V~/15 V=*. Für die Qualität der Ausgangsspannung ist es bedeutend besser einen Netztransformator mit *2x 12 V~* mit einem Gleichrichter wie im Bild 6.13 zu verwenden. Die Kondensatoren C1 und C16 sollten in diesem Fall durch solche mit einer Kapazität von jeweils *1 mF* ersetzt werden.
Den Brückengleichrichter Br1 kann man alternativ aus vier Dioden aufbauen. Diese müssen für den Strom und die Spannung geeignet sein. Zum Beispiel die bekannten Typen 1N400x (das x kann eine Zahl zwischen 1 und 7 sein).

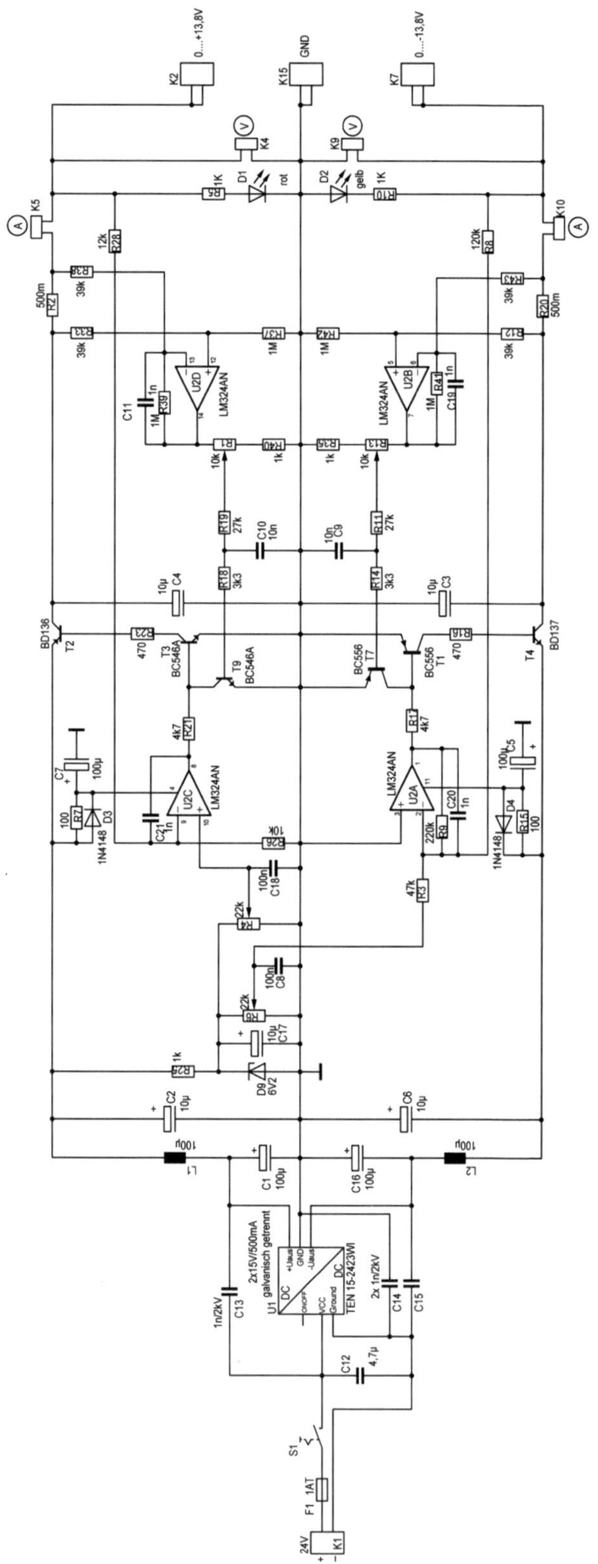

Bild 6.9: Schaltung der „Isolated Source" - Laborstromversorgung für die Entwicklung von Signal-Elektronik im Shack.

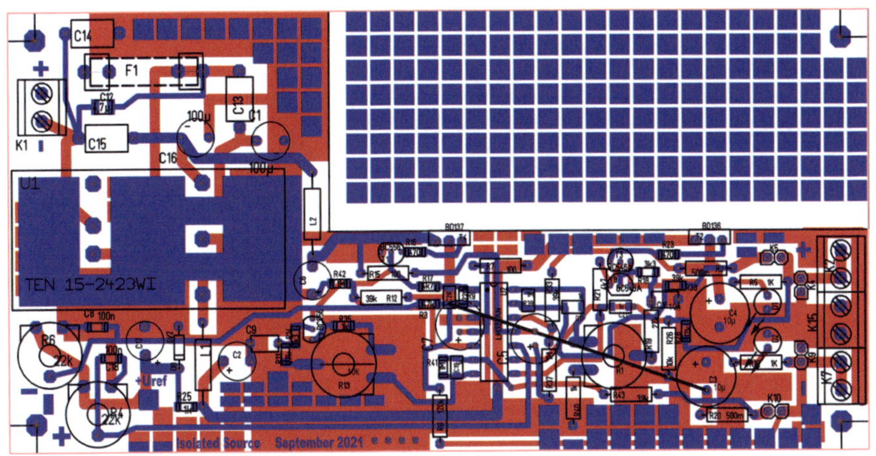

Bild 6.10: Platinenlayout zum Schaltbild aus Bild 6.9.
Maße des Originals: 160 mm x 80 mm.

Bild 6.11: Bestückte Platine, zugehörig zum Schaltbild
Bild 6.9 und zum Platinenlayout Bild 6.10.
Die Leistungstransistoren T2 und T4 sind jeweils auf einen Stahlwinkel geschraubt.

Bild 6.12: „Isolated Source" - das fertige Gerät, eingebaut in ein Holzgehäuse für Weinflaschen. Links: Blick von oben bei abgenommenen Deckel.
Rechts: Blick von vorne auf das fertige Gerät.

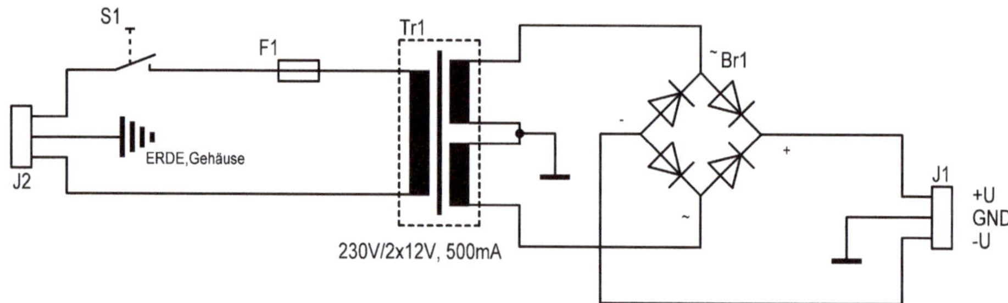

Bild 6.13: Vorschlag für die Versorgung der „Isolated Source" aus dem 230-V-Netz.

6.4 G02-Labornetzteil

In meinem Ortsverband *G02* des *DARC e.V.* ergab es sich, dass eine Reihe von Stromversorgungsgeräten zur Prüfung bzw. Reparatur anstanden. Unter anderem auch das im Bild 6.14 abgebildete Netzteil mit einstellbarer Ausgangsspannung und einstellbarem Ausgangsstrom. Das Gerät war offensichtlich selbst gebaut. Leider funktionierte es nicht. Es gab auch keine technischen Unterlagen dazu. Eine Reparatur war deshalb ausgeschlossen.

Wegwerfen (neudeutsch „Entsorgen") ist für mich immer die allerschlechteste Lösung. Die Weltmeere sind schon überfüllt mit Unrat aller Art. Ich finde es scheußlich in verunreinigtem Wasser zu schwimmen oder vergiftete Fische zu essen. Ich möchte das auch nicht meinen Nachkommen zumuten. Außerdem stecken in den Bauteilen selbst viele wertvolle Rohstoffe, die mühevoll der Erde entnommen und aufgearbeitet wurden. Deshalb - und weil es Spaß macht und nichts kostet - verwende ich sehr gerne Altmaterial, dass ich irgendwo ausbauen kann. So haben wir beschlossen, alle Bauteile des Gerätes auszubauen und für spätere Projekte aufzubewahren. In das dann leere Gehäuse haben wir dann ein neues Labornetzgerät eingebaut. Geplant war, dass von dem alten Netzteil das Gehäuse, die beiden Drehspulinstrumente, die Bedienelemente, der an der Rückseite von außen angebrachte Kühlkörper sowie der Sicherungshalter übernommen werden. Die ausgebauten und nicht wiederverwendeten Bauteile gehören jetzt zum Vorrat in unserem Shack im HGG (Heilig- Geist-Gymnasium). Da der Ortsverband *G02* nicht über ein Labornetzeil verfügte, sollte das neue Gerät diesen Zweck erfüllen. Dazu gehörte natürlich eine einstellbare Ausgangsgleichspannung und ein einstellbarer Ausgangsstrom. Das neue Labornetzteil sollte natürlich mit linearer Technik arbeiten. Es sollten Ausgangsspannungen von *0....30 V* einstellbar sein. Der Ausgangsstrom sollte bis zu *3 A* betragen können.

Ein Funkkollege steuerte zwei Ringkerntransformatoren (Bild 6.15) bei. Das brachte uns auf die Idee je nach geforderter Ausgangsspannung einen oder beide Transformatoren zu nutzen. Die Umschaltung wird von einem Relais vorgenommen. Das Relais schaltet zwischen einem Transformator und beiden in Reihe geschalteten Transformatoren um. Diese Maßnahme senkt die bei Linearnetzteilen anfallende Wärmeleistung.

Die Spannungsregelung erfolgt linear mit Hilfe eines Operationsverstärkers. Es gibt keine Schaltvorgänge im Leistungsteil. Die Steuerung und Überwachung wird aber von einem Mikrocontroller MSP430G2553 gemacht.

Bild 6.16 zeit das Schaltbild. Der mit gestrichelter Linie umrahmte Bereich enthält die Steuerplatine. Die außerhalb befindlichen Bauteile sind frei verdrahtet.

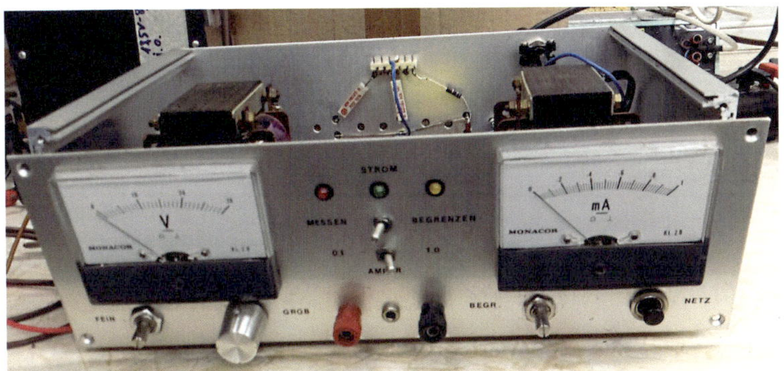

Bild 6.14: Das alte Netzteil, dessen Gehäuse für das neue G02-Labornetzteil verwendet wurde.

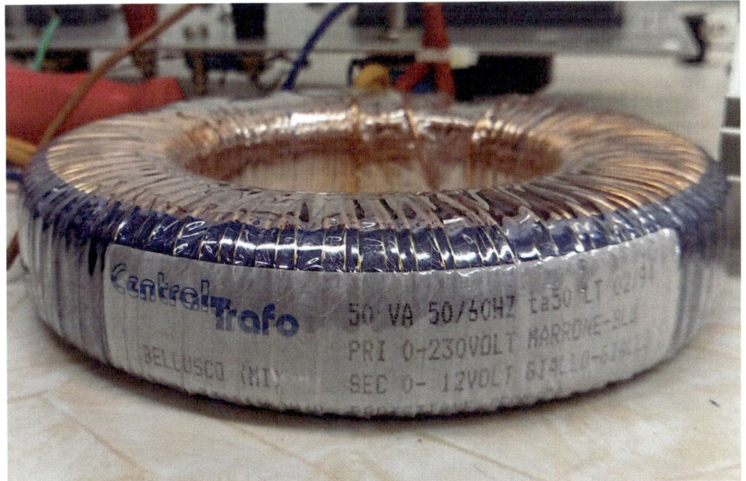

Bild 6.15: Einer der verwendeten Ringkerntransformatoren.

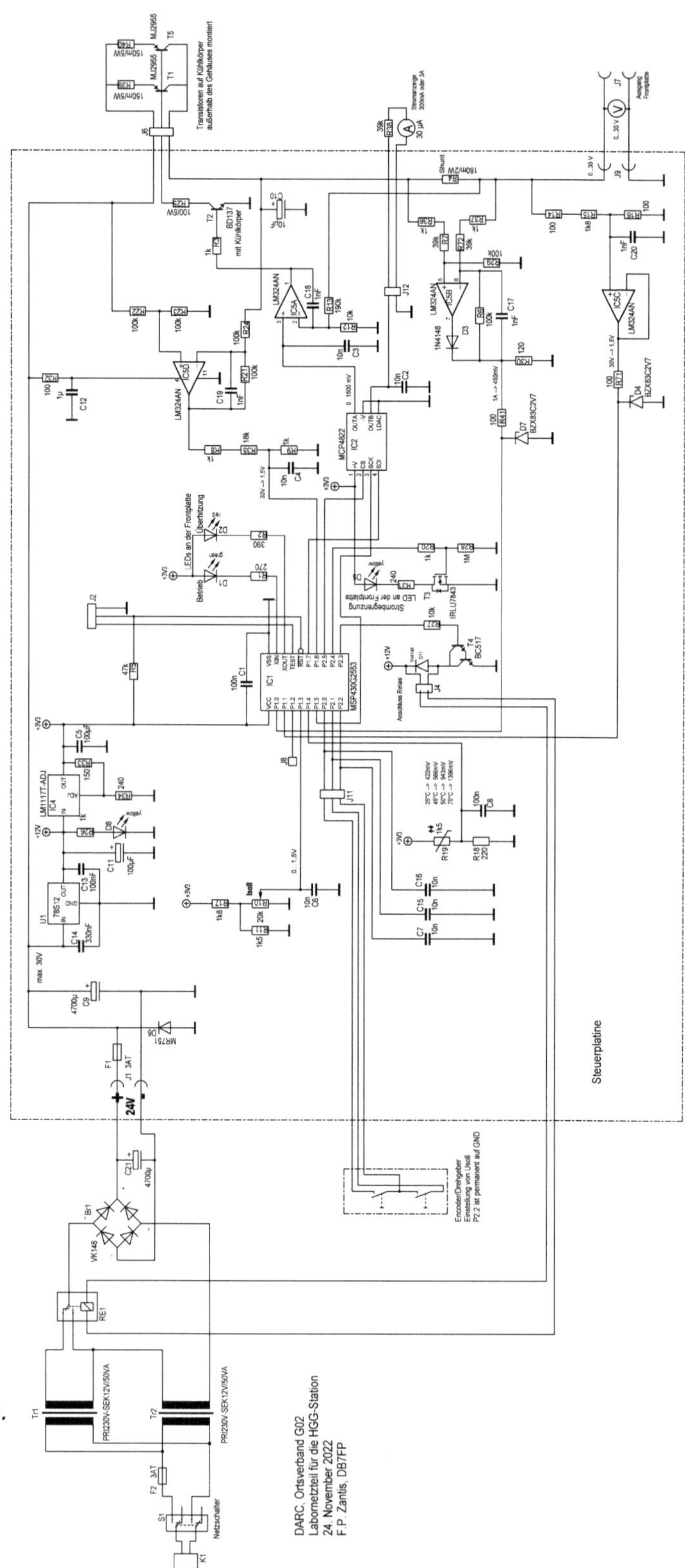

Bild 6.16a: Schaltbild des neuen G02-Labornetzteils. Hinweis: An J8 ist der Umschalter für den Messbereich angeschlossen. Dabei handelt es sich um einen Schalter nach GND (siehe Text).

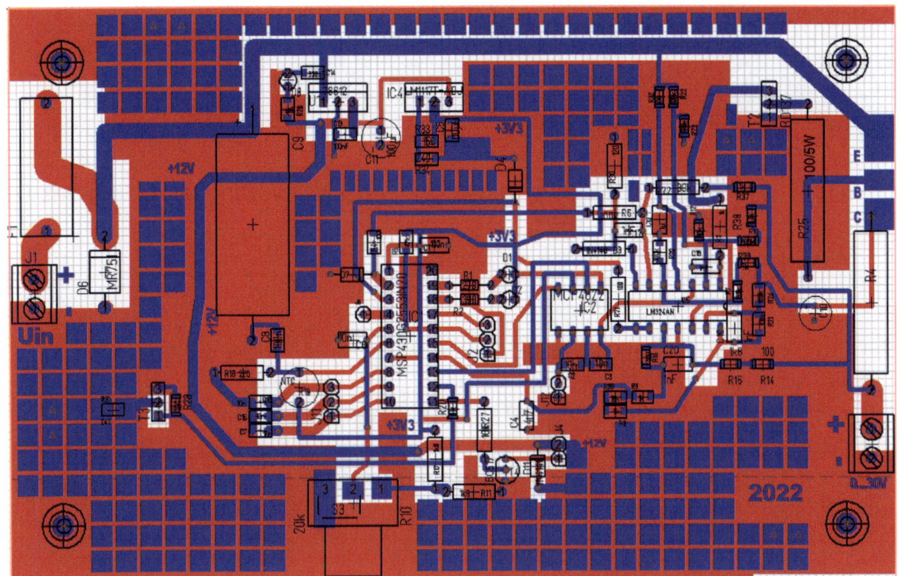

Bild 6.16b: Vorschlag für ein Platinenlayout zur Schaltung nach Bild 6.16a. Die Quadrate auf der Bestückungsseite (blau) können für spätere Modifikationen genutzt werden. Außerdem bleibt damit mehr Kupfer auf der Platine statt in unserer Umwelt. Die Originalabmessungen sind gemäß dem Europakarten-Format (160 mm x 100 mm).

6.4.1 Spannungsregelung

Der lineare Regelkreis für die Ausgangsspannung in der Schaltung vom Labornetzteil G02 (Bild 6.16a) ist mit dem Operationsverstärker IC5A (1/4 LM324) analog realisiert. Die Schaltung entspricht dem Standardprinzip, welches z.B. in [1] beschrieben ist. Die Ausgangsspannung wird allerdings nicht, wie üblicherweise über die Rückkopplung eingestellt, sondern über eine Referenzspannung. Meistens ist die Referenzspannung konstant. Im Labornetzteil *G02* ist das anders. Die Höhe der Referenzspannung und damit die Ausgangsspannung wird mit Hilfe des DA-Wandlers IC2 (MCP4822) vorgegeben. Die Rückkopplung ist vom Spannungsausgang an J7 über R13 zum negativen Eingang des Operationsverstärkers fest verdrahtet. Der Ausgang des Operationsverstärkers steuert den Treibertransistor T2 (BD137). Dieser speist dann die beiden parallel geschalteten Leistungstransistoren T1 und T5 (jeweils vom Typ MJ2955). Man kann die beiden parallel geschalteten Transistoren als einen Transistor auffassen. Für die Stromverstärkung gilt $B_{T1} = B_{T2} = B \geq 15$. Insgesamt sollen bis zu $I_A = 3\,A$ Ausgangsstrom fließen können. Der vom Transistor T2 zu liefernde Treiberstrom kann dann Werte annehmen bis zu

$$I_{CT2} \leq \frac{I_{Amax}}{B_{T1}} = \frac{I_{Amax}}{B_{T5}}$$

$$I_{CT2} \leq \frac{3\,A}{15} = 200\,mA$$

Im Datenblatt von T2 findet man für die Stromverstärkung $B \geq 25$. Der erforderliche Basisstrom ist dann

$$I_{BCT2} \leqslant \frac{I_{CT2}}{B} = \frac{200\,mA}{25} = 8\,mA$$

Diesen Strom kann der Operationsverstärker liefern. Die Ausgangsspannung des Operationsverstärkers muss dann den Wert

$$U_{OUTIC5A} = R3 \cdot I_{BT2} + U_{BET2} = 1000\,\Omega \cdot 8 \cdot 10^{-3} A + 0{,}7\,V = 8{,}7\,V$$

annehmen. Diese Spannung kann der Operationsverstärker ebenfalls liefern.

Die Referenzspannung U_{OUTA} kommt, wie erwähnt, vom DA-Wandler (DAU) IC2 und steht dort am Ausgang OUTA an. Der Mikrocontroller (IC1) stellt den DAU so ein, dass der Ausgang Werte zwischen *0* und *1500 mV* annehmen kann. Die Verstärkung des Operationsverstärkers ist

$$V = 1 + \frac{R13}{R12} = 1 + \frac{190\,k\Omega}{10\,k\Omega} = 20$$

Treiber- und Leistungstransistoren liegen im Rückkopplungsweg des Operationsverstärkers. Relevant ist also die Spannung an J7.

$$U_{J7} = U_{OUTA} \cdot 20$$

Die dort maximal mögliche, am Rückkopplungswiderstand R13 anstehende Spannung ist dann

$$U_{J7} = 1500\,mV \cdot 20 = 30\,V$$

Das entspricht der gewünschten maximalen Ausgangsspannung. Allerdings wird dieser Wert in unserem Gerät nicht ganz erreicht, weil die Ausgangsspannung der Transformatoren mit $U_{sek} = 12\ V$ dafür etwas zu klein ist.

Der DAU wird vom Mikrocontroller über einen SPI-Bus [10] eingestellt. Zu diesem gehören die Verbindungen CS (Chip-Select) über P2.5, SCK (Takt) über P1.5 und SDI (Daten) über P1.7.

Die Vorgabe der Ausgangsspannung (und damit der Referenzspannung) geschieht mit einem Drehimpulsgeber (Encoder). Dieser belegt permanent die drei Anschlüsse P2.0, P2.1 und P2.2 des Mikrocontrollers. Dabei ist P2.2 im Mikrocontroller permanent auf GND gelegt. Die Vorgabe mit Encoder hat gegenüber einer Lösung mit Potentiometer und nachgeschaltetem AD-Wandler den Vorteil, dass es keine Schwankungen der Ausgangsspannung durch Quantisierungsfehler gibt. Nach dem Loslassen des Encoders ändert sich die Referenzspannung nicht mehr. Wie der Encoder funktioniert und wie man ihn in der Software abfragt ist in [10] beschrieben.

Die Anzeige der Ausgangsspannung geschieht mit einem Drehspulmesswerk direkt an der Ausgangsklemme J7. Diese Messwerke haben gegenüber den digitalen Standardanzeigen viele Vorteile: Sie benötigen keine extra Spannungsversorgung und sie enthalten keine getakteten Elemente welche Störungen verursachen. Wir konnten das bereits vorhandene Instrument wiederverwenden.

6.4.2 Stromregelung

Die Stromregelung des Labornetzteils erfolgt im Mikrocontroller, also digital. Die Vorgabe des Ausgangsstroms I_{soll} *geschieht* mit dem Potentiometer R10. Am Schleifer des Potentiometers kann die Spannung zwischen *0* und *1,5 V* eingestellt werden. Diese Spannung steht stellvertretend für den Ausgangsstrom I_A = *0....3 A*. Die Schleiferspannung wird im Mikrocontroller mit Hilfe eines 10-Bit-AD-Wandlers in eine Ganzzahl von *0* bis *1023* umgewandelt.

Die Erfassung des aktuellen Ausgangsstroms I_{ist} geschieht mit dem Operationsverstärker IC5B. Dieser ist als Differenzverstärker geschaltet. Gemessen wird die Spannung am Shunt R4 (*180 mΩ*). Fließt ein Ausgangsstrom von *1 A*, so fällt an diesem Shunt eine Spannung von *180 mV* ab. Diese Spannung wird mit dem Faktor 2,5 verstärkt. Am Ausgang des Operationsverstärkers misst man dann eine Spannung von *450 mV* pro Ampere Ausgangsstrom. Die maximale Ausgangsspannung bei *3 A* Ausgangsstrom ist dann *1350 mV*. Über P1.0 wird diese Spannung vom ADU in einen Zahlenwert umgewandelt. Zu einem Ausgangsstrom I_A = *3 A* (bzw. *1350 mV*) beträgt dieser Wert rein rechnerisch 920,7. Tatsächlich vom ADU geliefert wird dann 920 oder 921.

Die Anzeige des Ausgangsstroms erfolgt über den zweiten Ausgang von IC2 (DAC). Der Mikrocontroller sendet diesem zweiten DAC einen Wert, der dem Ausgangsstrom entspricht und vom an P1.0 anstehenden Spannungswert abgeleitet wird. Die Anzeige erfolgt, wie bei der Ausgangsspannung, über ein Drehspulinstrument. Wir haben das vorhandene Instrument (Vollausschlag bei *1 mA*) gegen eines mit *30-µA*-Vollausschlag ausgetauscht. Das passt besser zu den geplanten Ausgangsströmen bzw. Anzeigebereichen *0....300 mA* und *0....3 A*. Deshalb ist der Widerstand R38 mit *39 kΩ* vorgesehen. Der Innenwiderstand des eingebauten Mikroamperemeters beträgt R_M = *6500 Ω*. Um den Strom von I_M = *30 µA für Vollausschlag zu erhalten ist demnach eine Spannung* U_M am Messgerät notwendig von

$$U_M = (R38 + R_M) \cdot I_M = (39000\,\Omega + 6500\,\Omega) \cdot 30\,\mu A = 1365\,mV$$

Diese Spannung muss am Ausgang des DAC (Ausgang O_{UTB}) für Vollausschlag bereitstehen.

Die Umschaltung des Messbereichs ist realisiert mit der Auswertung von P1.2. An diesem Pin des Mikrocontrollers ist der Schalter für die Messbereichsumschaltung angeschlossen (siehe Bild 6.18). Ist der Schalter offen, liegt ein High-Signal an (*3,3V*) und der Messbereich mit *300 mA* Vollausschlag ist aktiv. Entsprechend wird bereits bei einem vom ADU gelieferten Wert von *92* der DAU so eingestellt, dass *1365 mV* an der Klemme J12 anliegen. In der verwendeten Beschaltung liefert der DAU (MCP4822) am Ausgang U_{OUTB} = *2048 mV*, wenn der Integerwert 4095 übertragen wird. Für Vollausschlag des Drehspulinstrumentes muss also der Zahlenwert

$$D=\frac{4095}{2048\,mV}\cdot 1365\,mV=2729$$

übertragen werden. Der vom ADU gelieferte Wert von *92* muss somit mit *29,7* multipliziert werden. In der Praxis stellte sich dieser Wert als etwas zu hoch heraus. Deshalb ist im Programmcode ein Multiplikator von 27 eingetragen. Der Unterschied kann durch Toleranzen der Bauteile herrühren.

Ist der mit J8 verbundene Schalter geschlossen, liegt P1.2 auf GND und der Messbereich mit *3 A* ist aktiv. Der Multiplikator reduziert sich dann rein rechnerisch auf einem Zehntel des ursprünglichen Wertes: also 2,7. Im Programmcode habe ich aber nach Tests 2,69 eingetragen.

Wir haben für die Stromeinstellung das bereits vorhandene 10-Gang-Potentiometer des Altgerätes verwenden können. Dieses hat einen Widerstandswert von *20 kΩ* (R10). Um den Einstellbereich von *0* bis *1,5 V* zu gewährleisten, musste R11 parallel geschaltet werden. Die Einstellcharakteristik ist dadurch nichtlinear, was aber nicht stört, da der Strom sowieso (genau wie die Spannung) vom Drehspulmesswerk angezeigt wird.

6.4.3 Wärmeleistung, Ausgangsspannung und Temperatur

Der Baustein LM324 beinhaltet insgesamt vier Operationsverstärker. Die beiden noch nicht angesprochenen Operationsverstärker sind für weitere Funktionen vorgesehen.

IC5D liefert den Spannungsabfall an den beiden parallel geschalteten Leistungstransistoren U_{CE}. Auch hier wurde ein Differenzverstärker eingesetzt. Der Spannungsabfall wird 1:1 am Ausgang des Operationsverstärkers abgebildet und mit dem nachfolgenden Spannungsteiler R8, R35 und R9 so herunter geteilt, dass am ADU über P1.6 eine Spannung von *1,5 V* (entsprechend Vollaussteuerung des ADU) angeboten wird, wenn der Spannungsabfall an den Transistoren *30 V* beträgt. Zusammen mit dem gemessenen Strom kann man damit in der Software die Wärmeleistung ermitteln. Damit könnte man vorausschauend z.B. einen Lüfter schalten oder eine Warnlampe. Im Projekt hier ist das jedoch nicht umgesetzt.

IC5C liefert einen Wert für die aktuelle Ausgangsspannung. Auch dieser Wert wird hier nicht verwendet. Man könnte damit eine zweite Spannungsregelung realisieren, die dem analogen Regelkreis überlagert ist.

Wie erwähnt sind im Projekt zwei Ringkerntransformatoren verbaut (Tr1, Tr2). Jeder liefert eine sekundäre Nennspannung von *12 V*. Über das Relais RE1 wird entweder nur Tr2 genutzt oder in Reihe mit Tr1. So lange nur eine kleine Ausgangsspannung gefordert wird, ist nur Tr2 in Betrieb. Erst ab einer gewünschten Ausgangsspannung von $U_{soll} = 14\ V$ wird das Relais über P2.3 und T4 aktiv geschaltet und beide Transformatoren liegen in Reihe. Sinkt die gewünschte Ausgangsspannung unter $U_{soll} = 12\ V$ fällt das Relais ab und nur Tr2 ist in Betrieb. Die Hysterese beträgt also *2 V*. Bei der Auswahl des Relais ist natürlich zu beachten, dass dieses den auftretenden Strom schalten kann.

Zwei Möglichkeiten für Temperaturmessungen sind vorgesehen. Der Mikrocontroller besitzt intern einen eingebauten, auf dem Chip befindlichen Temperatursensor, der mit Hilfe des integrierten ADUs ausgegeben werden kann. Da der Mikrocontroller selbst nur sehr wenig Strom benötigt und sich deshalb nicht merklich erwärmt (ein Herausstellungsmerkmal der MSP430-Mikrocontroller), kann man mit dem internen Temperatursensor die Lufttemperatur im Gehäuseinnern messen.

Dann gibt es noch R19. Dabei handelt es sich um einen NTC. Hier der Typ B57164 von der Firma EPCOS mit einem Widerstand von *1,5 kΩ* bei *25 °C* und einem B-Wert von *3900*. Mit Hilfe eines Spannungsteilers bestehend aus R19 und R18 kann man über P1.4 eine Spannung einlesen, die entsprechend der Temperatur steigt oder fällt. Man kann den NTC z.B. auf den Kühlkörper der Leistungstransistoren kleben und so dessen Temperatur überwachen. Mit der angegebenen Dimensionierung gilt für die Temperatur ϑ in °C:

$$\frac{\vartheta}{°C} = f(U_{C8}) - 8{,}912 \cdot U_{C8}^2 + 60 \cdot U_{C8} + 1{,}315 \qquad \{6.14\}$$

mit $U_{R18} = U_{C8}$ in *mV und* für $0 \leq U_{C8} \leq 1500\ mV$

bzw. nach der AD-Wandlung mit dem 10-Bit-ADU

$$U_{C8} = \frac{U_{ref}}{2^{10}-1} \cdot ADU_{wert} \text{ mit } ADU_{wert} = 0 \ldots 1023$$

eingesetzt und zusammengefaßt:

$$\frac{\vartheta}{°C} = -19{,}16 \cdot 10^{-6} \cdot ADU_{wert}^2 + 88 \cdot 10^{-3} \cdot ADU_{wert} + 1{,}315 \qquad \{6.15\}$$

Das zugehörige Diagramm ist im Bild 6.16 abgebildet.

In unserem Gerät werden keine Temperaturen ausgewertet - vielleicht werde ich das irgendwann einmal ergänzen. Da es sich um einen kleinen Mikrocontroller handelt, empfiehlt es sich, die Werte einem Array zuzuordnen und im FLASH-Speicher abzulegen. Das ist schneller und benötigt weniger Speicherplatz als die Quadratische Funktionsgleichung mit der CPU auszuwerten (siehe dazu auch [10] und [11]).

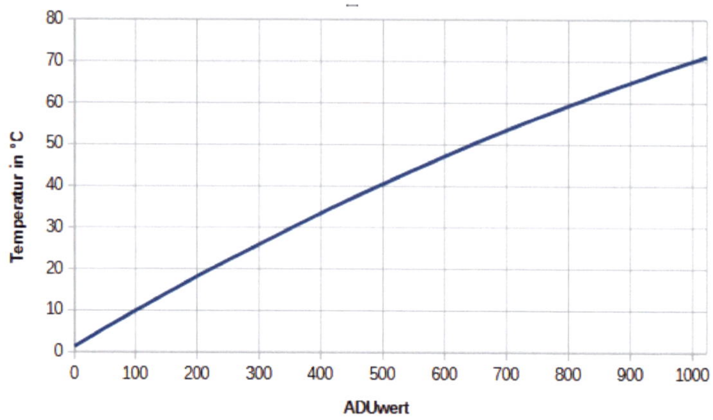

Bild 6.17: Zusammenhang zwischen dem vom ADU gelieferten Wert und der am Sensor R19 vorhandenen Temperatur.

6.4.4 Energie und Fertig

Die Energie bezieht das Netzteil aus dem 230-V-Versorgungsnetz. Entsprechend ist der zweipolige Netzschalter S1 vorgesehen. Die Energie läuft über die Gerätesicherung F2. Diese befindet sich in einem Schraubgehäuse und ist an der Rückseite des Gerätes zugänglich. Wichtig ist, dass die vom Versorgungsnetz kommende Erdleitung (grün-gelb) mit allen Metallteilen des Gehäuses verbunden ist. Das ist nicht die einzige Maßnahme für einen elektrisch sicheren Aufbau. In [1] hatte ich zum Thema elektrisch sicherer Aufbau schon einiges geschrieben.

In unserem Gerät sind die beiden Ringkerntransformatoren übereinander angeordnet. Das Relais RE1 wird über T4 vom Mikrocontroller angesteuert (P2.3).

Wir haben den Brückengleichrichter VK148 eingebaut, weil dieser gerade zur Verfügung stand. Man kann jeden Brückengleichrichter verwenden, der die anliegende Spannung aushält und den Strom tragen kann.

Für die Versorgung des Mikrocontrollers und das Relais sind zwei Festspannungsregler (U1 und IC4) vorgesehen. Die LED D8 signalisiert das Vorhandensein der 12V-Versorgung.

Bild 6.18 zeigt das fertige Gerät von vorne. Es wird gerne bei den Mittwochstreffen von G02 im HGG (Heilig Geist Gymnasium) für unterschiedlichste Anwendungsfälle eingesetzt. Der obere Schalter hat übrigens keine Funktion. Darunter ist der Umschalter für den Strombereich. Die grüne LED in der Mitte zeigt an, dass das Gerät eingeschaltet ist. Rechts davon ist die gelbe LED, die anzeigt, wenn die Strombegrenzung aktiv ist. Die linke LED hat keine Funktion. Man könnte sie zum Beispiel im Zusammenhang mit der Temperaturmessung nutzen und signalisieren, wenn die Temperatur am Kühlkörper einen bestimmten Wert übersteigt.Bild 6.19 zeigt die Rückseite. Die beiden Leistungstransistoren sind auf einem blanken Kühlkörper aus Aluminium geschraubt. Dieser hat die Abmessungen *300 x 71 mm*. Der Wärmeübergangswiderstand eines ähnlichen Kühlkörpers wird vom Hersteller mit $R_{thSA} = 2\ K/W$ prognostiziert.

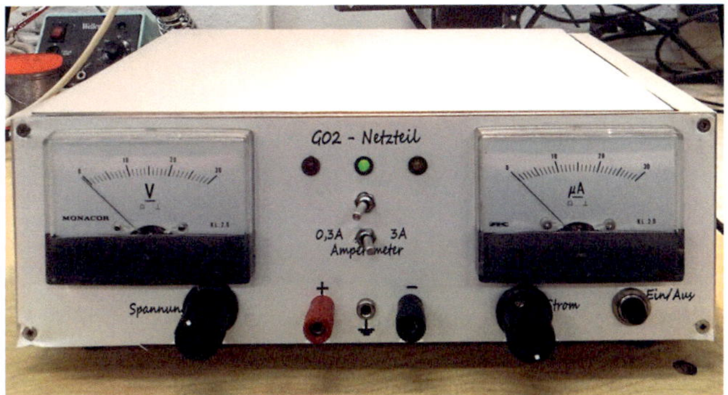

Bild 6.18: Frontansicht des neuen Netzgerätes.

Bild 6.19: Rückansicht mit dem außen angebrachten Kühlkörper und den beiden Leistungstransistoren MJ2955. Oben links der Sicherungshalter und das Netzkabel.

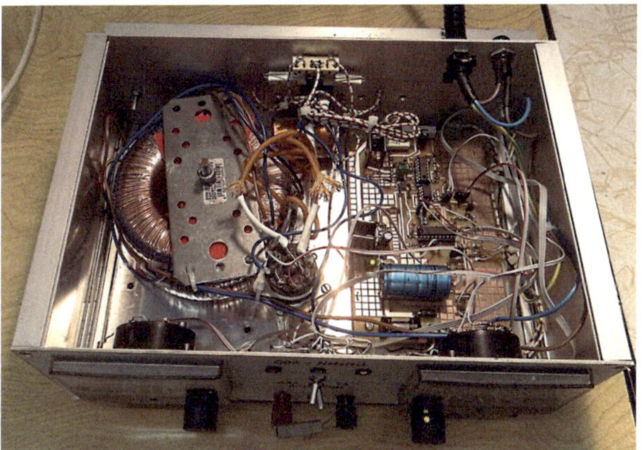

Bild 6.20: Blick in das Innere des Gerätes.

Bild 6.20 zeigt das Geräteinnere. Die beiden Ringkerntransformatoren sind übereinander angeordnet und links positioniert. Sie sind mit einer langen M5-Schraube und einem Blech befestigt. Unten rechts von den Transformatoren sind die Anschlüsse des runden Relais zu sehen. Das Relais ist uralt aber voll funktionsfähig. An der Rückseite sind die Balance-Widerstände (R39 und R40) der Leistungstransistoren zu sehen.

6.4.5 Programm des Mikrocontrollers

Das nachfolgend abgedruckte und von mir implementierte Programm bietet nur die wichtigsten Funktionen:

- Einstellen und vorgeben der Ausgangsspannung
- Prüfen des Ausgangsstroms
- Ausgangsstrom regeln/begrenzen
- Strombegrenzung anzeigen
- Umschalten der Eingangsspannung, also der Transformatoren, je nach gewünschter Ausgangsspannung

Ich habe die Programmierumgebung "CodeComposer 6.2.0" verwendet. Dabei habe ich wie in [2] beschrieben, ein älteres LauchPad benutzt und von dort den SpiBiWire-Bus angezapft. Jedenfalls ist noch sehr viel Platz im Mikrocontroller. Der RAM-Speicher wird nur zu 19% genutzt und der FLASH-Speicher (Programmspeicher) zu 21%. Somit können noch leicht andere Funktionen implementiert werden. Zum Beispiel die Überwachung der Temperatur im Geräteinnern und am Kühlkörper um damit dann einen Lüfter zu schalten oder eine LED, zum Beispiel die noch nicht benutzte LED D2.

Bei der Programmierung kann [10] hilfreich sein oder der zugehörige Kurs an der VHS in Köln. Ich habe aber den Programmcode extra sorgfältig dokumentiert, so dass er gut verständlich sein sollte.

```
/*  Software für das G02-Netzteil; Stand: 2. Dezember 2022, Franz Peter Zantis
DB7FP
 *  Mikrocontroller: MSP430G2553; Encoder-Eingänge: P2.0, P2.1, P2.2
 * Stromanzeige über DAU OUTB */
#include <msp430G2553.h>
unsigned int adcinput = 0;      //Zähler für die ADC-Eingangskanäle
unsigned int iist;              //Istwert des Stroms vom ADC über P1.0
unsigned int ianzeige;          //Wert für die Stromanzeige über DAU, OUTB
unsigned int isoll;             //Stromvorgabe vom ADC über P1.3
unsigned int uist;              //Spannungs-Istwert vom ADC über P1.1
unsigned int usoll;             //Spannungs-Wunschwert vom Drehimpulsgeber
(Encoder)
unsigned int Uce;               //Spannung an den Leistungstransistoren vom ADC
über P1.6
unsigned int coolblock;         //Temperaturwert vom Sensor R19 vom ADC über P1.4
unsigned int DAUwert;           //Wert für den DAU, OUTA
unsigned int flagRELAIS = 0;    //0 --> Relais ist aktiv; 1 --> Relais ist nicht
aktiv
unsigned int flagstrombegrenzung;       //Strombegrenzung/Stromregelung ist aktiv
void sendtoDAU(unsigned int, unsigned int);     //vorbereiteten Wert über SPI zum
DAU senden

int main(void)
```

```
{  WDTCTL = WDTPW | WDTHOLD;    //Stop watchdog timer
   BCSCTL1 = CALBC1_16MHZ;      //DCOCLK = 16 MHz
   BCSCTL2 = 0;                 //MCLK = SMCLK = DCOCLK
   DCOCTL = CALDCO_16MHZ;       //DCOCLK = 16 MHz

   P1DIR = 0x00;        //P1.x Presetting: Port1 alle auf Eingang
   P1REN = 0x00;        //P1.x Presetting: Port1 keine pullup/pulldown-Widerstände

   P1REN |= BIT0;               //P1.0 mit Pullup/Pulldown
   P1OUT &= ~BIT0;              //P1.0 mit Pulldown
   P1SEL |= BIT0;               //P1.0 für ADC-input, Strommessung
   P1SEL |= BIT1;               //P1.1 für ADC-input, Spannungsmessung
   P1REN |= BIT2;               //P1.2 Umschaltung Stromanzeige, Pullup-Widerstand
aktiv
   P1OUT |= BIT2;               //P1.2 Umschaltung Stromanzeige, Pullup-Widesrtand
aktiv
   P1SEL |= BIT3;               //P1.3 für ADC-input, Stromvorgabe
   P1SEL |= BIT4;               //P1.4 für ADC-input, Temperatursensor extern
   P1SEL |= BIT5;               //P1.5 für SPI_clock
   P1SEL2 |= BIT5;              //P1.5 für SPI-clock
   P1SEL |= BIT6;               //P1.6 für ADC-input, Spannung an T1/T5
   P1SEL |= BIT7;               //P1.7 für MISO für DAU
   P1SEL2 |= BIT7;              //P1.7 für MISO für DAU

   P2SEL &= ~BIT6;              //P2.6 als IO-Pin
   P2SEL &= ~BIT7;              //P2.7 als IO-Pin
   P2DIR |= BIT6;               //P2.6 als output LED green
   P2DIR |= BIT7;               //P2.7 als output LED red
   P2DIR |= BIT4;               //P2.4 als output LED yellow - Strombegrenzung

   P2DIR |= BIT3;               //control relais to switch the transformer
   P2OUT &= ~BIT3;              //Relais not active;

   //Encoder-Auswertung über P2.0, P2.1 und P2.2
   P2DIR |= BIT2;               //P2.2 dauerhaft auf GND
   P2OUT &= ~BIT2;              //P2.2 dauerhaft auf GND
   P2SEL &= ~BIT0;              //P2.0 normaler I/O, Ausgangsspannung reduzieren
   P2DIR &= ~BIT0;              //P2.0 als I/O
   P2REN |= BIT0;               //Widerstände aktivieren
   P2OUT |= BIT0;               //pullup-Widerstand aktiv
   P2IES |= BIT0;               //fallende Flanke
   P2IE &= ~BIT0;               //P2.0 interrupt nicht aktiv
   P2SEL &= ~BIT1;              //P2.1 normaler I/O, Ausgangsspannung erhöhen
   P2DIR &= ~BIT1;              //P2.1 als I/O
   P2REN |= BIT1;               //Widerstände aktivieren
   P2OUT |= BIT1;               //pullup-Widerstand aktiv
```

```
P2IE |=  BIT1;                  //P2.1 interrupt aktiv
P2IES |= BIT1;                  //Interrupt auf fallende Flanke
P2IFG &= ~BIT1;                 //Interrupt Flag zurücksetzen

//ADC-Setting
ADC10AE0 = BIT0;                //ADC Eingang A0 über P1.0 eingeschaltet iist
ADC10CTL1 =  INCH_0;            //Channel 0 - A0 --> iist
ADC10CTL1 |= ADC10DIV_7;        //ADC10CLK/8 ADC-clock; (3,7MHz ... 6,4MHz/8
ADC10CTL1 |= CONSEQ_0;          //singel channel single conversion
ADC10CTL0 = ADC10ON;            //ADC on
ADC10CTL0 |= SREF_1;            //Vref & VSS als REferenz (1,5V)
ADC10CTL0 |= REFON;             //Refrence generator on
ADC10CTL0 |= ADC10SHT_3;        //Sample & hold 64 clocks
ADC10CTL0 |= MSC;               //automatic continuous sampling
ADC10CTL0 &= ~ADC10IE;          //ADC interrupt disabled

//SPI-Settings to communicate with the DAU
P2DIR |= BIT5;                  //CS P2.5 as output
P2OUT |= BIT5;                  //CS to high
UCB0CTL1 = UCSWRST;             //USCI-Maschine warten
UCB0CTL0 |= UCCKPH;             //Datenphase
UCB0CTL0 &= ~UCCKPL;            //inaktiv ist die SPI-Clock low
UCB0CTL0 |= UCMSB;              //Übertragung MSB first
UCB0CTL0 &= ~UCCKPL;            //8-Bit-Mode
UCB0CTL0 |= UCMST;              //uC ist SPI-Master
UCB0CTL0 |= UCMODE_0;           //3-Pin-SPI
UCB0CTL0 |= UCSYNC;             //synchroner Modus
UCB0CTL1 |= UCSSEL_2;           //0x80; //SPI-CLock is SMCLK
UCB0BR0  =  0x08;               //SPI-Clock: SMCLK part1
UCB0BR1   =   0x00;             //SPI_Clock: SMCLK part2 16MHz/8=500kHz
UCB0CTL1 &= ~UCSWRST;           //USCI-Maschine starten

//LED-Test beim Einschalten
P2OUT &= ~BIT6;                 //green an
P2OUT &= ~BIT7;                 //red an
__delay_cycles(2000000);        //125 ms warten
//P2OUT |= BIT6;                //green aus
P2OUT |= BIT7;                  //red aus

sendtoDAU(0,0);
__enable_interrupt();


while(1)
{
    ADC10CTL0 |= ENC + ADC10SC;     //ADC einschalten, start conversion
```

```
        while (ADC10CTL1 & ADC10BUSY); //warten bis fertig
        switch (adcinput)
        {
            case 0:
                iist = ADC10MEM;        //result from P1.0, actually current;
                                        //I=3A-->750mVanP1.0->ADU:512
                ADC10CTL0 &= ~ENC;      //ADC disable to switch the channels
                adcinput =  1;          //switch to P1.1
                ADC10AE0 =  BIT1;       //ADC input A1 via P1.1
                ADC10CTL1 &= ~INCH_0;   //deselect channel 0
                ADC10CTL1 |= INCH_1;    //channel 1 - A1
            break;

            case 1:
                uist = ADC10MEM;        //result from P1.1, output voltage
                ADC10CTL0 &= ~ENC;      //ADC disable to switch the channels
                adcinput = 3;           //switch to P1.3
                ADC10AE0 = BIT3;        //ADC input A3 via P1.3
                ADC10CTL1 &= ~INCH_1;   //deselect channel  1
                ADC10CTL1 |= INCH_3;    //channel 3 - A3
                break;

            case 3:
                isoll = ADC10MEM;       //result from P1.3, max. allowed output
current
                ADC10CTL0 &= ~ENC;      //ADC disable to switch the channels
                adcinput = 4;           //switch to P1.4
                ADC10AE0 = BIT4;        //ADC input A4 via P1.4
                ADC10CTL1 &= ~INCH_3;   //deselect channel  3
                ADC10CTL1 |= INCH_4;    //channel 4 - A4
                break;

            case 4:
                coolblock = ADC10MEM;   //result from P1.4, temperature
                ADC10CTL0 &= ~ENC;      //ADC disable to switch the channels
                adcinput = 6;           //switch to P1.6
                ADC10AE0 = BIT6;        //ADC Input via P1.6
                ADC10CTL1 &= ~INCH_4;   //deselect channel 4
                ADC10CTL1 |= INCH_6;    //channel 6 - A6
                break;

            case 6:
                Uce = ADC10MEM;         //result from P!.6,
power-transistor-voltage
                ADC10CTL0 &= ~ENC;      //ADC dishable to switch the channels
                adcinput =    0;        //switch to P1.0
```

```
            ADC10AE0 = BIT0;        //ADC input A0 via P1.0
            ADC10CTL1 &= ~INCH_6; //deselect channel 6
            ADC10CTL1 |= INCH_0;  //channel 10
        break;

        default:
        break;
    }
    //Hier wird der Messbereich für das Amperemeter umgeschaltet.
    //Der Mikrocontroller hat keine in Hardware ausgeführte
Multiplikations-Einheit.
    //Der Kompiler (hier CodeComposer) implementiert automatisch eine Routine
dafür.
    if (P1IN & BIT2)                //Stromanzeige; Umschaltung über P1.2
    {
        ianzeige = iist * 27;       //Messbereich 0....300mA
    }
    else
    {
        ianzeige = iist * 2.69;     //Messbereich 0....3000mA
    }
    sendtoDAU(ianzeige, 1);


    if (flagstrombegrenzung > 0)    //Strombegrenzung ist aktiv
    {   if (iist > isoll)
        {
            DAUwert--;
        }
        else if (iist < isoll)
        {
            DAUwert++;
        }
        sendtoDAU(DAUwert,0);

        if (DAUwert > (usoll+usoll+usoll))
        {
            flagstrombegrenzung = 0;
            P2OUT &= ~BIT4;         //gelbe LED aus
        }
    }
    else
    {   //Spannungskonstanthalter-Modus; Strombegrenzung ist nicht aktiv.
        if ((usoll > 435) && (flagRELAIS == 0))     //Relais aktiv 435=14V
        {
            P2OUT |= BIT3;                  //Relais ist aktiv
```

```
                flagRELAIS = 1;
            }
            else if ((usoll < 373) && (flagRELAIS > 0))    //Relais nicht aktiv
            {
                P2OUT &= ~BIT3;                       //Relais nicht aktiv
                flagRELAIS = 0;
            }
            DAUwert = usoll + usoll + usoll;          //ADU: 0....1024;
                                                  //DAU: 0...3000 entsprechend 0....30V
            DAUwert = DAUwert & 0xFFE0;               //die letzten fünf Bit löschen
            sendtoDAU(DAUwert, 0);

            if (iist > isoll)                         //Stromüberschreitung
            {
                flagstrombegrenzung = 1;
                P2OUT |= BIT4;                        //gelbe LED ein
            }
        }
    }//end while
}//end main


void sendtoDAU(unsigned int DAUvalue, unsigned int aorb)
{   //DAUvalue:  0....4095; aorb: 0-->chA 1-->chB
    unsigned char DAUvalueh;                  //upper 8 Bit for DAU
    unsigned char DAUvaluel;                  //lower 8 Bit for DAU
    DAUvaluel = DAUvalue & 0x00FF;            //split in low-byte and high-byte
    DAUvalueh = DAUvalue >> 8;                //split in low-byte and high-byte
    DAUvalueh = DAUvalueh | 0x10;             //BIT12, output buffer is active
    DAUvalueh = DAUvalueh | 0x20;             //BIT13, output voltage limit ist 2048 mV;
resolution                                            //ist 500 µV
    DAUvalueh = DAUvalueh & ~0x40;            //BIT14, not relevant
    if  (aorb > 0 )
    {
        DAUvalueh = DAUvalueh | 0x80;         //BIT15, use output B
    }
    else
    {
        DAUvaluel = DAUvaluel & ~0x04;        //delete the both lowest bits
        DAUvalueh = DAUvalueh & ~0x80;        //BIT15, use output A
    }
    P2OUT &= ~BIT5;                           //CS for DAU
    while(!(IFG2 & UCB0TXIFG));               //wait until TX-Buffer is free
    UCB0TXBUF = DAUvalueh;                    //send high-byte
    while(!(IFG2 & UCB0TXIFG));               //wait until TX-BUffer is free
```

```
    UCB0TXBUF = DAUvaluel;                    //send low-byte
    while (UCB0STAT & UCBUSY);                //wait until all bytes are transferre
    P2OUT = P2OUT | BIT5;                     //CS for DAU
}



//Auswertung des Encoders
#pragma vector=PORT2_VECTOR
__interrupt void encoderevaluation(void)
{  //P2.0 interrupt service routine
    if((P2IN & BIT0) == 0)
    {
        if(usoll < 3991)
        {
            usoll = usoll + 10;
        }
    }
    else
    {
        if (usoll > 19)
        {
            usoll = usoll - 20;
        }
    }
    P2IFG &= ~BIT1;                    //clear IFG for P2.1
}
```

6.4.6 Messungen

Bild 6.21 zeigt den Wechselanteil der Ausgangsspannung bei zwei Belastungsfällen mit konstanter Last. Im Bild 6.22 wurde die Last mit *5 Hz* gepulst ein- und ausgeschaltet.

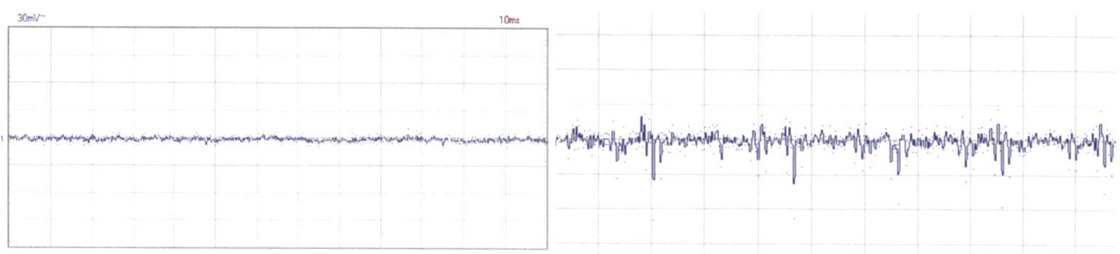

Bild 6.21: Wechselanteil auf der Ausgangsspannung bei U_A = 10 V. Links: mit einer Last von 400 Ω. Rechts: mit einer Last von 5 Ω. X: 10 ms/div   Y: 30 mV/div

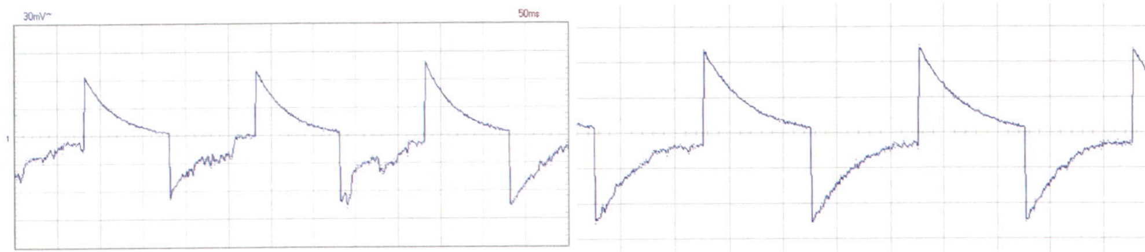

Bild 6.22: Wechselanteil bei gepulster Last.
Links: bei U_A = 25 V und mit 5 Hz gepulster Last von 25 Ω.
Rechts: bei U_A = 20 V und mit 5 Hz gepulster Last von 20 Ω. X: 50 ms/div Y: 30 mV/div

6.5 Festspannungsnetzteil mit Standard-IC

Der folgende Schaltungsvorschlag zeigt ein Festspannungsnetzteil mit einem Standard-IC der 78er-Reihe als Regler. Ich beschreibe die Variante mit einer Ausgangsspannung von *13,8 V*. Die Schaltung kann aber auch für andere Festspannungen ausgelegt werden. Die Spannungsregelung ist im integrierten Schaltkreis bereits enthalten. Das vereinfacht den Entwurf des Netzteils sehr.

Meistens sind Transceiver der Funkamateure für eine Betriebsspannung von *13,8 V* ausgelegt. Das macht Sinn, denn dann können diese Geräte aus Standard-Blei-Akkumulatoren versorgt werden oder über das Boardnetz eines KFZ ..... zum Beispiel beim Einsatz auf einem Fieldday. Steht ein 230-V-Netzanschluss zur Verfügung, dann kommt das hier beschriebene Netzteil zum Einsatz. Netztransformatoren für eine sekundäre Ausgangsspannung von *18 V* sind leicht zu beschaffen. Man findet sie im Internet über Kleinanzeigen oder auf Trödel- oder Funkermärkten. Welchen Ausgangsstrom das Netzteil liefern kann, hängt zunächst vom Netztransformator ab. In zweiter Linie von der Anzahl der parallel geschalteten Leistungstransistoren und ganz wichtig: Von den eingesetzten Kühlmaßnahmen.

Die Schaltung ist im Bild 6.23 abgedruckt. Der Transformator T1 liefert eine sekundäre Nennspannung von U_N=*18 V*. Diese wird im Brückengleichrichter Br1 gleichgerichtet und mit den beiden *10000 µF* Siebkondensatoren geglättet. Die Höhe der Leerlaufgleichspannung an den Elkos ist abhängig von der Transformatorleistung. Ich gehe von der Gleichung {1.2} aus: Bei einer angenommenen Transformator-Nennleistung von *500 W* und der Ausführung als Ringkerntransformator ist *F* mit *1,05* anzusetzen:

$$U_{C1}=U_{C2}=U_{C3}=18V\cdot 1{,}05\cdot\sqrt{2}-2\cdot 0{,}7\,V\approx 25\,V$$

Diese Spannung gelangt an die Regelschaltung, die aus den Transistoren T1 bis T6, U1 und den zugehörigen Bauelementen besteht. T6 speist die Überlastanzeige-LED D5.

U1 ist ein positiver *12 V* Festpannungsregler mit drei Anschlüssen, z.B. ein 7812. Der Einsatz dieses Reglers nimmt uns viel Arbeit ab. Wir müssen uns um die Details der Regelschaltung nicht kümmern. Vier parallel geschaltete PNP-Leistungstransistoren (T1 bis T4) erlauben es, den Ausgangsstrom des Festspannungsreglers deutlich zu erhöhen. Der hier verwendete Typ MJ15004 hat eine Stromverstärkung von B ≥ 25. Das ist mehr als beim Standardtyp MJ2955 (B ≥ 15).

Das Grundprinzip wie man Festspannungsregler für höhere Ausgangsströme aufrüstet hatte ich bereits in [1] beschrieben. Ein Teil des Eingangsstromes von U1 fließt durch die Basis-Emitter-Strecken von T1, T2, T3 und T4. Ihre Kollektoren liegen am Ausgang. Sie arbeiten hier als Stromverstärker. Der erreichbare Ausgangsstrom liegt erheblich über dem von U1 selbst lieferbaren. Die Widerstände R1, R2 und R3 sorgen dafür, dass die Kollektorströme von T1, T2 und T3 etwa gleich groß sind. Der Ausgangsstrombeitrag von U1 liegt etwa bei *300 mA* bis *400 mA*.

Da U1 eine Ausgangsspannung von $U_{U1}=12\,V$ bereitstellt, aber $U_{J2}=13{,}8\,V$ gewünscht sind, ist ein Spannungsteiler, bestehend aus R7 und R10 angeordnet. Die Referenzspannung von U1 wird um die Spannung an R10 „hochgelegt“. Es gilt für die Ausgangsspannungen

$$U_A=U_{U1}\cdot\left(1+\frac{R10}{R7}\right)+i\cdot R10 \qquad \{6.16\}$$

Dabei ist *i* der Strom, der aus dem GND-Anschluss von U1 herausfließt. Erfahrungsgemäß liegt dieser Strom *zwischen 1,5 mA und 6 mA*. Somit kann mit R10 die Ausgangsspannung an J2 auf einen Wert zwischen *12 V* (bei *R10 = 0*) und *16,5...17,9 V* (bei *R10 = 330 Ω*) abgeglichen werden. Nach dem Abgleich auf *13,8 V* sollte man das Poti dann z.B. mit Nagellack versiegeln.

Der Überlastschutz ist folgendermaßen realisiert: Wenn der Gesamtstrom durch die vier Leistungstransistoren ca. *24 A* überschreitet, fließen durch jeden Ballastwiderstand (R1 bis R4) *6 A*. An diesen Widerständen fallen dann jeweils 600 mV ab. Bei dieser Spannung beginnen die Transistoren T5 und T6 zu öffnen. T5 reduziert dann den Basisstrom der Leistungstransistoren, wodurch die Kollektorströme abnehmen. T6 lässt die rote LED aufleuchten. Dieser Überlastschutz schützt bei Kurzschlüssen oder Überströmen - nicht jedoch bei thermischer Überlastung.

Ohne Last ist die Eingangsspannung ca. *25 V*. Das hatte ich bereits gezeigt. Bei Vollast können wir überschlägig von *18 V* ausgehen, denn das ist die effektive Nennspannung des Transformators. Für die Wärmeleistung an den Leistungstransistoren gilt:

$$P_W=I_A\cdot U_{CE}=I_A\cdot(U_{C3}-U_{J2}) \qquad \{6.17\}$$

Zur Abschätzung schreibe ich

$$U_{C3}=f(I_A)=25\,V-0{,}29\,\Omega\cdot I_A \qquad \{6.18\}$$

Bei Vollast sinkt damit die Spannung an U_{C3} auf *18 V*. Somit gilt

$$P_W=I_A\cdot(25\,V-0{,}29\,\Omega\cdot I_A-U_{J2})=-0{,}29\,\Omega\cdot(I_A)^2+25\,V\cdot I_A-13{,}8V\cdot I_A=-0{,}29\,\Omega\cdot(I_A)^2+11{,}2\,V\cdot I_A$$

Hier stellt sich wieder die Frage: Wann wird P_W maximal? Ich leite ab nach I_A.

$$P_W{}'=-2\cdot 0{,}29\,\Omega\cdot I_A+11{,}2\,V=-0{,}58\,\Omega\cdot I_A+11{,}2\,V$$

Hinweis: P_{W}' hat die Einheit *Volt*.

Setzt man diese Gleichung zu Null, wird

$$0=-0{,}58\,\Omega\cdot I_A+11{,}2\,V$$

$$I_A=-11{,}2\,V/-0{,}58\,\Omega\approx19{,}3\,A$$

Eingesetzt in {6.18} ergibt die Spannung in diesem Fall

$$U_{C3}=f(I_A)=25\,V-0{,}29\,\Omega\cdot19{,}3\,A\approx19{,}4\,V$$

Somit ist die zu erwartende, maximal auftretende Wärmeleistung mit {6.17}

$$P_{Wmax}=19{,}3\,A\cdot(19{,}4\,V-13{,}8\,V)=108{,}08\,W$$

Also wird jeder der Leistungstransistoren mit maximal *27 W* belastet. Für die Berechnung des Kühlkörpers bzw. der Auslegung der Kühlmaßnahmen (z.B. Lüfter) verweise ich auf Kapitel 4.

U1 muss ebenfalls einen Kühlkörper erhalten. *ICs* dieser Bauart haben einen integrierten Überlastschutz. Wird das *IC* zu heiß, so schützt es sich selbst dadurch, dass es die Ausgangsspannung reduziert. Dieser Fall sollte nicht auftreten. Man kann U1 auch auf den gleichen Kühlkörper schrauben, wie die Leistungstransistoren. Die Befestigung ist dann allerdings isoliert auszuführen, da die Befestigungslasche der 78xx-Linearregler das Potential des mittleren Anschlusses führen. Vorteilhaft ist, dass dann der Regler gleichzeitig als thermischer Überlastschutz dient. Heizen die Leistungstransistoren den Kühlkörper zu sehr auf, reduziert der Regler die Ausgangsspannung. Er schützt dann nicht nur sich selbst, sondern die Schaltung insgesamt.

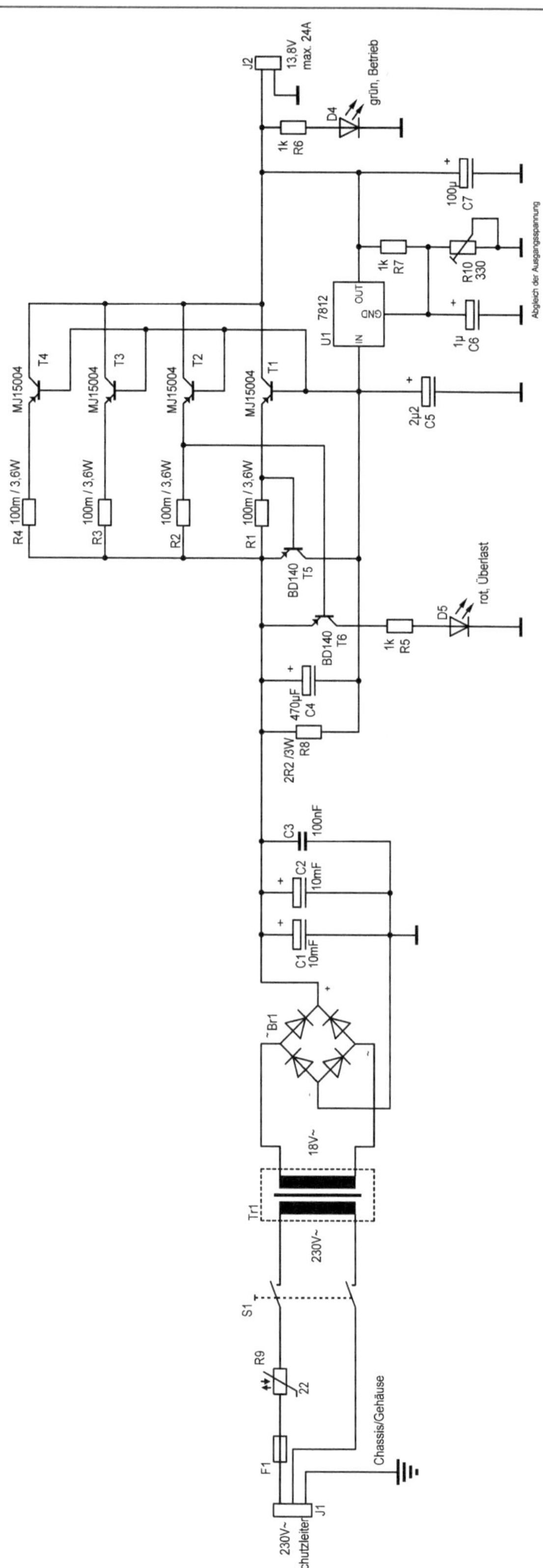

Bild 6.23: Netzteil für 13,8V / bis 24A.

Die Schaltung erfordert einen Transformator in der Leistungsklasse *S = 400 VA.* Deshalb habe ich auf der Primärseite neben der obligatorischen Sicherung F1 noch den NTC R9 vorgesehen. Er dient dazu, den Stromimpuls beim Einschalten zu begrenzen. Netztransformatoren sind schwer und teuer. Ein Transformator der Leistungsklasse *400 VA* wiegt um die *10 kg*. Der hohe Anschaffungspreis verleitet dazu, gebrauchte, aus Altgeräten ausgebaute Transformatoren zu verwenden. Das ist nicht nur hinsichtlich der finanziellen Ersparnis sinnvoll, sondern auch hinsichtlich der Nachhaltigkeit und Wertschätzung der Rohstoffe und des Arbeitsaufwandes bei der Herstellung. Ich habe dem Thema Netztransformatoren im Kapitel 8 einen extra Abschnitt gewidmet.

6.6 Labornetzteil mit Darlington-Stellglied

Bei der Schaltung im Bild 6.27 handelt es sich um eine detailliert ausgearbeiteten Entwurf. Ich habe diese Schaltung nicht als fertiges Gerät aufgebaut. Gezeigt wird der Einsatz einer PNP-Darlingtonschaltung als Stellglied. Dieses ist aufgebaut mit T1, T2 und R1.

C5 ist der Glättungskondensator, an dem die Gleichspannung ansteht, die vom Transformator und Gleichrichter bereitgestellt wird. Diese Spannung darf *32 V* nicht überschreiten, weil dies die maximal erlaubte Versorgungsspannung für den Operationsverstärker U1 ist. Mit R6 und D1 wird aus der Eingangsspannung eine stabile Referenzspannung von *5,6 V* erzeugt. *U1C* arbeitet als Impedanzwandler und sorgt dafür, dass die Spannung an D1 nicht durch die Belastung variiert. Am Ausgang von U1C befindet sich das Potentiometer R8, mit dem die Ausgangsspannung eingestellt wird. Zum Ausgleich der durch die Bewegung des Schleifers eventuell entstehenden Schwankungen, ist C2 angeordnet.

6.6.1 Spannungsregelung

Der Operationsverstärker U1A sorgt für die stabile Ausgangsspannung, die an J1 und J2 entnommen wird. U1A vergleicht die an C2 anstehende Spannung mit der über R4 und R5 heruntergeteilten Ausgangsspannung. Steht der Schleifer von R8 am unteren Ende ist die Ausgangsspannung 0 V. Am oberen Anschlag des Schleifers steht an C2 die Referenzspannung von 5,6 V an. Die an J1 anstehende Ausgangsspannung ist dann

$$U_A = U_{J1} = \frac{U_{ref}}{R5} \cdot (R5 + R4) = \frac{5{,}6\,V}{1200\,\Omega} \cdot (1200\,\Omega + 4700\,\Omega) \approx 27{,}5\,V$$

Besonders bei bipolaren Operationsverstärkern, wie der hier verwendete LM324 gilt die Regel, dass der temperaturbedingte DC-Offsetspannungsdrift am Ausgang (bedingt durch den eingangsseitigen Offsetstromdrift) dann minimal ist, wenn die an den beiden Eingängen „gesehenen" Quellwiderstände gleich groß sind. Das ist hier gewährleistet mit R7 und R9. Diese Widerstände sind deutlich größer als die angeschlossenen Widerstände R5 bzw. R8.

Ist die Spannung an R5 kleiner als die Spannung an C2, dann wird T3 weiter geöffnet. Dieser Transistor öffnet dann wiederum die Darlingtonschaltung bestehend aus T1 und T2. Der maximal mögliche Ausgangsstrom hängt von den umgesetzten Maßnahmen ab, mit denen T1 (vor allem) und T2 gekühlt werden (Kühlkörper, Lüftung, Ventilator - siehe Kapitel 4).

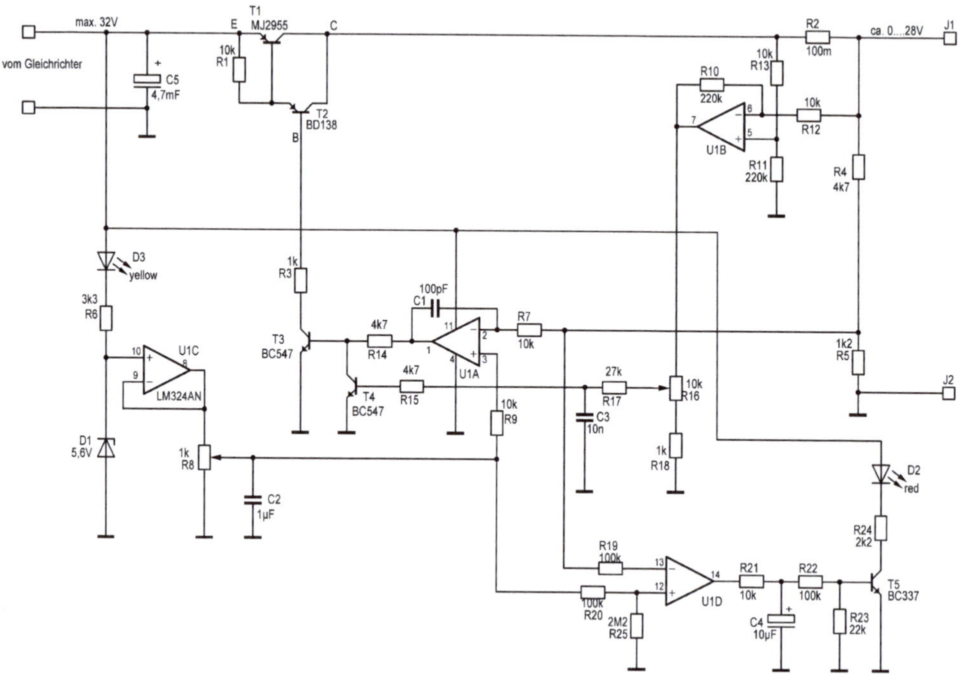

Bild 6.27: Netzteilschaltung mit PNP-Darlingtonschaltung als Stellglied.

C1 verhindert, dass die Schaltung schwingt. Man kann das Netzteil zunächst ohne C1 in Betrieb setzen. Wenn die Schaltung oszilliert, setzt man C1 mit einem Wert von 10 pF ein. Man erhöht diese Kapazität bis die Schaltung unter jeder Ausgangsspannung an U_{J1} und jeder Strombelastung gerade nicht mehr schwingt. Bei welcher Kapazität das der Fall ist wird nicht nur durch die Schaltung und die verwendeten Bauteile bestimmt, sondern auch der mechanische Aufbau spielt dabei eine Rolle. In jedem Fall gilt: Je kleiner C1, desto schneller ist das Regelverhalten!

Komplizierter wird die Optimierung einer Frequenzgangkompensation, wenn eine Erhöhung des Kapazitätswertes nicht die erwünschte Stabilität bringt. In diesem Fall kann man in Serie zur Kapazität C1 einen Widerstand im Gegenkopplungspfad einsetzen. Dieser dämpft die Schwingungen.

6.6.2 Stromregelung

Die Strombegrenzung ist ähnlich aufgebaut, wie bei der „Isolated Source" im Kapitel 6. Mit Hilfe des Shunt R2 erzeugt der Operationsverstärker U1B eine Gleichspannung, die sich proportional zum Ausgangsstrom verhält. Wegen R10 = R11 und R13 = R12 gilt für diese Beschaltung

$$U_{Pin7} = I_{out} \cdot R2 \cdot \frac{R10}{R13}$$

U_{Pin7} ist die Ausgangsspannung von U_{1B} gegen GND. Sie verhält sich proportional zum Strom durch R2.

I_{out} ist der an J1 entnommene Strom (für $I_{R12} << I_{R4} << I_{out}$)

Mit R16 kann man nun diese Spannung ganz oder anteilig verwenden, um den Transistor T4 anzusteuern. Erst bei einer Spannung ab *600 mV*, die an C3 anstehen muss, öffnet T4. Sobald das geschieht, wird die mit U1A aufgebaute Spannungsregelung außer Kraft gesetzt. Der Strom wird begrenzt.

Befindet sich der Schleifer von R16 am oberen Anschlag, setzt die Strombegrenzung ein bei ca.

$$I_{out.min}=\frac{U_{R2}}{R2}=\frac{\frac{\frac{600\,mV}{R10}}{R13}}{R2}=\frac{\frac{\frac{600\,mV}{220\,k\Omega}}{10\,k\Omega}}{100\,m\Omega}\approx 270mA$$

Am unteren Anschlag gilt hingegen

$$I_{out.max}=\frac{U_{R2}}{R2}=\frac{\frac{\frac{U_{Pin7}}{R10}}{R12}}{R2}=\frac{\frac{\frac{\frac{600mV}{R18}\cdot(R16+R18)}{R10}}{R12}}{R2}=\frac{\frac{\frac{\frac{600\,mV}{1k\Omega}\cdot(10\,k\Omega+1\,k\Omega)}{220\,k\Omega}}{10\,k\Omega}}{100\,m\Omega}=3000\,mA$$

Der Widerstand R17 bildet zusammen mit C3 einen Tiefpass mit der Grenzfrequenz *fg ≈ 590 Hz (siehe [6])*, damit die Strombegrenzung nicht bei jedem kurzen Strompeak anspricht. Mit R15 wird dann der Strom festgelegt, der T4 öffnet.

Der Operationsverstärker U1D des LM324 wird genutzt, um anzuzeigen, wenn die Strombegrenzung greift.

In diesem Fall leuchtet die LED D2. Wenn das Netzteil so sehr belastet wird, dass die Ausgangsspannung nicht mehr konstant bleibt, also die Strombegrenzung einsetzt oder eine zu niedrige Eingangsspannung $+U_{C5}$ die Regelung nicht mehr sicherstellt, dann fällt analog zur Ausgangsspannung $+U_{J1a}$ auch die Spannung am invertierenden Eingang von U1A. Die beiden Spannungen am invertierenden und nicht invertierenden Eingang von U1A sind dann nicht mehr identisch, wie es im spannungsgeregelten Zustand sein muss.

Dieser fehlerhafte Zustand wird mit dem als Komparator geschalteten zweiten Operationsvestärker U1D erkannt. U1D erzeugt eine Ausgangsspannung, die etwa um *1,5 V* niedriger ist als die Eingangsspannung $+U_{C5}$, weil die vier Operationsverstärker in U1 mit $+U_{C5}$ gespeist werden.

Diese Ausgangsspannung gelangt durch ein Verzögerungsglied aus R21 und C4 mit einer Zeitkonstante von *100 ms* zur Transistorschaltstufe T5, welche die LED D2 aufleuchten lässt. Die Verzögerungseigenschaft des RC-Glieds bewirkt, dass nicht jede noch so kurzzeitige Unregelmäßigkeit an den Eingängen von U1A bzw. U1D an die LED weitergegeben wird. Ohne diese Maßnahme würde die LED bei jeder kurzzeitigen Laststromerhöhung oder Eingangsspannungsverminderung entsprechend aufblitzen. Der Spannungsteiler R22/R23 verringert den Eingangsschaltpegel, so dass die volle RC-Zeitkonstante von R21 und C4 wirkt. Ohne diese Maßnahme müsste C4 wesentlich größer gewählt werden.

Der Spannungsteiler R20/R25 bewirkt, dass die Spannung am nicht invertierenden Eingang des OA2, im eingeschwungenen Zustand der Regelschaltung geringfügig niedriger ist, als die Spannung am invertierenden Eingang. Dieser Spannungsunterschied muss etwas größer sein, als die maximale Eingangs-DC-Offsetspannung von U1D. Dadurch wird garantiert, dass der Ausgang von U1D sicher auf GND-Pegel liegt und deshalb die LED D2 nicht leuchtet, wenn die Differenzspannung zwischen den Eingängen von U1A beinahe 0 V beträgt und die Spannungsregelung normal arbeitet.

R19 und R20 sind wesentlich größer als R9 und R7. Das soll eine gute Entkopplung von U1D gewährleisten, der lediglich zur Anzeige genutzt wird.

6.7 Lineares Netzteil ohne Spannungsanzeige

Das Besondere an diesem Netzeil ist das Fehlen einer Spannungsanzeige. Da in der typischen Anwendung die Ausgangsspannung konstant gehalten wird, kann man auf eine Spannungsanzeige verzichten. Voraussetzung dafür ist die Verwendung eines Einstellpotentiometers mit linearer Charakteristik und einer passenden Skala. Die Skala lässt sich heutzutage ganz leicht am PC entwerfen. Ich habe beim Entwurf der Frontplatte die Skala gleich integriert. Dabei ist dann der Drehwinkelbereich des Potentiometers zu beachten. Die meisten Potentiometer haben einen Drehwinkelumfang von *270°* oder *300°*. Manche aber auch *220°* oder *235°*. Vor dem Entwurf der Skala muss bekannt sein, welches Potentiometer eingebaut wird und welchen Drehwinkel dieses hat. Bild 6.28 zeigt den Entwurf der Frontplatte bei meinem Prototypen.

Wenn für die aktuelle Ausgangsspannung keine Anzeige vorgesehen ist, darf eine Anzeige für die aktive Strombegrenzung nicht fehlen. Dies geschieht über zwei LEDs. Diese signalisieren den Betrieb mit Konstantspannung oder in der Strombegrenzung. Sobald die LED für Strombegrenzung leuchtet, erkennt der Bediener, dass die Ausgangsspannung nicht mehr konstant gehalten werden kann. Der tatsächliche Wert der Ausgangsspannung ist dann kleiner als der mit dem Potentiometer eingestellte.

Darüber hinaus wird in diesem Netzteil die Umschaltung der Eingangsspannung vor dem Gleichrichter aus Bild 4.19 praktisch eingesetzt. Das Schaltbild ist in Regler (Bild 6.29) und Steuerung (Bild 6.31) aufgeteilt. Die Aufteilung des Schaltbildes entspricht der tatsächlichen Ausführung auf zwei Platinen. Auf der Reglerplatine befindet sich die analoge Spannungs- und Stromregelschaltung. Auf der Steuerplatine befindet sich ein Mikrocontroller. Dieser

- entscheidet über die Umschaltung der Eingangsspannung (gemäß Bild 4.19)
- zeigt an, ob Konstantspannung oder Strombegrenzung vorliegt

- kann den Ausgangsstrom messen und damit das Stromanzeige-Instrument mit automatischer Bereichsumschaltung ansteuern. Diese Funktion ist optional. Auf der Frontplatte ist vorgesehen, dass dies auch Manuell erfolgen kann.
- kann den Ausgang über eine Taste von den Anschlussbuchsen trennen oder verbinden. Auch dies ist optional. Man könnte auch einfach einen Ein-/Ausschalter benutzen.

Bild 6.28: Vorschlag für die Frontplatte. Hier mit teilweise montierten Bedienelementen. Die Abmessungen der Frontplatte sind 232 mm x 190 mm.

6.7.1 Reglerplatine

Die Reglerplatine enthält neben dem Spannungs- und Stromregler auch eine Freischalteinrichtung (Activation). Damit lässt sich eine eingestellte Ausgangsspannung schlagartig auf den Verbraucher aufschalten oder von ihm trennen.

6.7.1.1 Spannungsregelung

Das Prinzip dieses Spannungsreglers entspricht der Schaltung nach Bild 6.1 rechts. Die Vorgabe des Sollwertes erfolgt über das Potentiometer mit linearer Widerstandsbahn R18 (Bild 6.29a). Bei einem mechanischen Potentiometer kann der Schleifer eventuell von der Widerstandsbahn kurz abheben. Außerdem könnte Staub zwischen Schleifer und Widerstandsbahn einen schlechten Kontakt verursachen. Dadurch auftretende Störungen der Spannungsvorgabe werden mit dem Kondensator C8 gemildert oder gar eliminiert.

Der Operationsverstärker U1B ist als Spannungsfolger geschaltet und sorgt dafür, dass das Potentiometer nicht belastet wird. Die Spannung am Schleifer des Potentiometers gelangt dann auf den positiven Eingang des Operationsverstärkers U1A. Die Referenzspannung wird mit Hilfe eines zusätzlich angebrachten Linearreglers des Typs 7812 aus der Versorgungsspannung, die die Steuerplatine zur Verfügung stellt (+24V) abgeleitet. Diese sollte entsprechend stabil sein. Erfahrungsgemäß ist die Genauigkeit von 78xx-Reglern für die tägliche Praxis in Labor und Werkstatt ausreichend. Aus dem Datenblatt eines µA7812 kann man entnehmen, dass die größte auftretende Spannungsschwankung bei Lastwechsel $\Delta U_{max} = f(R_{Last}) = 100\ mV$ betragen kann. Bezogen auf die Nennspannung von $U_N = 12\ V$ sind das dann *0,8 %*. Die Referenzspannung wird mit Hilfe von R4 auf einen Wert von $U_{ref} = +10\ V$ heruntergeteilt. Das ist notwendig, um einen ausreichenden Abstand zwischen Versorgungsspannung und Eingangsspannungs-Niveau der Operationsverstärker zu gewährleisten. Am Ausgang von U1B wird zudem der Sollwert für die Verarbeitung durch den ADU des Mikrocontrollers aufbereitet. Der Mikrocontroller befindet sich auf der Steuerplatine.

Der Spannungsregler selbst ist mit U1A aufgebaut. Der Sollwert steht am positiven Eingang (Pin3) stabil an. Den Istwert erhält der Regler über den Widerstand R2 vom Ausgangsspannungsteiler (R28, R16, R17, R5). Der Operationsverstärker U1A regelt nun den Basisstrom für T7 so, dass sich an R2 eine Spannung einstellt, die der Sollwertvorgabe entspricht. Für den Zusammenhang zwischen Ausgangsspannung und Sollwert gilt dann

$$U_{out} = U_{J2} = \frac{U_{J2max}}{U_{sollmax}} \cdot U_{soll} = \frac{30V}{10V} \cdot U_{C8} = 3 \cdot U_{C8} \quad \text{gilt für} \quad 0\ V \leq UC8 \leq 10\ V$$

$U_{C8} = U_{soll}$ ist die Spannungsvorgabe am Potentiometer R18.

Der ADU des Mikrocontrollers erwartet Messspannungen bis *+1,5 V*. Die Sollwertvorgabe von *0...10 V* wird mit R3 und R6 entsprechend auf *0....1,5 V* heruntergeteilt. Mit diesem Wert kann der Mikrocontroller das passende Relais aktivieren, mit dem die Eingangsspannung an J1 bestimmt wird. Für die Spannung an R6 kann man dann schreiben

$$U_{R6} = U_{ADUin} = \frac{U_{soll}}{R3 + R6} \cdot R6 = \frac{U_{soll} \cdot 330\,\Omega}{330\,\Omega + 1800\,\Omega} \quad \text{gilt für} \quad 0\ V \leq U_{soll} \leq 10\ V$$

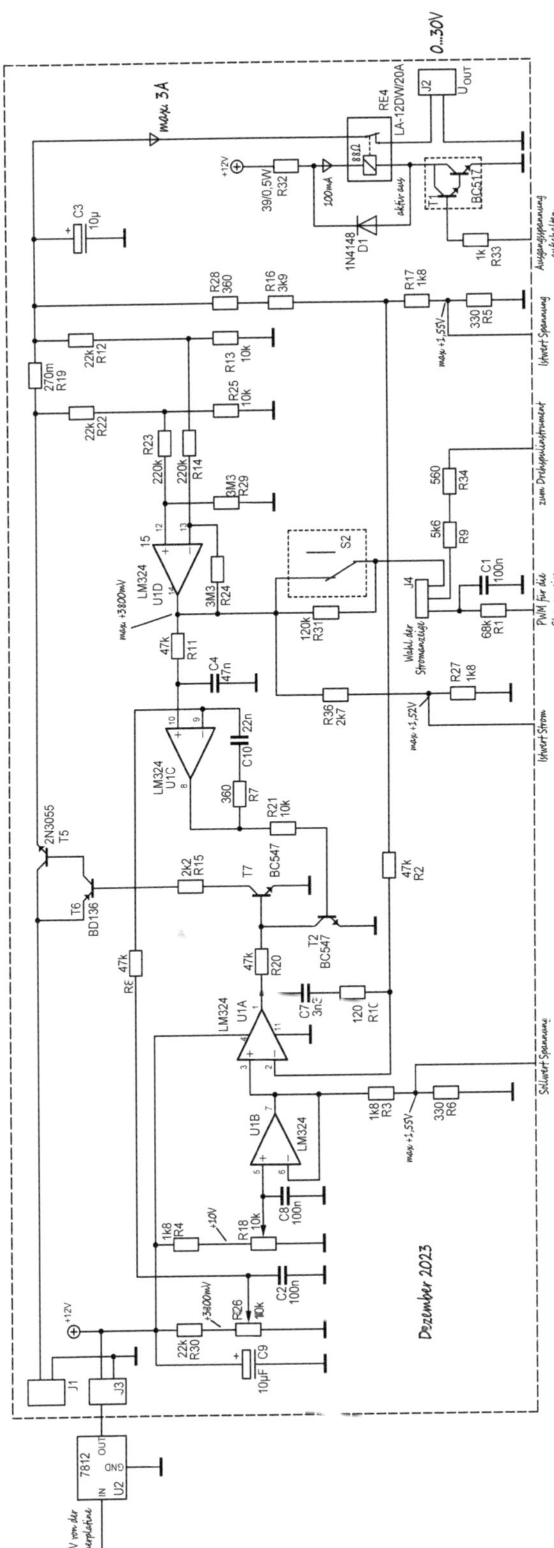

Bild 6.29a: Schaltung der Reglerplatine. U2 (der Spannungsregler ganz links) ist nicht auf der Platine bzw. kann auf die Platine auf die vorgesehenen Lötpads aufgelötet werden. T6 und T5 müssen auf Kühlkörper montiert werden.

Als Leistungssteller ist eine komplementäre Darlingtonschaltung bestehend aus T6 und T5 eingesetzt. Diese verhält sich wie ein einzelner PNP-Transistor. Die minimale Stromverstärkung von T5 ist laut Datenblatt $B_{2N3055} = 15$. Für T6 gilt entsprechend $B_{BD136} = 25$. Resultierend gilt für die Stromverstärkung der Darlingtonschaltung

$$B = B_{2N3055} \cdot B_{BD136} = 15 \cdot 25 = 375$$

Da ich aus den Datenblättern den jeweils kleinsten Wert für B verwende, ist dies die Mindestverstärkung mit der ich immer auf der sicheren Seite bin. Es ist zu erwarten, dass die Stromverstärkung tatsächlich höher ist. Das Netzteil soll einen maximalen Strom von $I_{outmax} = 3\,A$ liefern können. Somit muss ein Basisstrom an T6 von

$$I_{BT6} = \frac{3000\,mA}{375} = 8\,mA$$

bereitgestellt werden. Dieser wird von T7 geliefert. Der kleinste Wert für die Stromverstärkung, den ich für diesen Transistor im Datenblatt finden konnte war *90*. Somit ist der notwendige maximale Basisstrom für T7 (entsprechend dem Ausgangsstrom des Operationsverstärkers)

$$I_{BT7} = \frac{8\,mA}{90} \approx 89\,\mu A$$

Das ist ein sehr kleiner Wert. Dies gestattet, für R20 einen relativ hohen Vorwiderstand einzusetzen. Der Ausgang des Operationsverstärkers ist auf diese Weise sehr gut von T7 entkoppelt. Außerdem muss der Operationsverstärker die Ausgangsspannung höher ansetzen als bei einem kleinen Vorwiderstand. Das wirkt sich positiv aus auf das Verhalten des nicht idealen Operationsverstärkers.

Der Ausgangsspannungsteiler ist so dimensioniert, dass an der Reihenschaltung von R17 und R5 eine Spannung von *10 V* anliegen, wenn die Ausgangsspannung *30 V* erreicht hat. An R5 ist die Spannung dann etwa *1,5 V* und kann somit als U_{ist} vom Digital-Analog-Wandler im Mikrocontroller erfasst werden.

Da der Mikrocontroller eine Auflösung von *10 Bit* hat, gilt für den vom ADU gelieferten Wert

$$ADU_{wert} = \frac{2^{10}-1}{U_{R5.max}} \cdot U_{R5} = \frac{2^{10}-1}{U_{R5.max}} \cdot \frac{U_{out}}{R28+R16+R17+R5} \cdot R5 = \frac{1023}{1,5\,V} \cdot \frac{U_{out}}{360\,\Omega+3900\,\Omega+1800\,\Omega+330\,\Omega} \cdot 330\,\Omega \approx \frac{35}{V} \cdot U_{out}$$

Das ist der direkte Zusammenhang zwischen der Ausgangsspannung und dem vom ADU gelieferten Wert.

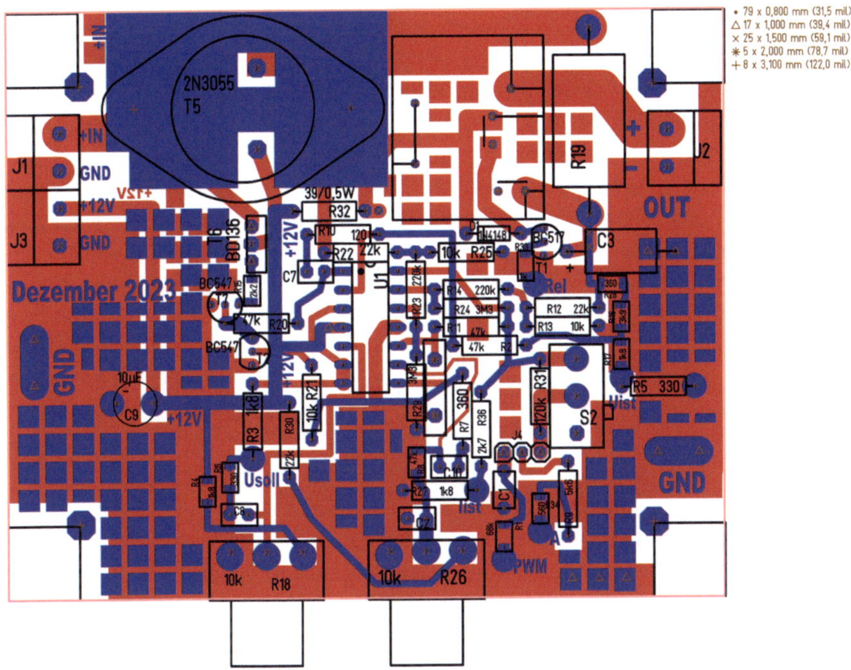

Bild 6.29b: Vorschlag für ein Layout zur Schaltung nach 6.29a. Die Abmessungen der Platine sind 80x100 mm. Es sind überwiegend bedrahtete Bauteile eingesetzt. Der Transistor T5 muss auf einen separaten, großen Kühlkörper montiert werden. T6 erhält einen aufgesetzten U-förmigen Kühlkörper. Die viereckigen Lötpads können für Modifikationen genutzt werden.

Bild 6.29c: Messungen am Regler. Der Leistungstransistor 2N3055 ist auf einem externen Kühlkörper montiert und über die drei Leitungen oben links (rot, blau, schwarz) mit der Platine verbunden.

Dieses Projekt möchte ich nun zum Anlass nehmen, eine praktische Vorgehensweise zu erklären, die notwendig ist, wenn die Schaltung schwingt. Bei den hier im Kapitel 6 vorgestellten Schaltungen handelt es sich um Regelkreise. Das bedeutet, das Ausgangssignal (hier die konstant zu haltende Ausgangsspannung) wird auf den negativen Eingang des Reglers (hier der Operationsverstärker IC2a mit Beschaltung) zurückgeführt. Der Regler vergleicht den Sollwert, der am positiven Eingang des Operationsverstärkers anliegt mit dem Istwert, der nach passender Teilung auf den negativen Eingang gelegt wird. Die Teilung geschieht mit den Widerständen R28, R16, R17 und R5. Am positiven Eingang kann der Sollwert Spannungswerte von $U_{soll} = 0\ V$ bis $10\ V$ annehmen. Entsprechend ist der Spannungsteiler am Ausgang so dimensioniert, dass bei der maximal vorgesehenen Ausgangsspannung (hier $U_{outmax} = 30\ V$) die Spannung die zurückgekoppelt wird ebenfalls $10\ V$ erreicht. Während die Ausgangsspannung also von 0 bis $30\ V$ durchlaufen kann, wird dazu synchron die Spannung $U_{rueck} = U_{R17} + U_{R5} = 0.... 10\ V$ zum Operationsverstärker zurück gekoppelt.

Das Problem ist nun, dass die Reaktionen des Reglers (Operationsverstärkers) nicht sofort am Ausgang und damit am positiven Eingang zurückkommen. Eine Änderung am Ausgang des Operationsverstärkers durchläuft die Transistoren T7, T6 und T5. Transistoren sind aber nicht beliebig schnell. Der Ausgang reagiert also verspätet. Man spricht in der Regelungstechnik von der Verzugszeit der Regelstrecke. Bei der Messung der Strecke (Bild 6.30) wurde eine Last von $470\ \Omega$ angeschlossen. Die Eingangsspannung an J1 betrug $32\ V$. Die Versorgungsspannung $12\ V$. Die Verzögerungszeit der Strecke beträgt $96\ ns$. Sie wird im Wesentlichen verursacht von den drei Transistoren T7, T6 und T5.

Ich habe die Verzugszeit gemessen, indem ich den Operationsverstärker aus der Fassung genommen habe und am Pin1 der Fassung (Verbindung zum Widerstand R20) einen Spannungssprung von $4\ V$ angelegt habe. Die Bauteile C7 und R10 waren zu diesem Zeitpunkt noch nicht vorhanden. Es dauert $\Delta t = 96$ ns bis die Ausgangsspannung ansteigt.

Genau da liegt das Problem: Der Regler (Operationsverstärker) ändert die Ansteuerung der Transistoren. Die Änderung gelangt aber zunächst nicht an den Rückkoppel-Eingang (negativer Eingang). Das kann dann dazu führen, dass der Regler überreagiert und seine Ausgangsspannung weiter ändert. Erst viel später gelangt die Änderung über die Rückkoppelleitung zum negativen Eingang. Nun muss der Regler die Überreaktion zurücknehmen, doch auch die Rücknahme muss erst durch die Transistoren laufen. Als Folge der Verzögerung beginnt die Schaltung zu schwingen.

Allgemein ist es so, dass zwischen Soll- und Istwert eine Phasendrehung von $180°$ existieren muss. Das ist durch die Verwendung des positiven Eingangs für den Sollwert und des negativen Eingangs für den Istwert gegeben. Beträgt die Phasendrehung $180°$, dämpft sich das System selbst. Ist eine Korrektur des Reglers gerade positiv, wird sie beim Durchlauf durch den Regelkreis negativ und reduziert sich selbst. Das gilt nicht nur bei $180°$, sondern auch bei $180° + n \cdot 360°$. Die $180°$ Phasendrehung wird aber nun durch die Verzögerung der Strecke teilweise oder ganz wieder aufgehoben. Das System schaukelt sich hoch und schwingt.

Was kann man tun? Die Verzögerungszeit kann man nicht einfach so abschaffen. Allerdings kann man das zurück gekoppelte Signal weiter verzögern. Man kann es nach obiger Formel so weit verzögern das die benötigte Phasendrehung wieder stimmt. Dadurch wird zwar das Regelverhalten nicht besser - gewünscht ist immer ein schneller, sofort reagierender Regler - aber der Kreis ist stabil und schwingt nicht.

In der Praxis kann die Regelstrecke und auch das Verhalten des Reglers nicht ausreichend untersucht werden, um eine vollständige Vorhersage des Verhaltens zu machen. Deshalb gehe ich wie folgt vor: Maßnahmen mit denen ich die Phasenlagen korrigieren kann plane ich grundsätzlich prophylaktisch ein. In der Schaltung nach Bild 6.29a sind dies für die Spannungsregelung der Kondensator C7, der Widerstand R10 und der Widerstand R2. Diese Bauteile führen zu einer Verzögerung. Manchmal kann es auch sinnvoll sein, einen Kondensator am Ausgang (C3), also hinter dem Shunt R19, nach Masse zu schalten. Dieser Kondenstor hat eine starke Wirkung gegen die Schwingneigung. Allerdings sollte die Kapazität so klein wie möglich gehalten werden.

Die Dimensionierung der genannten Bauteile lege ich erst fest, wenn die Schaltung aufgebaut ist. Im besten Fall kommt man ohne diese Bauteile aus, deshalb werden sie zunächst nicht bestückt. R2 wird durch eine Brücke ersetzt. Schwingt die Schaltung, bestückt man C7 und R10. Ziel ist eine möglichst kleine Kapazität und ein möglichst großer Widerstand. Für R2 gilt das Gegenteil: Er sollte möglichst klein sein. Bei der Festlegung der Werte sind Dekaden sehr hilfreich. Zum Beispiel die RLC-Box von der Firma “AK MODUL-BUS” aus Aachen.

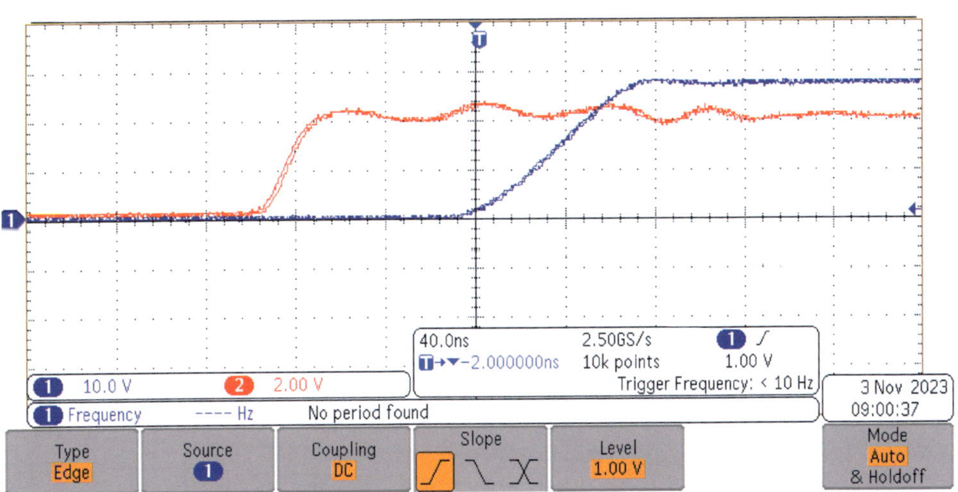

Bild 6.30: Messung der Regelstrecke. Der Operationsverstärker wurde entfernt. An Pin 1 des ausgebauten Operationsverstärkers wurde ein Puls (rote Linie eingespeist). Es dauert Δt = 96 ns bis der Ausgang reagiert. Die Reaktionszeit wird durch die Transistoren T7, T6, T5 sowie den Kondensator C3 verursacht.

6.7.1.2 Stromregelung

Der Strom wird mit dem Shunt R19 erfasst. Am Shunt können Spannungen bis *30 V* gegen Masse (GND) auftreten. Der Operationsverstärker wird aber mit nur *12 V* betrieben. Je kleiner die Betriebsspannung, desto geringer wirkt sich der stets vorhandene Offset-Fehler aus. Es ist also vorteilhaft, mit kleiner Betriebsspannung zu arbeiten. Damit das funktioniert, muss die Spannung rechts und links vom Shunt heruntergeteilt werden. Das machen die Widerstände R22, R25, R12 und R13. Bei einem Ausgangsstrom von $I_{out} = 300\ mA$ fallen am Shunt R19 die Spannung von

$$U_{R19} = I_{out} \cdot R19 = 0{,}3\,A \cdot 0{,}27\,\Omega = 81\,mV$$

ab. Die Differenzspannung zwischen R25 und R13 ist dann

$$U_{diff} = \frac{U_{R19}}{R22 + R25} \cdot R25 = \frac{81\,mV}{22\,k\Omega + 10\,k\Omega} \cdot 10\,k\Omega = 25{,}3125\,mV$$

Der mit UD1 aufgebaute Differenzverstärker liefert die Differenzspannung zwischen U_{R25} und U_{R13} bei gleichzeitiger Verstärkung um den Faktor $v = 15$. Die Ausgangsspannung am Operationsverstärker U1D ist dann $U_{out.U1D} \approx 380\ mV$. Bei einem Ausgangsstrom $I_{out} = 3\ A$ ist die Spannung am Ausgang von U1D dann zehnmal so groß, nämlich ca. *3800 mV* bzw. *3,8 V*.

Bei der Dimensionierung des Shunts gilt es abzuwägen: Einerseits möchte man eine gute Stromauflösung bei der Strommessung. Diese wird umso besser, je größer der Widerstandswert des Shunts ist. Andererseits fällt am Shunt eine Spannung ab, die für den Ausgang verloren ist. Weiterhin verursacht der Spannungsabfall im Shunt Wärme, die abgeführt werden muss. Im vorliegenden Fall ist der maximale Strom 3 A. Das führt zu einem Spannungsverlust von

$$U_{Shunt} = I \cdot R_{Shunt} = 3\,A \cdot 270\,m\Omega = 810\,mV$$

Pro Milliampere Ausgangsstrom entstehen am Shunt *270 µV*. Aus meiner Erfahrung ist es illusorisch, diese Auflösung praktisch umsetzen zu können. Zumindest nicht mit den Möglichkeiten des Makers oder Funkamateurs. Man benötigt einen besonders guten Operationsverstärker mit möglichst kleinem Offsetfehler, einen Shunt mit höchster Präzision und ein entsprechendes Layout. Erfahrungsgemäß liegt der Rauschpegel, der auf den Platinen messbar ist, in den Shacks und Werkstätten in der Größenordnung von *20 mV*. Damit würde die kleinste erfassbare Stromgrenze bei ca. *74 mA* liegen. Voraussetzung ist, dass der Offsetfehler des Operationsverstärkers vernachlässigbar ist.

Die im Shunt maximal entstehende Wärmeleistung ist dann

$$P_{Shunt} = (I)^2 \cdot R_{Shunt} = (3\,A)^2 \cdot 270\,m\Omega = 2{,}43\,W$$

Diese Wärmeleistung entsteht direkt auf der Platine, welche das aushalten muss.

Die Ausgangsspannung von UD1 gelangt über R11 an den Operationsverstärker U1C, der als Stromregler fungiert. Die Sollwertvorgabe für den Strom erfolgt mit dem Potentiometer R26. Die Ausgangsspannung des Reglers gelangt auf den Transistor T2. Damit ist der Stromregler unabhängig von der Spannungsregelung und vollständig autark. Übersteigt der Strom den mit R26 eingestellten Wert, öffnet T2 und T7 wird weiter gedrosselt. Der Spannungsregler versucht dies auszugleichen und liefert am Ausgang (vor R20) die maximal mögliche Spannung. Die Stromregelung greift hinter R20 ein und ist somit übergeordnet.

Die Anzeige des Ausgangsstroms ist mit einem analogen Drehspulmesswerk ausgestattet. Ich mag diese Zeigerinstrumente, denn sie benötigen keine extra Elektronik und auch keine Stromversorgung. Außerdem finde ich sie ästetisch schön. Es gibt einen Umschalter (S2) für zwei Messbereiche: *300 mA*-Vollausschlag oder *3 A*-Vollausschlag. Bei dem von mir verwendeten Messwerk handelt es sich um ein Mikroamperemeter mit Vollausschlag bei *30 µA* und einem Innenwiderstand von *6500 Ω*.

Im Messbereich bis *300 mA* muss die Spannung von $U_{out.U1D} \approx 380\ mV$ zum Vollausschlag führen. Der Vorwiderstand muss dann sein:

$$R9 = \frac{U_{out.U1D}}{I_{instrument}} - R_{i.instrument} = 380\,mV \frac{0{,}38\,V}{30\cdot 10^{-6}\,A} - 6500\,\Omega \approx 6166{,}7\,\Omega$$

Dieser Wert lässt sich mit Widerständen aus der E12-Reihe durch Reihenschaltung realisieren. Zum Beispiel ergeben *5600 Ω* und *560 Ω* eine gute Näherung. Im Schaltbild 6.29a sind dies R9 und R34. Bei dem maximalen Ausgangsstrom von $I_{out} = 3\ A$ steht am Ausgang des Operationsverstärkers eine zehnfach höhere Spannung an - nämlich $U_{out.U1D} = 3{,}8\ V$. Der Vorwiderstand für den Strommesser muss nun sein

$$R9 = \frac{3{,}8\,V}{30\cdot 10^{-6}\,A} - 6500\,\Omega \approx 120166{,}7\,\Omega$$

Hier würde ich einfach den nächsten Wert aus der E12-Reihe verwenden, dass wären dann *120 kΩ*. Im Bild 6.29a ist dies R31. Dabei wird in Hinblick auf die Messgenauigkeit berücksichtigt, dass es sich um ein Netzgerät handelt und nicht um eine hochpräzise Messeinrichtung.

Die Anzeige des Stromes wie beschrieben funktioniert nur, wenn auf die Stiftleiste J4 eine Brücke zwischen Mitte und rechts (Widerstand R9) gesteckt ist, d.h. R9 mit R31 verbunden ist.

Steckt man die Brücke von J4 zwischen Mitte und links, erlaubt dies die Anzeige des Ausgangsstroms über ein PWM-Signal, welches vom Mikrocontroller (auf der Steuerplatine) kommt. Der Mikrocontroller erhält das Signal für den Istwert des Ausgangsstroms über R27 und kann somit mit entsprechender Programmierung ein passendes PWM-Signal erzeugen. Das PWM-Signal wird mit R1 und C1 geglättet und gelangt dann auf das Drehspulinstrument. Eine manuelle Umschaltung des Messbereiches entfällt dann. Auf der Steuerplatine (Bild 6.31a) sind die LEDs D9 und D10 vorgesehen, die an der Frontplatte befestigt sind und den vom Mikrocontroller ausgewählten Messbereich signalisieren. Weitere Details dazu finden sich im Abschnitt zur Steuerplatine.

6.7.1.3 Freischaltung

Es bleibt noch die Erklärung für das Relais RE4. Dieses Relais hat seine Kontakte geschlossen wenn es inaktiv ist (Öffner-Kontakt). Die Ausgangsspannung gelangt an die Ausgangsklemme J2, so lange die Erregerspule des Relais keinen Strom erhält. Wird an R33 eine Spannung angelegt (*3,3 V* vom Mikrocontroller) öffnet der Transistor T1 und die Spule des Relais erhält Strom. Der Kontakt des Relais öffnet und die Ausgangsklemme ist von der Ausgangsspannung des Netzeils getrennt. Diese Mimik erlaubt es die Ausgangsspannung einzustellen und dann erst auf Tastendruck auf den Ausgang zu schalten bzw. die Ausgangsspannung schlagartig vom angeschlossenen Verbraucher zu trennen. Manchmal ist das Hilfreich, z.B. wenn der angeschlossene Verbraucher direkt mit der fertig eingestellten Ausgangsspannung belastet werden soll oder es gibt plötzlich am Verbraucher Überlastanzeichen. Ohne dieses Relais würde ein angeschlossener Verbraucher den Einstellvorgang "mitbekommen".

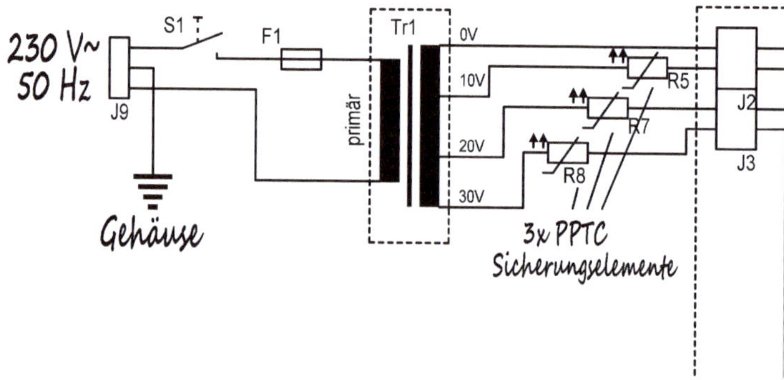

Bild 6.31a: Schaltung der Steuerplatine.

6.7.2 Steuerplatine

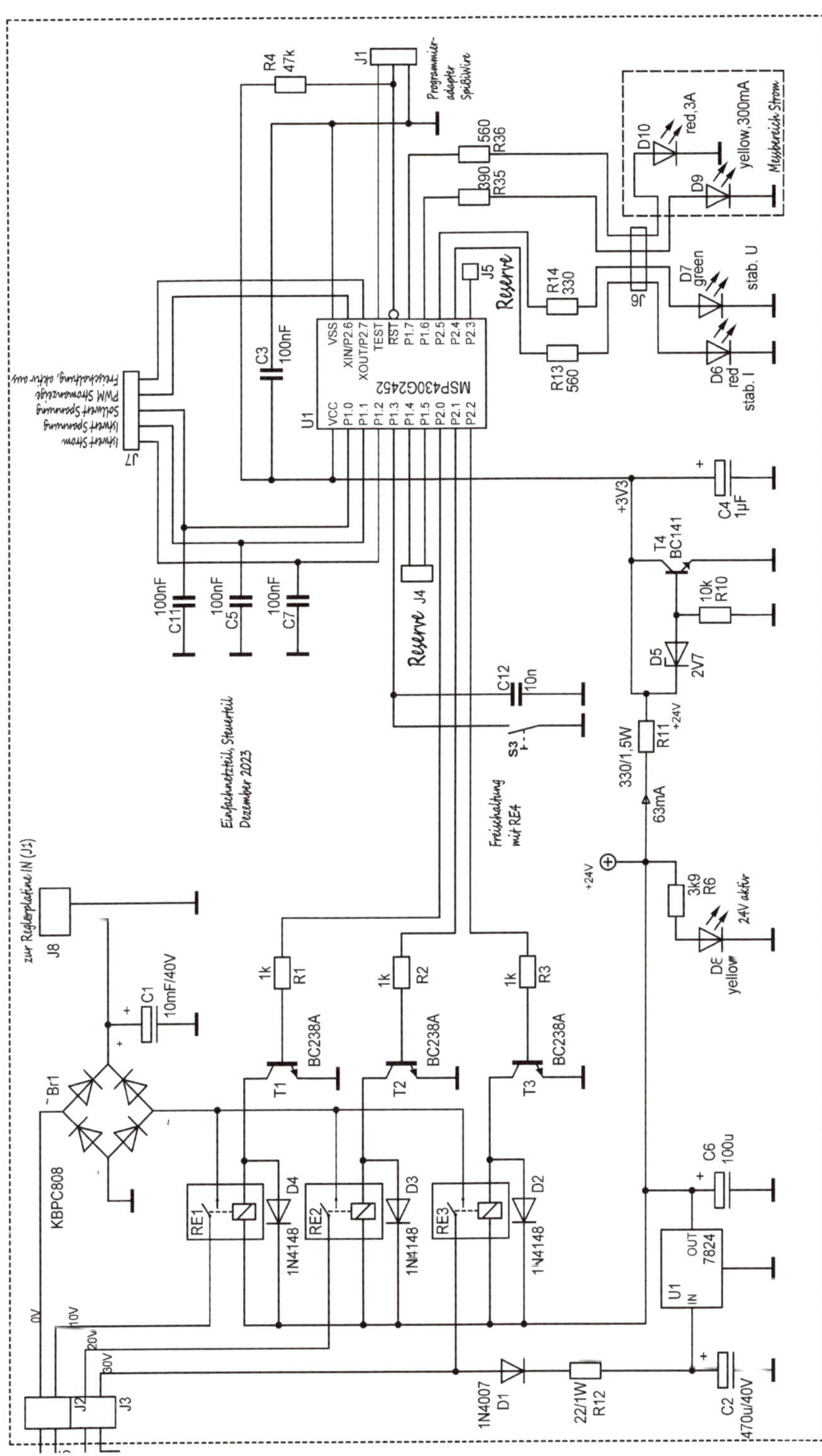

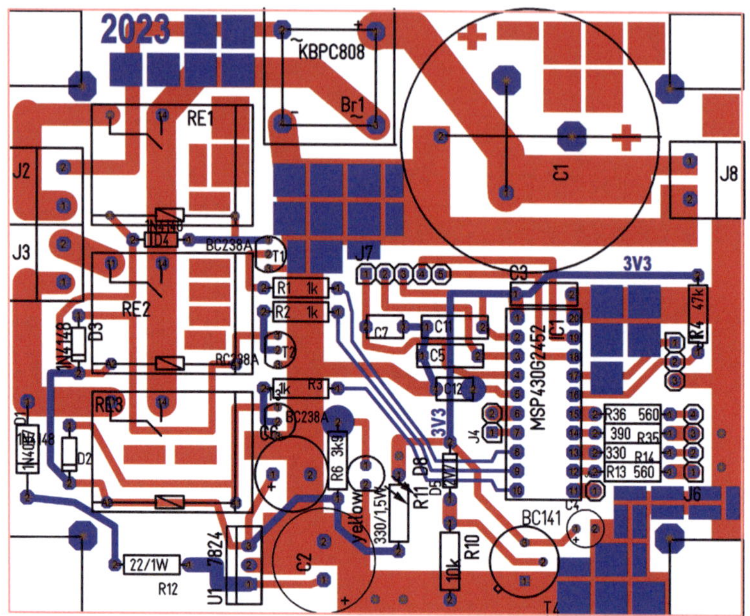

Bild 6.31b: Layoutvorschlag für die Steuerplatine nach Bild 6.31a. Die Abmessungen der Platine sind 80x100 mm. Es sind nur bedrahtete Bauteile eingesetzt.

Bild 6.31c: Messungen an der aufgebauten Steuerplatine. Die Relais stammen aus defekten Funksteckdosen. Der Mikrocontroller war aus dem LauchPad-Paket von Texas-Instruments übrig.

Der Mikrocontroller U1 bedient die Umschaltung der Eingangsspannung. Entscheidungskriterium ist die gewünschte Ausgangsspannung (U_{soll}), die auf der Reglerplatine mit R18 eingestellt wird. Der heruntergeteilte Wert des Spannungssollwertes wird an R6 (Reglerplatine) entnommen und über J7 (auf der Steuerplatine) dem Eingang P1.0 (Pin2) des

Mikrocontrollers zugeführt. Der Eingang des ADU im Mikrocontroller ist so hochohmig, dass selbst eine Abnahme über einen *100 kΩ* Widerstand tadellos funktioniert. Das habe ich in einem Versuch nachgewiesen. Hier spielt es aber keine Rolle, da die Abnahme sehr niederohmig an einem *330 Ω* Widerstand (R6) erfolgt. Möglich wird dies durch den Spannungsfolger U1B auf der Reglerplatine. Diesen habe ich nachträglich eingefügt, weil er im Gehäuse des 4-fach-Operationsverstärkers übrig war. Eine hochohmige Abnahme am Potentiometer für die Einstellung der Spannung ist jedenfalls unbedingt erforderlich, weil ansonsten die lineare Charakteristik des Potentiometers R18 verloren geht und als Folge würde die schöne Skala, die sich auf der Frontplatte befindet nicht mehr stimmen.

Anhand des Signals für den Sollwert der Ausgangsspannung wählt der Mikrocontroller mit Hilfe der drei Relais RE1 bis RE3 die passende Eingangsspannung. Das Ziel ist die Reduzierung der Wärmeleistung. Für die Regelung reicht eine Differenzspannung zwischen Eingangs- und Ausgangsspannung von *3 V* bis *4 V* aus. Die Eingangsspannung für die Reglerplatine liegt am Glättungskondensator an und wird über J8 bereitgestellt.

$U_{R6} = 1{,}5\ V$ entsprechen dem $ADU_{wert} = 1023$ bzw. der Spannungvorgabe von $U_{soll} = 30\ V$. Die Auflösung ist dann

$$\Delta U = \frac{U_{max}}{2^{10}-1} = \frac{30\,V}{1023} \approx 29\,mV \qquad \{6.19\}$$

Um eine saubere Ausregelung der Ausgangsspannung sicherzustellen, muss die Spannung vor dem Längstransistor T6/T5 höher sein, als die geforderte Ausgangsspannung. Ich gehe von mindestens *3 V* aus. Im Beispiel hat der Transformator drei Wicklungsausgänge: bei $10\ V_{eff}$, bei $20\ V_{eff}$ und bei $30\ V_{eff}$. Gemäß {1.2} gehören dazu die folgenden Gleichspannungen (Maximalwerte, ohne Belastung):

$$\hat{U}_1 = 10\,V \cdot 1 \cdot \sqrt{2} - 2 \cdot 0{,}7\,V \approx 12{,}7\,V$$

$$\hat{U}_1 = 20\,V \cdot 1 \cdot \sqrt{2} - 2 \cdot 0{,}7\,V \approx 26{,}9\,V$$

$$\hat{U}_1 = 30\,V \cdot 1 \cdot \sqrt{2} - 2 \cdot 0{,}7\,V \approx 41{,}0\,V$$

Die Fallunterscheidung könnte so aussehen, wie in der *Tabelle 6.1*. Wichtig ist, dass nur ein Relais eingeschaltet sein darf, ansonsten gibt es einen Kurzschluss zwischen den Wicklungen.

Bedingung		Relais1	Relais2	Relais3
$0\,V \leqslant U_{soll} \leqslant 9\,V$	$ADU_{wert} \leqslant \frac{1023}{30\,V} \cdot 9\,V \approx 307$	ein	aus	aus
$9\,V < U_{soll} \leqslant 23\,V$	$307 < ADU_{wert} \leqslant 784$	aus	ein	aus
$23\,V < U_{soll} \leqslant 30\,V$	$784 < ADU_{wert} \leqslant 1023$	aus	aus	ein

Tabelle 6.1: Es darf nur ein Relais eingeschaltet sein.

Bei der Programmumsetzung müssen natürlich noch Hysteresen eingebaut werden. Ansonsten würde es an den Umschaltschwellen wildes „Relaisflattern" geben. Mir schien es sinnvoll in dieser Anwendung eine Hystere von *ΔU = 3 V* zu wählen. Dann sollte es auch bei schnellem Drehen des Potentiometers für die Ausgangsspannung kein Flattern der Relais geben. Weiterhin ist zu beachten, dass die Hysterese ausgehend von den Werten in der Tabelle 6.1 nur nach unten gehen kann, da der Transformator nur maximal Nennspannung liefern kann. Abgeleitet von der Gleichung 6.19 gehört zu *ΔU = 3 V* ein Zahlenwert des ADU von

$$ADU_{wert} = \frac{1023}{30\,V} \cdot 3\,V = 102{,}3 - \rightarrow somit\,102$$

Es sind dann zwei Richtungen zu unterscheiden: Steigt der Spannungs-Sollwert oder fällt der Spannungs-Sollwert. Für ein steigendes U_{soll} kann die Tabelle 6.1 genutzt werden. Für fallendes U_{soll} wird dann die Tabelle 6.2 verwendet. Im Programm des Mikrocontrollers wird die Fallunterscheidung anhand des aktuell eingeschalteten Relais erkannt. Ein Pseudocode ist nachfolgend abgedruckt.

Bedingung		Relais1	Relais2	Relais3
$20\,V < U_{soll} \leq 30\,V$	$682 < ADU_{wert} \leq 1023$	aus	aus	ein
$6\,V < U_{soll} \leq 20\,V$	$204 < ADU_{wert} \leq 682$	aus	ein	aus
$0\,V \leq U_{soll} \leq 6\,V$	$ADU_{wert} \leq \frac{1023}{30V} \cdot 6\,V \approx 204$	ein	aus	aus

Tabelle 6.2: Umschaltschwellen für fallendes U_{soll}.

Pseudo-Code für die Wahl des Relais zur Schaltung aus Bild 6.31a

```
if ((Usoll  > 307)  &&  (Relais1 > 0))
{
   Relais1 = 0
   Relais3 = 0
   Relais2 = 1
}
else if ((Usoll  > 784)  &&  (Relais2 > 0))
{
   Relais2 = 0
   Relais1 = 0
   Relais3 = 1
}
else if ((Usoll < 682) && (Relais3 > 0))
{
   Relais3 = 0
   Relais1 = 0
```

```
    Relais2 = 1
}
else if ((Usoll < 204) && (Relais2 > 0))
{
    Relais2 = 0
    Relais3 = 0
    Relais1 = 1
}
```

Die Versorgungsspannung für die Relais, den Mikrocontroller und die Operationsverstärker der Reglerplatine wird über D1, R12, C2 und U1 bereitgestellt. Die Relais arbeiten mit *24 V*. Aus der 24-V-Spannung wird mit Hilfe eines Parallelreglers, der mit D5 und T4 aufgebaut ist, die 3,3-V-Spannung für den Mikrocontroller gewonnen. Der tatsächliche Nennwert dieser Spannung kann zwischen *1,8 V* und *3,3 V* liegen.

Auch die Reglerplatine erhält die Spannungsversorgung von der Steuerplatine. Weil die Reglerplatine mit 12 V arbeitet, muss dazu allerdings der Spannungsregler (U2, Bild 6.29a) bestückt sein.

6.7.2.1 Stromerfassung, Stromanzeige

Das Freischaltrelais RE4 (auf der Reglerplatine) wird mit dem Taster T3 ein- bzw. ausgeschaltet. C12 dient zusammen mit dem PullUp-Widerstand, der sich im Mikrocontroller befindet, der Dämpfung von Kontaktprellen.

Der Strom wird mit Hilfe des Shunts R19 (Reglerplatine, Schaltung aus Bild 6.29a) gemessen. Der Istwert des Stromes wird an R27 dem Mikrocontroller zur Verfügung gestellt. Fließt ein Strom von $I_{out} = 3\ A$, dann gehört dazu die Spannung $U_{R27} = 1{,}5\ V$ bzw. der Wert des Analog-Digital-Wandlers ist dann 1023. Die Auflösung ist $\Delta I = 2{,}93\ mA$. Mit meist noch ausreichender Genauigkeit kann man festlegen: $\Delta I = 3\ mA$. Wem diese Genauigkeit nicht ausreicht, der kann den Wert von R36 auf *2850 Ω* ändern (z.B. realisierbar durch eine Reihenschaltung). Dann erhält man bei einem Ausgangsstrom von *3 A* eine Spannung von *1,47 V* an R27. Dies entspricht einem ADUwert von 1000. Im Programm des Mikrocontrollers kann man dann den vom ADU gelieferten Wert einfach dreimal addieren und erhält den Strom in *mA* in einer Ganzzahl (Integer-Typ ohne Vorzeichen).

```
IistmA = Iist + Iist + Iist;   //in mA
```

Soll der Mikrocontroller die Ausgabe des Stroms übernehmen, wird ein entsprechendes PWM-Signal an R1 (Bild 6.29a) eingespeist. Dieses PWM-Signal wird an P2.6 ausgegeben. P2.6 wird dann als Ausgang für den internen Timer TA0.1 verwendet. Diese Option ist im weiter unten gelisteten Programm berücksichtigt.

Bei meinem Aufbau beträgt die Versorgungsspannung für den Mikrocontroller *2,68 V* (ist im Schaltbild Bild 6.31 mit +3V3 angegeben). Diese Spannung ist auch als Scheitelwert für die Ausgangspulse an P2.6 anzunehmen. Das Anzeigeinstrument erreicht Vollausschlag bei einem Strom von *30 µA*. Der Widerstandswert aller im Signalweg liegenden Widerstände ist

$$R_{ges} = R1 + R9 + R34 + R_{instrument}$$

$$R_{ges} = 68000\,\Omega + 5600\,\Omega + 560\,\Omega + 6500\,\Omega = 80660\,\Omega$$

Die effektive Spannung für Vollausschlag ist dann etwa *2,42 V*. Für Vollausschlag des Instrumentes muss deshalb das Puls-Pausen-Verhältnis einen Wert haben von

$$\frac{2{,}42\,V}{2{,}68\,V} \approx 0{,}903$$

In dem weiter unten vorgeschlagenen Code muss dazu in das Vergleichsregister TA0CCR1 der Wert 4515 eingetragen sein. Bezüglich der Benutzung des Timers im Mikrocontroller MSP430 verweise ich auf [10].

Der Mikrocontroller misst permanent den Strom. Solange der Wert nicht größer ist als 300 mA, gilt für den in das Register TA0CCR1 zu ladende Wert:

$$TA0CCR1 = \frac{5000}{300\,mA} \cdot IistmA = \frac{50}{3} \cdot I_{istmA}$$

Für Werte über *300 mA* muss gelten

$$TA0CCR1 = \frac{5000}{3000\,mA} \cdot IistmA = \frac{5}{3} \cdot I_{istmA}$$

Der Mikrocontroller muss in diesem Fall auch den Anzeigebereich umschalten und signalisieren. Das geschieht mit den LED D9 und D10 auf der Frontplatte.

Wie bereits im Abschnitt zur Reglerplatine erläutert, kann man die Stromanzeige auch ohne Mikrocontroller gestalten. In diesem Fall wird der Messbereich mit dem Schalter S2 (Schaltung Bild 6.29a) umgeschaltet.

J4 und J5 sind Reserveanschlüsse für die Nutzung des Mikrocontrollers. Im vorgeschlagenen Programm wird an P1.4 (oberer Anschluss von J4) die Referenzspannung des ADU ausgegeben (*1,5 V*).

6.7.2.2 Anzeige des Betriebszustands

Darüber hinaus stellt der Mikrocontroller fest, ob das Gerät noch in der Betriebsart „Konstantspannung" arbeitet. Dies wird signalisiert mit der LED D7 *„green, stab. U"*. Die Auswertung erfolgt durch einen Vergleich der eingestellten Sollspannung mit dem Istwert der Spannung am Ausgang. Wenn

$$U_{IST} < U_{SOLL}$$

wird die LED D7 ausgeschaltet und die LED D6 *„rot, stab. I"* eingeschaltet. In diesem Fall stimmt der mit Hilfe des skalierten Potentiometers R18 eingestellte Wert für die Ausgangsspannung nicht mehr, weil der eingestellte Maximalstrom erreicht bzw. überschritten ist. Die Erfassung von U_{IST} erfolgt über den Ausgangsspannungsteiler. An R5 (Reglerplatine) stehen *1,5 V* an, wenn die Ausgangsspannung U_{OUT} = *30 V* erreicht. Der Spannungswert an R5 wird über P1.1 vom Mikrocontroller erfasst. Wie schon beschrieben, befindet sich im Mikrocontroller ein AD-Wandler mit einer Auflösung von *10 Bit*. Die resultierende, auf die Ausgangsspannung bezogene Auflösung liegt dann bei

$$dU = U_{LSB} = \frac{U_{OUT}}{(2^{10}-1)} = \frac{30\,V}{1023} \approx 29{,}3\,mV \qquad \{6.20\}$$

Für die Entscheidung, ob die eingestellte Spannung stabil oder auf Strombegrenzung umgeschaltet ist, genügt diese Auflösung. Allerdings muss im Programm des Mikrocontrollers etwas Abstand eingeplant werden. Sinnvoll wäre zum Beispiel eine Auswertung, mit der ein Spannungsabfall bis *200 mV* noch als konstanter Spannungsbetrieb gilt. Gemäß der Gleichung 6.20 gehören gehört dazu ein *ADU-Wert =6,83; aufgerundet 7.* Erst wenn der Spannungsabfall darüber hinaus geht, gilt dies als Betrieb in der Strombegrenzung.

6.7.2.3 Programm des Mikrocontrollers

Die LauchPads MSP-EXP430G2ET von der Firma Texas Instruments enthalten zwei Mikrocontroller. Der Typ MSP430G2553 ist bereits aufgesteckt. Der Typ MSP430G2452 ist lose (in antistatischer Verpackung) beigelegt. Die Unterschiede zwischen beiden Mikrocontrollern sind nicht groß. So haben sich über die Jahre einige Mikrocontroller des Typs MSP430G2452 bei mir angesammelt. Das hat dazu geführt, dass ich für dieses Projekt nun genau diesen Typ eingesetzte habe. Ich habe mir Mühe gegeben den Code gut zu kommentieren. Darüber hinaus kann beim Programmieren des Mikrocontrollers [10] sehr hilfreich sein.

```
//Einfachteil, Steuerteil
//22. Dezember 2023, F.P. Zantis
#include <msp430g2452.h>
unsigned int ADC10_Buffer[3];          //für die Werte von P1.2, P1.1 P1.0
unsigned int Iist;                     //Strom, Rohwert
unsigned int IistmA;                   //Strom in mA als Integerwert
unsigned int Uist;                     //Istspannung, Rohwert
unsigned int Usoll;                    //Sollspannung, Rohwert
unsigned int flagRelais;               //Relais der Eingangsspannungswahl
unsigned int flagfreischalt;           //Relais für die Freischaltung

void main(void)
{
    WDTCTL = WDTPW | WDTHOLD;          // Stop watchdog timer
   BCSCTL1 = CALBC1_1MHZ;              //DCOCLK = 1 MHz
   BCSCTL2 = 0;                        //MCLK = SMCLK = DCOCLK
   DCOCTL = CALDCO_1MHZ;               //DCOCLK = 1 MHz

   P1SEL = 0;                          //alle Anschlüsse von Port1 als I/O
   P2SEL = 0;                          //alle Anschlüsse von Port2 als I/O
```

```
    P2DIR |= BIT0;                      //Ansteuerung Relais1
    P2OUT &= ~BIT0;
    P2DIR |= BIT1;                      //Ansteuerung Relais2
    P2OUT &= ~BIT1;
    P2DIR |= BIT2;                      //Ansteuerung Relais3
    P2OUT &= ~BIT2;
    P2DIR |= BIT4;                      //LED für const I
    P2OUT &= ~BIT4;
    P2DIR |= BIT5;                      //LED für const U
    P2OUT &= ~BIT5;
    P1DIR |= BIT6;                      //Anzeige Messbereich 300mA
    P1OUT &= ~BIT6;                     //inaktiv
    P1DIR |= BIT7;                      //Anzeige Messbereich 3000mA
    P1OUT &= ~BIT7;             //inaktiv
    P1DIR &= ~BIT3;             //P1.3 als Eingang für die Freischaltung
    P1REN |= BIT3;              //P1.3 Widerstände aktiv
    P1OUT |= BIT3;              //P1.3 Pullup-Widerstand aktiv
    P1IFG = 0x00;               //Interrupt-Flag für P1 löschen
    P1IE  = BIT3;               //Interrupt aktiv für P1.3
    P1IES |= BIT3;              //Interrupt erfolgt bei abfallender Signalflanke
    P2DIR |= BIT7;              //P2.7 als Ausgang für die Freischaltung
    P2OUT |= BIT7;              //P2.7 auf High: Ausgang offen
    flagfreischalt = 1;         //Freischaltrelais ist aktiv - also offen

    //ADC einstellen; P1.0, P1.1, P1.2
    P1DIR &= ~BIT0;             //P1.0 als Eingang
    P1DIR &= ~BIT1;             //P1.1 als Eingang
    P1DIR &= ~BIT2;             //P1.2 als Eingang
    P1REN |= BIT0;              //P1.0 Widerstände aktivieren
    P1REN |= BIT1;              //P1.1 Widerstände aktivieren
    P1REN |= BIT2;              //P1.2 Widerstände aktivieren
    P1OUT &= ~BIT0;             //P1.0 Pulldown-Widerstand wegen gesicherten Bezug
zu GND
    P1OUT &= ~BIT1;             //P1.1 Pulldown-Widerstand wegen gesicherten Bezug
zu GND
    P1OUT &= ~BIT2;             //P1.2 Pulldown-Widerstand wegen gesicherten Bezug
zu GND
    ADC10AE0 = BIT0;            //P1.0 als ADU-Eingang
    ADC10AE0 |= BIT1;           //P1.1 als ADU-Eingang
    ADC10AE0 |= BIT2;           //P1.2 als ADU-Eingang
    ADC10CTL0 = 0;              //ADC deaktivieren (ENC = 0; alles ist Null)
    ADC10CTL0 |= SREF_1;        //Vref & Vss (GND) als Referenzsspannung
    ADC10CTL0 |= REFON;         //Referenzgenerator ein
    ADC10CTL0 |= REFOUT;        //Ausgabe der Referenzspannung (an P1.4)
    ADC10CTL0 |= ADC10SHT_3;    //längste Sample & Hold Zeit 64 cyles
    ADC10CTL0 |= MSC;           //multiple samples
```

```
    ADC10CTL0 |= ADC10ON;          //ADC einschalten
    ADC10CTL1 = INCH_2;            //P1.2 ist erster Input
    ADC10CTL1 |= ADC10SSEL_3;      //Taktquelle ist SMCLK
    ADC10CTL1 |= ADC10DIV_7;       //Takt geteilt durch 8 = 125 kHz
    ADC10CTL1 |= CONSEQ_1;         //sequence of channels; von P1.2 nach P1.0
    ADC10DTC1 = 0x03;              //drei Werte lesen (P1.0, P1.1, P1.2)
    ADC10CTL0 |= ENC;              //ADC aktivieren

    //Timer für die Stromanzeige mit PWM
    P2DIR |= BIT6;                 //PWM-Ausgang
    P2SEL |= BIT6;                 //PWM-Ausgang
    TA0CCR0 = 5000;                //PWM-Frequenz ist 200 Hz
    TA0CCR1 = 0;                   //Duty-Cycle ist 50%
    TA0CCTL1 = OUTMOD_7;           //Output-Mode Reset/Set
    TA0CTL = TASSEL_2;             //SMCLK ist die Taktquelle
    TA0CTL |= ID_0;                //Taktteiler ist 1
    //TA0CTL |= ID_1;              //Taktteiler ist 2
    TA0CTL |= MC_1;                //aufwärts zählen bis CCR0 erreicht ist

    //Start Relais Spannungswahl; es wird zunächst das Relais für die mittlere
Spannung aktiviert
    P2OUT &= ~BIT0;
    P2OUT &= ~BIT2;
    flagRelais = 2;
    P2OUT |= BIT1;

    _EINT();                       //Interrupts freigeben (für die Freischaltung)

    while(1)
    {    ADC10CTL0 &= ~ENC;
         ADC10SA = (unsigned int)&ADC10_Buffer[0];       //Zielspeicheradresse
zuweisen
         ADC10CTL0 |= ENC + ADC10SC;                     //ADC starten
         while(ADC10CTL1 & ADC10BUSY);

         Iist = ADC10_Buffer[0];                 //Iist über P1.2
         Uist = ADC10_Buffer[1];                 //Uist über P1.1
         Usoll = ADC10_Buffer[2];                //Usoll über P1.0


         //Auswahl der Transformatorspannung bzw. das zugehörige Relais
         if ((Usoll  > 307)  &&  (flagRelais == 1))      //Usoll > 9V
         {
             P2OUT &= ~BIT0;
             P2OUT &= ~BIT2;
             flagRelais = 2;
```

```
            P2OUT |= BIT1;
        }
        else if ((Usoll  > 784)  &&  (flagRelais == 2))//Usoll > 23V
        {
            P2OUT &= ~BIT0;
            P2OUT &= ~BIT1;
            flagRelais = 3;
            P2OUT |= BIT2;
        }
        else if ((Usoll < 682) && (flagRelais == 3))   //Usoll < 20V
        {
            P2OUT &= ~BIT0;
            P2OUT &= ~BIT2;
            flagRelais = 2;
            P2OUT |= BIT1;
        }
        else if ((Usoll < 204) && (flagRelais == 2))   //Usoll < 6V
        {
            P2OUT &= ~BIT1;
            P2OUT &= ~BIT2;
            flagRelais = 1;
            P2OUT |= BIT0;
        }

        //Ausgang freischalten oder nicht
        if (flagfreischalt > 0)         //Ausgang nicht freigeschaltet
        {
            P2OUT |= BIT7;              //Ausgang nicht freischalten (Relais aktiv)
            P2OUT &= ~BIT5;             //green LED off, keine Betriebsanzeige
            P2OUT &= ~BIT4;             //red LED off, keine Betriebsanzeige
        }
        else
        {
            P2OUT &= ~BIT7;             //Ausgang freischalten (Relais nicht aktiv)
            if((Usoll) > (Uist+7))      //Prüfen ob die Strombegrenzung aktiv ist;
 7 entspricht ca. 200mV
            {
                P2OUT |= BIT4;//red LED on, Betrieb ist konstante Spannung
                P2OUT &= ~BIT5;         //green LED off
            }
            else
            {
                P2OUT &= ~BIT4;         //red LED off
                P2OUT |= BIT5;//green LED on, Betrieb ist Strombegrenzung
            }
        }
```

```
        //Steuern des Drehspulmesswerks für die Stromanzeige
        //und Umschaltung des Messbereiches inkl. Signalisierung
        IistmA = Iist + Iist + Iist;            //in mA
        if (IistmA > 306 )                      //größer als 300mA?
        {
            P1OUT |= BIT7;                      //Messbereich 3A anzeigen
            P1OUT &= ~BIT6;
            TA0CCR1=( 1.7 * IistmA) +1;
        }
        else
        {
            P1OUT |= BIT6;                      //Messbereich 300mA anzeigen
            P1OUT &= ~BIT7;
            TA0CCR1=(17 * IistmA) +1;
        }
    }
}


#pragma vector=PORT1_VECTOR
__interrupt void Port_1(void)
{
    P1IFG &= ~BIT3;                     //Interrupt-Flag zurücksetzen
    flagfreischalt ^= BIT0;
    __delay_cycles(400000);             //400ms warten wegen Kontaktprellen
}
```

6.8 Hochvolt-Regler

Gerade unter Funkamateuren sind Schaltungen mit Röhren noch aktuell. Röhren benötigen zum Betrieb meistens eine höhere Spannung im Bereich von etwa $U_b = 150\ V \ldots\ldots 350\ V$. Ansonsten sind auch bei Röhrenschaltungen aus den bekannten Gründen linear arbeitende Stromversorgungsgeräte wünschenswert.

6.8.1 Hochvolt-Regler für stationäre Anwendung

Die Schaltung aus Bild 6.32 ist einfach aufzubauen, besitzt aber dennoch gute Regeleigenschaften. So sind Anwendungen für SSB-Linearendstufen (Gitterspannungseinstellung) und sonstige Röhrenschaltungen denkbar.

Der Ausgangstransistor ist in einem TO-220-Gehäuse und besitzt die beiden Wärmeübergangswiderstände $R_{thJA} = 62,5\ K/W$ und $R_{thJC} = 3,125\ K/W$. Die maximal verarbeitbare Wärmeleistung bei einer Umgebungstemperatur von $\vartheta_A = 25\ °C$ ist angegeben mit $P_{tot} = 40\ W$. Wie wir aus Kapitel 4 wissen, ist diese Leistung in der Praxis nie nutzbar; allenfalls kurzzeitig. Um diese Leistung nutzen zu können müsste

$R_{thJC} = R_{thJA}$

gelten, was unmöglich ist, es sei denn die Geräteinnentemperatur wird unter 25 °C gehalten. Ich gehe mal aus von einer realistischen Geräteinnentemperatur in Höhe von $\vartheta_A = 35\ °C$. Dann ergibt sich für die maximale Leistung, die im Transistor umgesetzt werden darf:

$$P_{max} = \frac{\vartheta_J - \vartheta_A}{R_{thJA}} = \frac{150°C - 40°C}{62{,}5\,K/W} = 1{,}76\,W$$

Wird der Transistor auf einen Kühlkörper, wie im Bild 4.4 rechts geschraubt, so ist die mögliche Wärmeleistung

$$P_{max} = \frac{\vartheta_J - \vartheta_A}{R_{thJC} + R_{thCS} + R_{thSA}} = \frac{150°C - 35°C}{3{,}125\,K/W + 1{,}4\,K/W + 20\,K/W} \approx 4{,}7\,W$$

Dabei bin ich von einer isolierten Montage ausgegangen. Wegen der höheren Spannung habe ich den Wert einer dicken Glimmerscheibe (*100 µm* dick) verwendet (siehe Abschnitt 4.3).Wenn am Eingang (Klemme J2) eine ungeregelte Spannung von *300 V* ansteht und am Ausgang (Klemme J1) eine stabile Spannung von *50 V* gefordert ist, dann ergibt sich für den maximalen Ausgangsstrom I_{OUT}:

$$I_{OUT} = \frac{P_{T1}}{U_{IN} - U_{OUT}} = \frac{4{,}7\,W}{300\,V - 50\,V} \approx 19\,mA$$

Wird am Ausgang (J1) eine Spannung von 250 V eingestellt, dann darf der Ausgangsstrom dauerhaft einen Wert annehmen von

$$I_{OUT} = \frac{P_{T1}}{U_{IN} - U_{OUT}} = \frac{4{,}7\,W}{300\,V - 250\,V} = 94\,mA$$

Höhere Ströme sind möglich, wenn die Kühlung verbessert wird. Für ein paar Millisekunden bis Sekunden (je nach Umgebungstemperatur und Kühlmaßnahme) ist auch der maximal mögliche Strom in Höhe von

$$I_{OUT.kurz} = \frac{40\,W}{300\,V - 50\,V} = 160\,mA$$

erlaubt. Aber Vorsicht: Das geht nur gut, bis die maximale Sperrschichttemperatur erreicht ist (siehe im Abschnitt 4.2.5 „Nutzung der Wärmekapazität“).

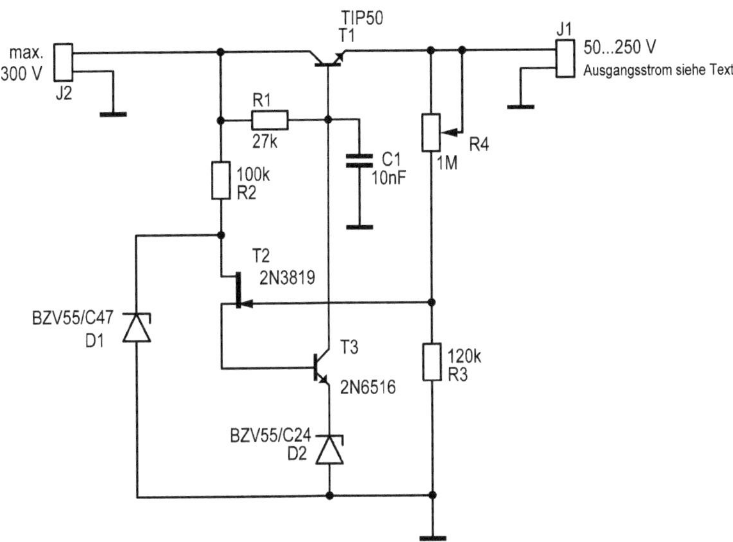

Bild 6.32: Lineare Netzteilschaltung für höhere Ausgangsspannungen.

Bei T2 handelt es sich um einen N-Kanal-FET Verarmungstyp. Das heißt bei der Spannung $U_{GS} = 0\ V$ fließt ein Drainstrom. Der Basisstrom für T1 kommt vom Widerstand R1. Sinkt die Ausgangsspannung und damit die Spannung am Gate, so leitet T2 etwas weniger gut. Dadurch kann T3 weniger Strom aufnehmen und es bleibt mehr Strom für die Basis von T1 übrig, so dass dieser etwas mehr öffnet. Steigt die Ausgangsspannung und damit die Spannung am Gate, so leitet T2 etwas besser und T3 übernimmt mehr Strom, so dass weniger Strom für die Basis von T1 übrig bleibt und dieser weiter schließt. D1 sorgt dafür, dass die maximal erlaubte Spannung am Drain von T2 nicht überschritten wird. An R2 fällt die Spannung ab

$$U_{R2}=U_{\mathrm{IN}}-U_{D1}=300\,V-47\,V=253\,V$$

Dieser Widerstand muss also eine elektrische Leistung aushalten von

$$P_{R2}=\frac{U_{R2}^2}{R2}=\frac{(253\,V)^2}{100000\,\Omega}\approx 640\,mW$$

Die Spannung an R1 ist am größten, wenn die kleinste Ausgangsspannung in Höhe von *50 V* eingestellt wird. Sie ist dann

$$U_{R1}=U_{\mathrm{IN}}-(U_{OUT}+U_{BE.T1})=300V-(50\,V+0{,}7\,V)=249{,}3\,V$$

Dieser Widerstand muss ausgelegt sein für die elektrische Leistung

$$P_{R1}=\frac{U_{R1}^2}{R1}=\frac{(249{,}3\,V)^2}{27000\,\Omega}\approx 2{,}3\,W$$

6.8.2 Hochvolt-Labornetzteil

Prinzipiell unterscheidet sich die Technik für ein Hochvolt-Labornetzteils nicht von den bereits beschriebenen Netzteilen für Kleinspannung. Im Detail gibt es jedoch beim Aufbau zu beachtende Unterschiede. Das beginnt mit dem Stelltransistor (Längstransistor), der die hohe Spannung aushalten muss. In der Regel sind die Ströme, die zum Beispiel beim Betrieb von Röhrenschaltungen auftreten, vergleichsweise klein. Dann muss aus der hohen Eingangsspannung eine niedrige Spannung zur Versorgung der Operationsverstärker generiert werden. Auch bei der Erfassung der Istwerte von Ausgangsspannung und Ausgangsstrom ist zu beachten, dass die Eingänge der Operationsverstärker nicht überlastet werden.

Eine rudimentär ausgearbeitete Schaltung ist im Bild 6.33 abgedruckt. Die detaillierte Ausarbeitung folgt dann hier und lässt Spielraum für eigene Anpassungen. Die Ausgangsspannung soll beispielhaft einstellbar sein im Bereich $U_{J1} = 0 \ldots 280\ V$. Der Ausgangsstrom von $I_{J1} = 0 \ldots 500\ mA$. Im Längstransistor kann somit eine Wärmeleistung entstehen von *140 W*. Diese Wärmeleistung entsteht im Transistor, wenn eine sehr niedrige Ausgangsspannung bei maximalem Strom gefordert wird. Hier ist wieder das Problem der Wärmeabführung zu berücksichtigen. Dieses Thema habe ich im Kapitel 4 und auch an anderer Stelle umfangreich behandelt und ich möchte hier nicht weiter darauf eingehen.

Ein Transistor, der sowohl die Spannung als auch die mögliche Wärmeleistung aushält ist der Typ MJL3202A. Dieser ist für Spannungen bis $U_{CE} \leq 350\ V$ geeignet. Die Stromverstärkung ist für Kollektorströme unter *5 A* mit mindestens $B = 80$ angegeben. Der Treibertransistor MPSA42 kann mit $U_{CE} \leq 300\ V$ belastet werden - was ausreichend ist. Damit ist der Hauptweg der Energie schonmal für die hohen Spannungen ausgelegt. Die Ansteuerung von T2 geschieht wie bisher auch mit einem Operationsverstärker. Als Referenz ist wieder eine Z-Diode mit der Zenerspannung $U_Z = 5{,}6\ V$ eingesetzt (D1). Wenn an der Klemme J1 280 V anstehen, dann liegt an R3 die Zenerspannung von *5,6 V*. Ich verwende für R3 einen *5,6 kΩ* Widerstand. Entsprechend muss der Wert von R2 dann sein

$$\frac{U_Z}{R3} = \frac{U_{J1}}{R2+R3}$$

$$R2 = \frac{R3 \cdot U_{J1}}{U_Z} - R3 = \frac{5{,}6\,k\Omega \cdot 280\,V}{5{,}6\,V} - 5{,}6\,k\Omega = 274{,}4\,k\Omega$$

Diesen Widerstand kann man nicht kaufen. Man kann sich an den Wert mit ausreichender Genauigkeit nähern, wenn man zwei Widerstände aus der E12-Reihe in Serie schaltet. Zum Beispiel *240 kΩ + 33 kΩ.*

Hier nun macht es Sinn die Belastung zu prüfen. Der Gesamtwiderstand von R2 und R3 ist *280 kΩ,* so dass bei der maximalen Ausgangsspannung von 280 V ein Strom von einem Milliampere durch R2 und R3 fließt. Somit ergibt sich in R2 die Wärme

$$P_{R2} = (I_{R2})^2 \cdot R2 = (1\,mA)^2 \cdot 270000\,\Omega = 270\,mW$$

bzw. nach Aufteilung reicht es den größten Widerstand zu betrachten:

$$P_{R2}=(I_{R2})^2 \cdot R2=(1\,mA)^2 \cdot 240000\,\Omega=240\,mW$$

Es reichen also bedrahtete Standardwiderstände aus, sofern diese die Spannung aushalten. Die höchste Spannung fällt am höchsten Widerstandswert ab. Das sind also am *240 kΩ*-Widerstand dann *240 V*. Die meisten THT-Widerstände im Gehäuse 0207 sind geeignet bis *250 V*, so dass es hier kein Problem gibt. Eine gleichmäßgere Leistungsaufteilung erhält man, wenn 4 Widerstände mit je *68 kΩ* in Reihe geschaltet werden.

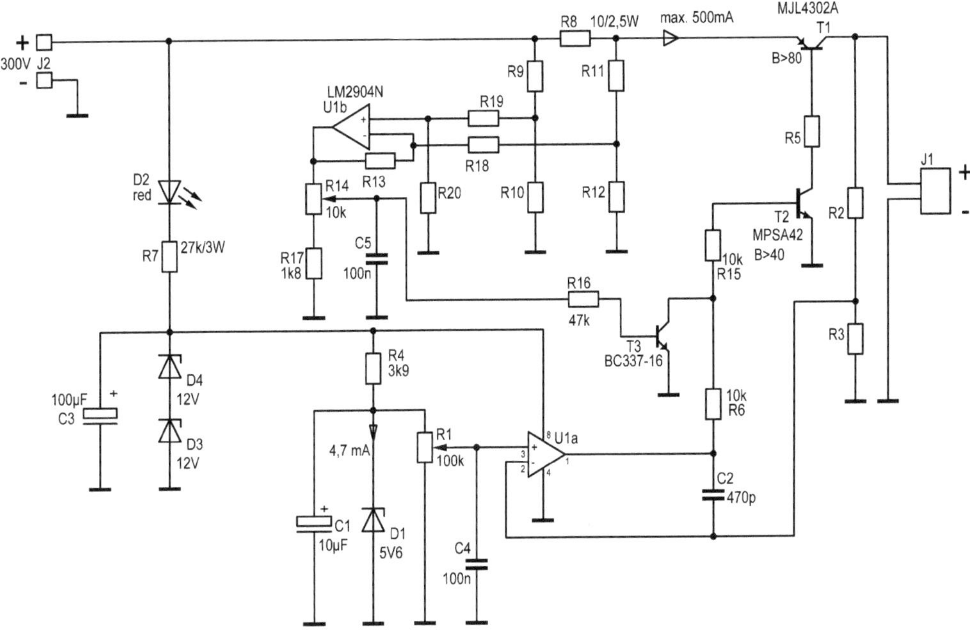

Bild 6.33: Lineares HV-Labornetzteil für 0....280 V und 0....500 mA. Erläuterungen zur Berechnung der Bauteile ohne Größenangaben sind im Text zu finden.

Wenn ein Strom von *500 mA* fließen soll, muss T2 einen Kollektorstrom tragen können von

$$I_{T2}=\frac{I_{J1}}{B_{T1}}=\frac{500\,mA}{80}=6{,}25\,mA$$

Dieser Strom fließt auch durch R5. Diesen Widerstand muss man auslegen für die Wärmeleistung

$$P_{R5}=I_{CT2} \cdot (U_{J2}-U_{BET1})=0{,}00625\,A \cdot (300\,V-0{,}7\,V)\approx 1{,}87\,W$$

Im Hinblick auf die hohe Spannung von knapp *300 V* würde ich diesen Widerstand aus zwei gleichen Widerständen in Reihe zusammensetzten.

$$R5=\frac{(U_{J2}-U_{BET1})}{I_{T2}}=\frac{(300\,V-0{,}7\,V)}{0{,}00625\,A}=47888\,\Omega\approx 47\,k\Omega$$

Bei zwei Widerständen von je *24 kΩ* aus der E12-Reihe muss jeder nur eine Spannungsfestigkeit von ca. *150 V* besitzen und die Wärmeleistung halbiert sich. Die Bestückung mit *1 W* Widerständen ist ausreichend.

Der Operationsverstärker muss lediglich einen Strom liefern von

$$I_{OUT}=\frac{I_{CT2}}{B_{T2}}=\frac{6{,}25\,mA}{40}\approx 156\,\mu A$$

Der Ausgangsstrom wird mit Hilfe des Shunts R8 erfasst. Hier gibt es wieder die Besonderheit, dass die Spannung links und rechts vom Shunt zu hoch ist für den Operationsverstärker. Sie wird also heruntergeteilt. Der Strom im Shunt R1 verursacht einen Spannungsabfall. Dieser liegt aber auf „hohem Niveau". Im Beispiel steht links vom Widerstand R1 eine Spannung von *300 V an.* Bei einem maximalen Strom von *I = 500 mA* ist die Spannung rechts vom Widerstand R1 also maximal *5 V* niedriger.

Wird der Operationsverstärker mit *24 V* betrieben, darf die Spannung an den Eingängen dort auch nicht größer werden. Tatsächlich muss sie für eine einwandfreie Funktion sogar um *1,5 V* kleiner sein. Das gilt zumindest für den eingesetzten Typ LM2904. Das bedeutet, es wird eine Spannungsteilung von mindestens *1:13,333* benötigt. Im gleichen Verhältnis teilt sich auch die Spannung am Shunt, die das Maß für den Strom ist. Weiterhin ist zu beachten, dass die Widerstände R18 und R19 deutlich größer sein müssen als die Widerstände R12 bzw. R10 des Teilernetzwerkes.

Um die Sache nicht zu verkomplizieren wird gesetzt: *R18 = R19* und *R13 =R20*. Mit dieser Vereinfachung gilt für die Ausgangsspannung des Operationsverstärkers

$$U_{outU1b}=\frac{R13}{R18}\cdot(U_{R10}-U_{R12}) \qquad \{6.21\}$$

Ich wähle ein Spannungsteiler-Verhältnis von *1:15*. An R10 liegt dann die Spannung

$$R_{R10}=\frac{300\,V}{15}=20\,V$$

Wir der Operationsverstärker mit *24 V* versorgt, ist dies eine gute Größenordnung. Eine gute Näherung für die Bestückung mit Widerständen aus der E12-Reihe wäre dafür *R9 = R11 = 220 kΩ* und *R10 = R12 = 15 kΩ.* Damit ergibt sich ein Teilerverhältnis von

$$\frac{R10}{R9+R10}=\frac{15\,k\Omega}{220\,k\Omega+15\,k\Omega}=\frac{1}{15{,}667}$$

Bei dieser Bestückung wird an R9 und R11 die Wärmeleistung

$$P_{R9}=P_{R11}=\frac{(280\,V)^2}{220000\,\Omega}\approx 356\,mW$$

umgesetzt. Für Standardwiderstände im THT Gehäuse 0207 ist das zu viel. Das zeigt sich beim Lesen der Daten für Kohleschichtwiderstände der Baugröße 0207 zum Beispiel auf „reichelt.de". Dort ist für diese die maximal ertragbare Wärmeleistung *250 mW angegeben.* Entweder man verwendet Widerstände in einem anderen Gehäuse, die eine größere Wärmeleistung umsetzen können oder man setzt die *220 kΩ* zusammen aus einer Serienschaltung von z.B. *100 kΩ* und *120 kΩ*. Neben der Wärmeleistung ist hier auch die maximale Spannung zu beachten mit der die Widerstände belastet werden dürfen. Ein Blick auf die Daten zeigt, dass die maximale Spannung für Kohleschichtwiderstände im Gehäuse 0207 meistens mit *250 V* deklariert ist. Das bedeutet, die vorgeschlagene Serienschaltung ist zwingend oder die Verwendung von einer anderen Spannungsfestigkeit.

Die Spannung an R10 ist mit der gewählten Bestückung dann tatsächlich

$$U_{R10}=\frac{300\,V}{15{,}667}\approx 19{,}15\,V$$

Bei einem maximalen Ausgangsstrom von I = *500 mA* ist die Spannung an R12 dann minimal. Sie ist

$$U_{R12}=\frac{295\,V}{15{,}667}\approx 18{,}83\,V$$

Die maximale Differenzspannung, die sich bei einem Ausgangsstrom von I = *500 mA* einstellt ist also

$$U_{diff}=U_{R10}-U_{R12}=19{,}15\,V-18{,}83\,V=320\,mV$$

Ich möchte pro *100 mA* Strom eine Ausgangsspannung von einem Volt. Bei *500 mA* also *5 V*. Somit muss die Verstärkung sein

$$V_u=\frac{5\,V}{320\,mV}=15{,}625$$

Entsprechend muss das Verhältnis *R13* zu *R18* bzw. R19 festgelegt werden. Diese ergibt sich bei guter Näherung mit

R13 = R20 = 2,2 MΩ
R18 = R19 = 150 kΩ

Damit ist auch die Eingangs erwähnte Forderung

R19 >> R10 bzw. *R18 >> R12*

erfüllt.

Mit der Gleichung {6.21} ist die maximale Ausgangsspannung des Operationsverstärkers U1b

$$U_{outU1b} = \frac{2{,}2\,M\Omega}{150\,k\Omega} \cdot (19{,}15\,V - 18{,}83\,V) \approx 4{,}693\,V$$

Mit R14 (Bild 6.33) wird nun die Ansprechschwelle für die Strombegrenzung eingestellt. Der niedrigste einstellbare Stromwert wird durch die Schwellspannung U_{BET3} vorgegeben. Dazu wären dann etwa 700 mV am Ausgang des Operationsverstärkers erforderlich. Diese entsprechen dann

$$\frac{500\,mA}{4{,}693\,V} \cdot 0{,}7\,V \approx 74{,}58\,mA$$

Findet man noch einen alten Germanium-Transistor und setzt diesen für T3 ein (z.B. der Typ AC127 oder ASY28) reduziert sich dieser Wert auf etwa die Hälfte, also auf *37,3 mA*. Der Schleifer von R14 steht dann in der obersten Position.

Ohne R17 wäre die Strombegrenzung inaktiv, wenn der Schleifer am unteren Ende steht (also mit GND verbunden ist). Das wäre ungünstig, denn dann besteht die Gefahr, dass entweder der speisende Transformator/Gleichrichter überfordert wird oder R8 bzw. T1 und/ oder der angeschlossene Verbraucher wird überlastet und zerstört. R17 muss entsprechend so dimensioniert sein, dass an ihm *700 mV* anliegen (zum Öffnen von T3; bzw. *350 mV* bei einem Germanium-Transistor) wenn der maximale Ausgangsstrom von *500 mA* fließt.

$$\frac{R14}{U_{outU1bmax} - U_{BE.T3}} = \frac{R17}{U_{BE.T3}}$$

$$R17 = \frac{R14}{U_{outU1bmax} - U_{BE.T3}} \cdot U_{BE.T3} = \frac{10\,k\Omega}{4{,}693\,V - 0{,}7\,V} \cdot 0{,}7\,V \approx 1753\,\Omega$$

6.9 Lineare Parallelregelung

Im Kapitel 2 wurde die Parallelstabilisierung vorgestellt. Hier nun kommt die Erweiterung zu einer Parallelregelung. Ausgehend vom Bild 2.12a mit dem zugehörigen Diagramm Bild 2.12b. In der praktischen Umsetzung ist R2 dann die Kollektor-Emitter-Strecke eines Bipolartransistors (BJT) oder die Drain-Source-Strecke eines Feldeffekttransistors.

Parallelregler sind die schnellsten Regler überhaupt. Darüber hinaus belasten sie die Spannungsquelle mit konstantem Strom. Ein vorgeschalteter Netztransformator muss keine hohen impulsartigen Ströme liefern, sondern nur regelmäßige Nachladeimpulse. Außerdem neigen Parallelregler nicht zu parasitären Schwingungen und sie sind kurzschlussfest, soweit der Trafo und die Gleichrichterdioden den Kurzschlussstrom I_k liefern können bzw. die entstehende Wärme aushalten.

$$I_k = \frac{U_{IN}}{R1}$$

Wie bei der Parallelstabilisierung ist die Parallelregelung nur sinnvoll, wenn immer ein verhältnismäßig großer Strom in den Verbraucher fließt. Bei einem Labornetzteil kann die Parallelregelung in Ausnahmefällen nützlich sein, wenn eine Rückspannung/ein Rückstrom vom Verbraucher zu erwarten ist. Nachteilig ist, dass die maximale Wärmeleistung dann auftritt, wenn kein Verbraucher angeschlossen ist. Genau dieser Umstand macht sie für Labornetzteile eher weniger interessant.

Hochinteressant sind sie z.B. bei analogen Audioschaltungen oder bei Sendeanlagen, die ständig in Betrieb sind. Man kann sie dann so auslegen, dass sowieso der meiste Strom in die zu versorgende Schaltung fließt und nur ein kleinerer Teil für die aktive Regelung verwendet wird. Bild 6.34 zeigt das Prinzip. R1 und die Kollektor-Emitter-Strecke des Transistors T1 bilden einen Spannungsteiler. Im Gegensatz zur Parallelstabilisierung, die ich im Kapitel 2 gezeigt habe, gibt es nun mit R3 eine Rückführung des Istwertes auf den (positiven) Eingang des Reglers. Versucht die Ausgangsspannung zu steigen, so steigt auch die Spannung an R4. Dadurch steigt auch die Ausgangsspannung des Operationsverstärkers und der Transistor T1 wird weiter aufgesteuert. Weil R1 konstant ist, wirkt das gemäß dem Spannungsteilerprinzip dem Anstieg der Ausgangsspannung entgegen. Der Transistor wird so weit geöffnet, bis die Spannung an R4 wieder der (Referenz-) Spannung an D1 entspricht. Für die Ausgangsspannung U_A gilt mit dem Ansatz:

$$\frac{U_A}{R3+R4} \cdot R4 = U_{D1}$$

dann umgestellt:

$$U_A = \frac{U_{D1}}{R4} \cdot (R3+R4) \qquad \{6.22\}$$

R1 muss immer den gesamten Strom aushalten. Bei permanent angeschlossenen Verbrauchern mit konstanter Stromaufnahme kann man die Schaltung so dimensionieren, dass der Spannungsabfall R1 nur so groß ist wie für die Funktion unbedingt notwendig.

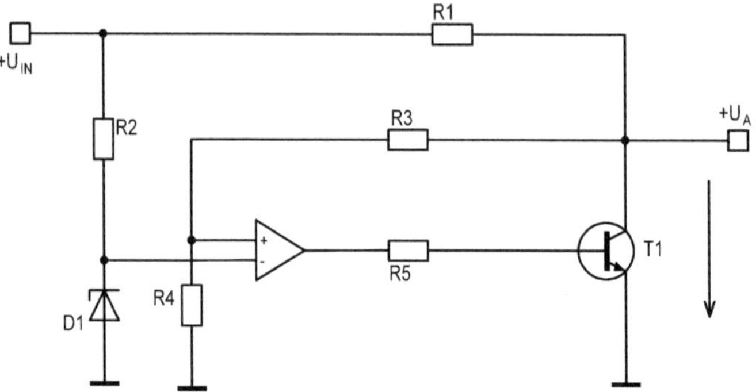

6.34: Prinzip der parallelen Regelung.

Im Bild 6.35 ist ein konkreter Schaltungsvorschlag für die Bereitstellung von *13,8 V* gezeigt. Die Ausgangsspannung lässt sich mit R6 zwischen *12,3 V* und *14,2 V* justieren.
Die Dimensionierung von R1 hängt von dem gewünschten maximalen Ausgangsstrom und von der Eingangsspannung ab.

$$P_{R1}=I\cdot(U_E-U_A)$$

Der maximale Ausgangsstrom soll *1 A* betragen. Bei einer Eingangsspannung von *16 V* fallen an R1 dann maximal *2,2 V* ab. Der Strom durch R1 ist konstant. Ein Teil fließt über J1 in den Verbraucher, der Rest fließt durch den Leistungstransistor. R1 muss also dann für eine Leistung von

$$P_{R1}=1\,A\cdot(16\,V-13{,}8\,V)=2{,}2\,W$$

ausgelegt sein. Der Widerstand muss dann einen Wert haben von

$$R1=\frac{(U_E-U_A)}{I}=\frac{(16\,V-13{,}8\,V)}{1}A=2{,}2\,\Omega$$

In T1 entsteht die maximale Wärme, wenn kein Verbraucher angeschlossen ist, weil er dann den gesamten Strom übernimmt.

$$P_{T1}=U_{J1}\cdot(I_{R1}-I_{J1})$$

$$P_{T1max}=13{,}8\,V\cdot(1\,A-0\,A)=13{,}8\,W$$

Es sind also Kühlmassnahmen wie Kühlkörper eventuell in Kombination mit Lüfter notwendig. Dazu habe ich im Kapitel 4 ausreichend vorgetragen.

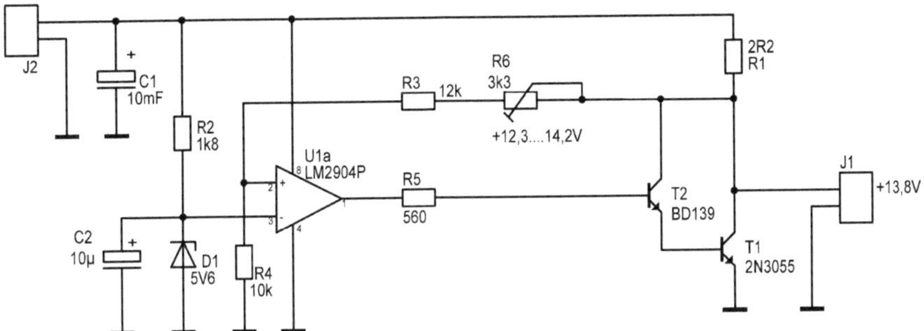

Bild 6.35: Bereitstellung von 13,8 V mit Parallelregelung.

Durch Ändern von R3 lassen sich auch andere Ausgangsspannungen einstellen. Es gilt unter der Voraussetzung $U_A \geq U_{D1}$

$$R3 = R4 \cdot \left(\frac{U_A}{U_{D1}} - 1\right)$$

Für eine kleine Ausgangsspannung könnte man anstelle von D1 eine andere Z-Diode einsetzen, diese hätte allerdings einen negativen Temperaturkoeffizienten. Besser ist es, die Spannung an D1 mit einem 10 kΩ-Trimmpotentiometer abzugreifen. So wie im Bild 6.36 gezeigt wird.

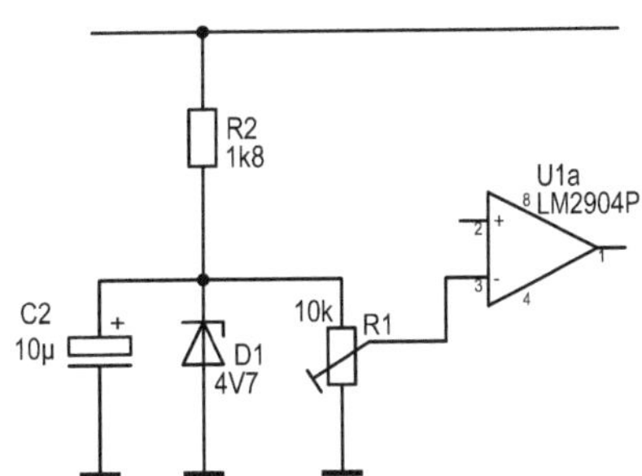

Bild 6.36: Referenzspannung, einstellbar.

Im Bild 6.37 wurde eine Z-Diode mit einer Zenerspannung von nur knapp unter *5 V* gewählt. Außer dieser Änderung wurden noch R3 und R6 angepasst, um eine Ausgangsspannung von *5 V* zu erhalten. Eine sinnvolle Eingangsspannung wäre in diesem Fall *8 V*. Die Wärmeleistung, die in R1 entsteht ist dann $P_{R1} = 3\ W$.

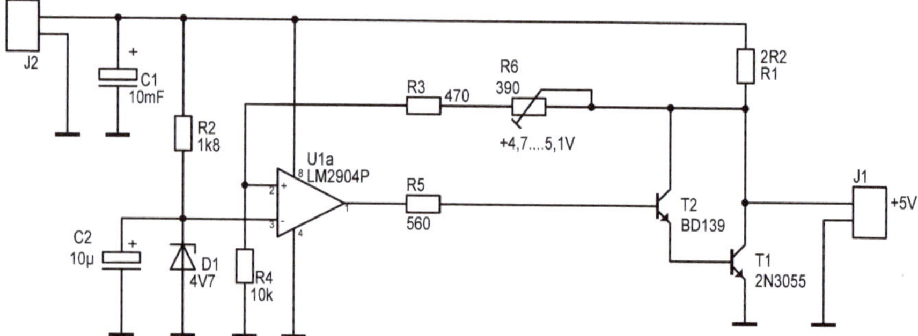

Bild 6.37: Bereitstellung von 5 V mit Parallelregelung.

Die in diesem Abschnitt vorgestellten Schaltungen enthalten keine Schutzvorkehrungen gegen Schwingneigung. Es ist ratsam, die im Abschnitt 6.7 vorgestellten Maßnahmen bzw. das erläuterte Vorgehen gegen Schwingneigung zu beachten.

6.9.1 Parallelregler mit symmetrischer Ausgangsspannung

Die Vorteile der parallelen Regler kommen gerade bei Audio- oder Funkgeräten voll zur Geltung. Sie sind die schnellsten Regler überhaupt. Nachteilig ist, dass bei Parallelreglern immer der Maximalstrom fließt. Bei der Versorgung von permanent eingeschalteten Empfängern oder Vorstufen ist dieser Nachteil aber eigentlich nicht vorhanden, denn der Laststrom ist permanent und schwankt nur wenig.

Der hier nun im Bild 6.38 vorgestellte Bauvorschlag zeigt ein Parallelregler-Netzteil mit symmetrischen Ausgangsspannungen. Mit P1 stellt man die Ausgangsspannung für den positiven Zweig ein. Da die Ausgangsspannung des positiven Zweiges als Referenzspannung für den negativen Zweig dient, stellt sich diese gleichzeitig entsprechend ein:

$$|+U| = |-U|$$

Der Widerstand R1 wird entsprechend des geforderten Einsatzes dimensioniert. Ebenso die erforderlichen Kühlmaßnahmen für die Leistungstransistoren T1 und T3.

Angenommen die Ausgangsspannung soll *+/-15 V* betragen bei einer ungeregelten Eingangsspannung von *+/-20 V* und einem maximale Ausgangsstrom von *200 mA*. In diesem Fall sehen die zu ergreifenden Maßnahmen wie folgt aus:

An R1 fällt dann eine Spannung von *5 V* ab. Zum Ausgangsstrom hinzu kommt der Strom, den die Reglerschaltung selbst aufnimmt. Ich gehe von *50 mA* aus - was völlig übertrieben ist, aber daher bei der Auslegung von R1 nicht schadet. Die Berechnung sieht dann wie folgt aus:

$$R1 = \frac{(U_E - U_A)}{I_{max}} = \frac{(20\,V - 15\,V)}{250\,mA} = 20\,\Omega$$

Ich nehme den nächst niedrigeren Wert aus der E12-Reihe. Das sind dann *18 Ω*. In diesem Widerstand wird permanent die Wärmeleistung

$$P_{R1} = (I_{max})^2 \cdot R1 = (250\,mA)^2 \cdot 18\,\Omega = 1{,}125\,W$$

umgesetzt. Sinnvoll wäre also ein Widerstand, der mit *2 W* belastbar ist.

In den Leistungstransistoren entsteht jeweils eine Wärmeleistung von maximal

$$P_{T1} = P_{T3} = |U_A| \cdot |I_{max}| = 15\,V \cdot 250\,mA = 3{,}75\,W$$

Diese Wärmeleistung muss abgeführt werden. Details dazu habe ich bereits im Kapitel 4 beschrieben.

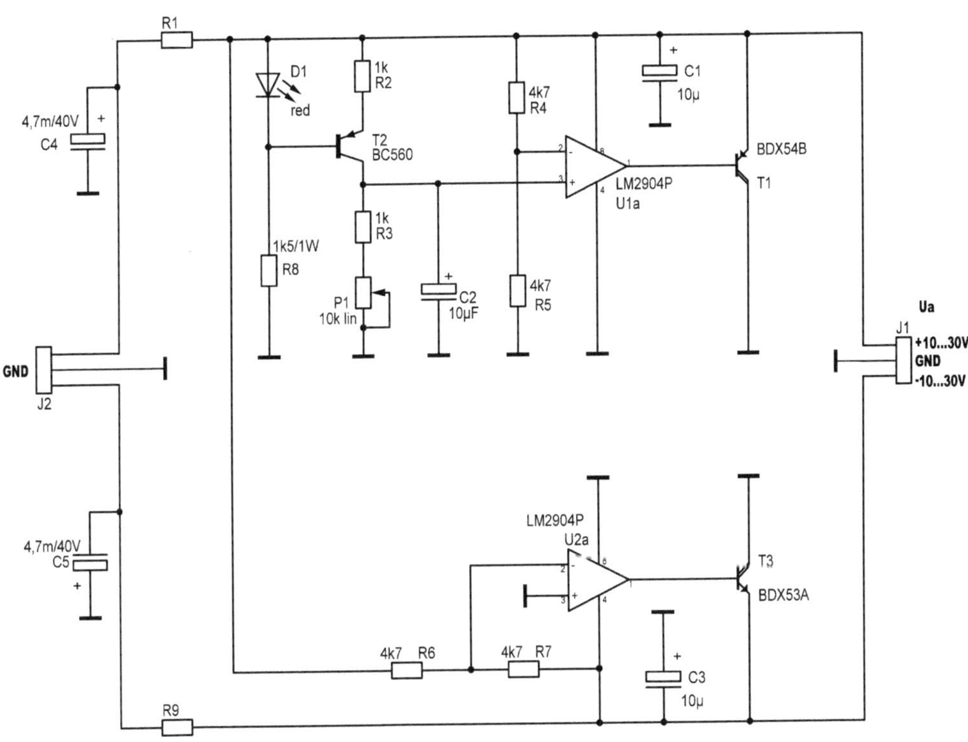

Bild 6.38: Parallelregler für symmetrische Ausgangsspannungen.

Zu der Schaltung aus Bild 6.38 noch ein Hinweis: Der LM2904 enthält zwei Operationsverstärker. Leider kann man aber nicht ein IC mit beiden Operationsverstärkern nutzen. Grund dafür ist die unterschiedliche Spannungsversorgung. Jeder Zweig braucht deshalb ein eigenes IC, wobei nur einer der beiden Operationsverstärker genutzt werden kann. Damit der jeweils ungenutzte Operationsverstärker keinen Unsinn (schwingen) macht, sollte man Ausgang und negativen Eingang verbinden und den positiven Eingang auf GND legen. So wie im Bild 6.39.

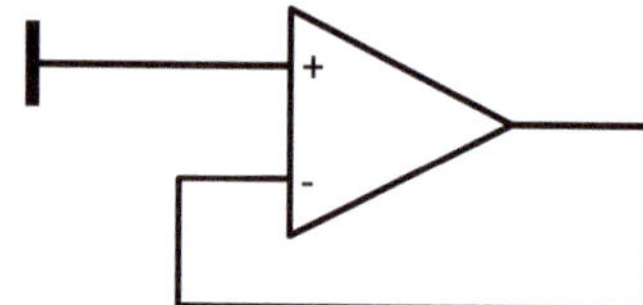

Bild 6.39: Beschaltung nicht benutzter Operationsverstärker.

6.11 Lineare Stromregelung

Reine Stromregler kommen seltener vor. Manchmal benötigt man im Labor oder in der Werkstatt einen konstanten Strom. Dieser kann aber leicht mit einigen der beschriebenen Laborversorgungen (Kapitel 6.3 „Isolated Source" oder Kapitel 6.4 „G02-Labornetzteil" oder Kapitel 6.6) eingestellt werden.

Es gibt aber auch Anwendungen zur Versorgung spezieller Geräte. Dazu gehört an erster Stelle die Beleuchtung durch Leuchtdioden. LED benötigen zum sauberen Betrieb einen konstanten Strom. Heutzutage wird dieser in aller Regel durch Pulsweitenmodulation hergestellt. Anders als bei Glühlampen, bei denen die eingehende pulsierende Energie durch die Wärmekapazität gemittelt wird, können die LEDs den schnellen Schaltvorgängen folgen. Auch dann noch, wenn die Grundfrequenz der Pulsweitenmodulation über *100 kHz* liegen würde. Die LEDs schalten also ständig zwischen hell (Vollast) und dunkel (aus) hin und her.

Die Mittelung erfolgt nicht im Licht selbst sondern in unseren Augen. Ob dies unserer Gesundheit schadet kann ich als Elektroniker nicht beurteilen. Erfahrungsgemäß (ich bin 64 Jahre alt) ergeben sich nach Jahrzehnten plötzlich Erkenntnisse, die man dann als „Spätfolgen" bezeichnet.

Selbst wenn es uns Menschen nicht schaden sollte: Es ist ganz sicher irritierend für manche Tiere und für Insekten. Diese haben zum Teil eine erheblich feinere Zeitauflösung in der Wahrnehmung von Lichtereignissen bzw. Bildern. Abgesehen davon ergeben sich Überlagerungseffekte. Für kleine mechanische Arbeiten nutze ich eine Feinbohrmaschine der Firma Proxxon. Der Bohrarbeitsplatz wird von einer Lupenleuchte der Firma Maul beleuchtet. Je nach Drehzahl scheint die Bohrmaschine still zu stehen oder rückwärts zu laufen oder sie dreht sich augenscheinlich viel langsamer als es in Wirklichkeit ist. Stelle ich die Lupenleuchte auf maximale Helligkeit, verschwindet dieser Effekt. Das ist der Nachweis für eine pulsweitengesteuerte Helligkeitseinstellung. Mal abgesehen vom gepulsten Licht geben Beleuchtungsanlagen mit LEDs ein qualitativ sehr minderwertiges Licht ab. Es wird mit Hilfe aufwändiger Technik und Chemie erzeugt und hat mit dem Sonnenlicht nichts mehr zu tun. Aber das ist ein anderes Thema.

Erschreckend ist auch das Nichtwissen der Anbieter pulsierender Beleuchtungsanlagen. Auf meine Frage bei der Firma Miele, ob die in meiner Abzugshaube verbaute LED-Beleuchtung denn mit einem kontinuierlichen Gleichstrom betrieben wird oder mit PWM gepulst wird erhielt ich die Antwort sie würde mit Gleichstrom gespeist, nicht mit Wechselstrom.

Die folgende Applikation ist als Beispiel gedacht. Sie soll für das Verständnis der Zusammenhänge herhalten und kann die Grundlage für eigene Entwürfe sein.

6.11.1 Stromregler für LED

Die folgende Applikation wurde zur Speisung einer LED in einem physikalischen Versuch entworfen. Dabei war, wegen der möglichen Störstrahlung, die Verwendung von Pulsweitenmodulation ausgeschlossen. Es musste also eine präzise kontinuierliche Regelung her.

Hier ist nun mal eine hochpräzise Referenzspannung mit einem Spezial-IC realisiert. Die Problematik mit der Beschaffung von Spezialbauteilen ist bekannt und für Modellbauer oder Funkamateure relevant. Bei Bedarf kann die Erzeugung der Referenzspannung mit Hilfe des Kapitels 3 leicht geändert werden. Die Physiker in unserem Institut übertreiben an manchen Stellen mit der gewünschten Präzision. Diese Übertreibung entsteht durch Unsicherheit. Andererseits: Sofern die höchste Präzision zur Verfügung steht kann man sie auch nutzen. Zumindest schadet es nicht. Zum Einsatz kommt das IC ADR421 von der Firma „Analog Devices". Es liefert eine besonders genaue und in weiten Bereichen unabhängig von Temperatur (*-40....+125 °C*) und Eingangsspannung (*4,5...18 V*) konstante Ausgangsspannung von *2,5 V.* Diese Spannung darf mit bis zu *10 mA* belastet werden.

Zur Vereinfachung der Handhabung der Schaltung im Betrieb, wird die Referenzspannung mit den Widerständen R17 und R18 auf $U_{ref} = 1\ V$ heruntergeteilt.

Die verwendete Schaltung ist im Bild 6.40 zu sehen.

Die Stromregelung selbst ist mit zwei Operationsverstärkern aufgebaut. Die Referenz gelangt auf U2a. Dieser Operationsverstärker steuert den Stelltransistor T1, der als Emitterfolger funktioniert. Die Strommessung selbst geschieht mit einem Shunt, der aus den beiden in Reihe geschalteten Widerständen R23 und R16 aufgebaut ist. Die Auslegung des Shunts ist einfach. Es gilt dafür:

$$R_{Shunt}=\frac{U_{ref}}{I_{const}}=\frac{1\,V}{I_{const}}$$

Je nach gewünschtem Konstantstrom ergeben sich Werte, die keinem Standardwert entsprechen. Aus diesem Grund ist die Reihenschaltung von zwei Widerständen vorgesehen. Auf diese Weise kann man den erforderlichen Widerstandswert auch aus niedrigen E-Reihen (z.B. E12 oder E24) zusammensetzen. Im Schaltbild ist die Bestückung für einen Konstantstrom von *100 mA* und *35 mA* angegeben. Der Operationsverstärker bildet die Spannung am Shunt gegen GND ab. Dieser Wert wird über R20 auf den negativen Eingang des ersten Operationsverstärkers (U_{2a}) zurückgeführt. U_{2a} steuert den Transistor T1 dann so an, dass am Shunt immer die Spannung von *1 V* abfällt. C37 verhindert eine Schwingneigung der Schaltung. Wie groß der Konstantstrom sein darf, wird durch die im Transistor T1 umgesetzte, maximale Wärmeleistung bestimmt. Sie hängt ab von der Spannungsversorgung ($+U_b$) und der umgesetzten Maßnahmen zur Entwärmung des Transistors. Die minimale Spannung für U_b ist begrenzt durch die minimale Versorgungsspannung der Referernzspannungsquelle. Diese beträgt laut Datenblatt *4,5 V.* Die maximale Spannung die dann noch am Verbraucher (LED) an der Klemme J3 zu Verfügung steht ergibt sich zu

$$U_{J3}=U_b-U_{dU2a}-U_{BE}-U_{ref}=4{,}5V-1{,}5V-0{,}7V-1V=1{,}3V \qquad \{6.23\}$$

Dabei ist

U_b die Versorgungsspannung in *V*
U_{dU2a} der Spannungsverlust zwischen Versorgungsspannung und maximaler Ausgangsspannung von U2a. Bei dem eingesetzten Typ ist dieser laut Datenblatt ca. *1,5 V*
U_{BE} die Spannung an der Basis-Emitter-Strecke des Transistors T1 (*0,7V*)
Ur_{ef} die Referenzsspannung (hier *1 V*)

Für die meisten LEDs wird dies zu wenig sein. Die maximale Versorgungsspannung ist ebenfalls durch das Referenzsspannungs-IC begrenzt - *also 18 V*. Die Operationsverstärker vertragen bis zu *32 V*. Letztendlich entscheiden aber die umgesetzten Entwärmungsmaßnahmen für den Transistor T1 über den tatsächlich einstellbaren Konstantstrom. Die Wärmeleistung in T1 ist

$$P_{T1}=U_{CE}\cdot I_{const}=(U_b-U_{ref}-U_{J3})\cdot I_{const}$$

Im Schaltbild 6.40 ist der Typ BCP56 vom niederländischen Halbleiterhersteller NXP eingezeichnet. Dieser ist im SOT223 (also ein SMD) Gehäuse. Die maximal erlaubte Wärmeleistung ist angegeben mit P_{tot} = *1 W,* wenn der Transistor mit der Kühlfahne auf einer Kupferfläche von *1 cm²* aufgelötet ist (zur Entwärmung durch Platinen-Kupferflächen siehe auch [2]). Bei einer Kupferfläche von *6 cm²* sind P_{tot} = *1,35 W* erlaubt. Wie das aussehen kann ist im Bild 6.41 zu sehen. Bei diesem Aufbau hat die als Kühlfläche vorgesehene Kupferfläche allerdings einen Wert von

$$2cm\cdot 1{,}7cm=3{,}4cm^2$$

Somit ist eine Belastung mit P_{tot} = *1 W* sicher möglich.

Fordert man einen Ausgangsstrom von *100 mA,* bleibt für die Spannung am Transistor übrig:

$$U_{CEmax}=\frac{P_{tot}}{I_{const}}=\frac{1W}{0{,}1A}=10V$$

Tatsächlich ist dann die maximal erlaubte Versorgungsspannung U_b

$$U_{bmax}=(U_{CEmax}+U_{ref}+U_{J3}+U_{dU2a})$$

Da aber die Ausgangsspannung von U_{2a} zur Verfügung gestellt werden muss, gilt gleichzeitig für die minimal notwendige Versorgungsspannung

$$U_{bmin}=(U_{BE}+U_{ref}+U_{J3}+U_{dU2a})$$

Sinkt U_b unter diesen Wert, kann der Ausgangsstrom nicht mehr konstant gehalten werden. Im Übrigen muss dabei wegen der Gleichung {6.22} aber zusätzlich gelten $U_{J3} \geq 1{,}3\ V$. Das sollte unproblematisch sein, wenn man von sichtbarem Licht ausgeht. Rote LEDs haben eine typische Betriebsspannung von *1,7 V*. Aber selbst Infrarot-LEDs liegen typischerweise bei *1,3 V* was so gerade noch funktionieren würde.

Dabei darf man auch nicht vergessen, dass die Versorgungsspannung für das Referenzspannungs-IC *4,5 V* nicht unterschreiten darf.

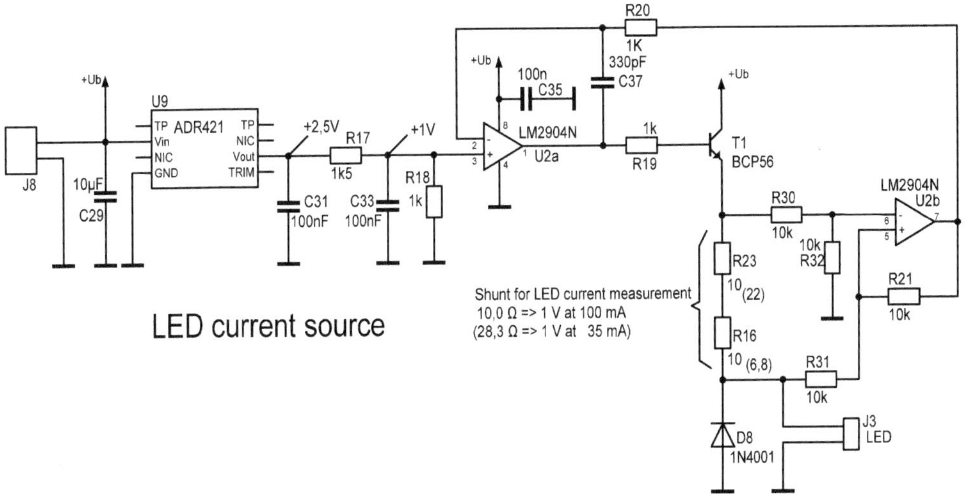

Bild 6.40: Konstantstromquelle z.B. für den Betrieb einer LED.

Im Bild 6.41 ist der Aufbau der Stromquelle innerhalb einer Platine zu sehen. Hier wird als Versorgungsspannung *14 V* genutzt. In der Bildmitte sieht man den Transistor T1 auf der Kühlfläche aufgelötet. Ganz links oben ist der Referenzspannungs-IC zu erkennen. Die beiden Operationsverstärker befinden sich zwischen Referenzspannungs-IC und Transistor T1 in einem SMD-Gehäuse. Den Typ LM2904 gibt es allerdings auch in einem 8-poligen DIL-Gehäuse.

Das vorgestellte Schaltungskonzept eignet sich auch für größere Ströme. Die Bauteile müssen entsprechend ausgelegt werden. Vor allem der Transistor T1 muss die gewünschten Ströme aushalten und auch die zugehörige Wärmeleistung. Bei größeren Strömen sollte darüber nachgedacht werden eine kleinere Referenzspannung zu verwenden. Bereits bei einem gewünschten Konstantstrom von einem Ampere würde nämlich ansonsten im Shunt eine Wärmeleistung von einem Watt anfallen. Gemeint ist die Änderung der relevanten Referenzspannung, die an R18 ansteht. Das gelingt leicht, durch Variation des Teilerverhältnisses von R17 und R18. Ich habe die Spannungsteiler-Formel schon mal umgestellt und hier mal aufgeschrieben:

$$R18 = \frac{R17}{\frac{2{,}5\,V}{U_{R18}} - 1}$$

Dabei ist U_{R18} die gewünschte relevante Referenzspannung.

Bild 6.41: Entwärmung mit Kupferfläche.

6.11.2 Spannungsgesteuerte Stromquelle mit Akkubetrieb

Für einen Versuch im physikalischen Praktikum wurde eine vom Netz isolierte Stromquelle benötigt. Die Entscheidung fiel auf eine Akkumulator betriebene lineare Stromquelle. Im vorliegenden Fall wurde eine Überwachung des Akkumulatorzustandes mit einem Mikrocontroller (ähnlich wie in [2] schon beschrieben) ausnahmsweise von den Physikern akzeptiert. Die Regulierung des Stroms funktioniert jedenfalls vollständig analog und linear. Die vorgestellte Schaltung ist nur für kleine Konstantströme ausgelegt. Das verwendete Prinzip funktioniert aber auch für größere Ströme.

Das Schaltbild ist im Bild 6.42 zu sehen. Der Strom wird mit dem Shunt R3 erfasst. Der Operationsverstärker U_{1b} gibt an seinem Ausgang eine Spannung proportional zum Strom durch R3 aus. Die maximale Stromstärke ist *25 mA*. Die Spannung an R3 wird zehnfach verstärkt, so dass der Einstellbereich für das Potentiometer *0...250 mV* sein muss. Der Operationsverstärker U_{1a} ist der eigentliche Regler. Als Referenzspannung wird die Versorgungsspannung des Spannungsüberwachungsmoduls U4 (*3,3 V*) verwendet.

Der Zusammenhang zwischen dem ausgegebenem Strom und der Spannung am positiven Eingang des Operationsverstärkers ist linear. So kann auf eine Anzeige des Ausgangsstroms verzichtet werden. Stattdessen ist der Einstellwert für einen bestimmten Strom direkt am Potentiometer auf die Frontplatten aufgedruckt (siehe Bild 6.44). Das „Gehäuse" ist einfach nur ein Blechwinkel. Die Frontplatte wurde mit dem Programm „Target" entworfen und auf Papier ausgedruckt. Diesen Ausdruck habe ich dann einfach auf die Front aufgeklebt.

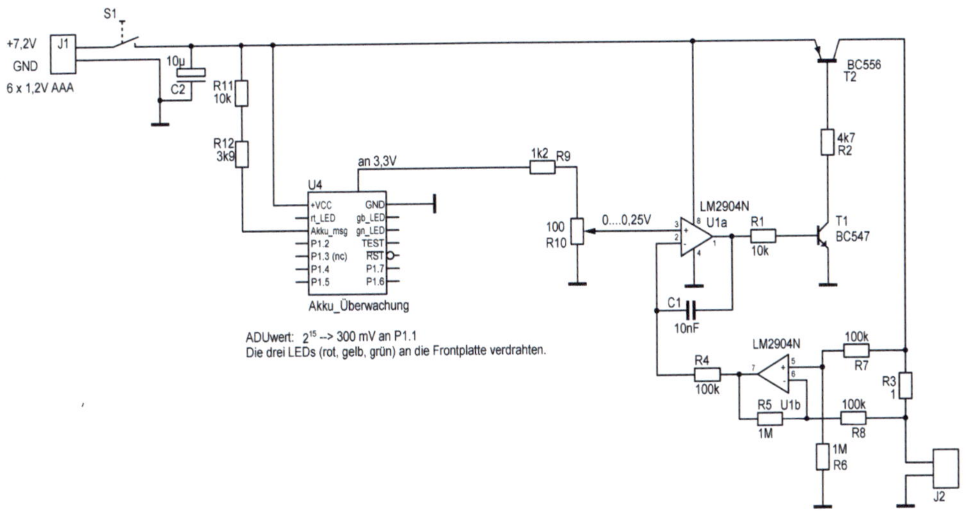

Bild 6.42: Schaltung der Stromquelle.

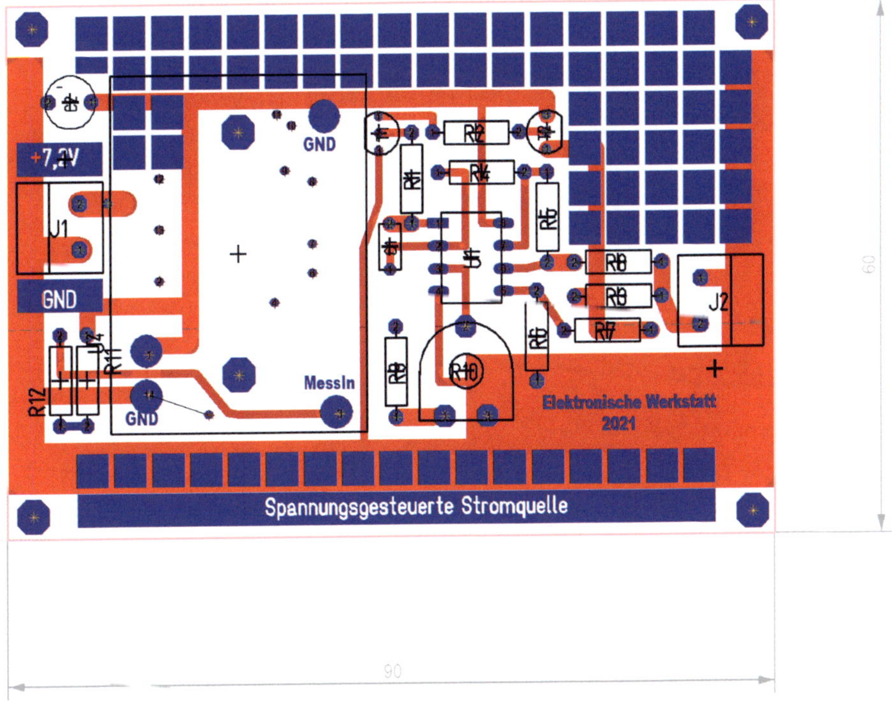

*Bild 6.43: Vorschlag für das Layout der Schaltung nach Bild 6.42.
Die Original-Abmessungen sind 90x60 mm.*

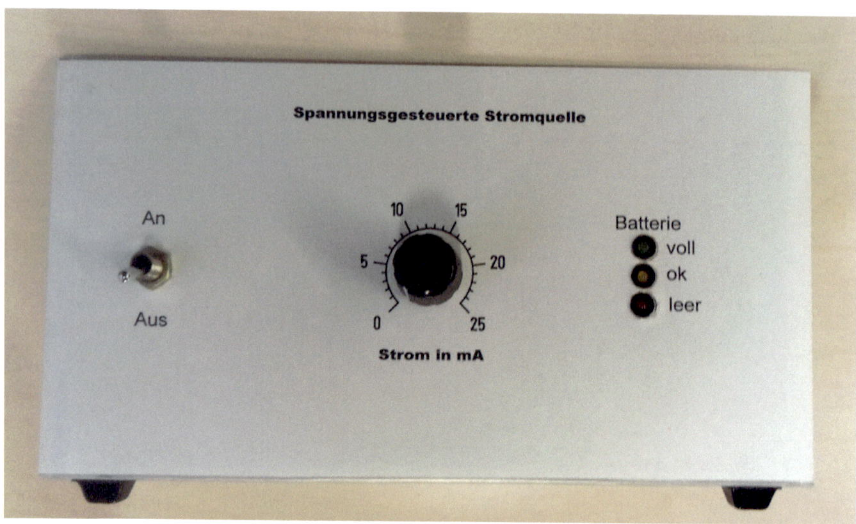

Bild 6.44: Frontplatte der Stromquelle. Die Beschriftung wurde einfach auf Papier ausdruckt, ausgeschnitten und aufgeklebt.

Bild 6.45: Rückansicht der Stromquelle. Die Baugruppe für die Spannungsüberwachung ist auf die Grundplatine montiert. Rechts ist der Schraubanschluss für den Verbraucher zu erkennen (aktuell eine Leuchtdiode).

Um von externen Stromquellen unabhängigen und potentialfreien Betrieb zu ermöglichen wird das Gerät mit sechs AAA-Batterien gespeist. Der Ladezustand der Akkus bzw. die noch zur Verfügung stehende Spannung wird von einem Mikrocontroller überwacht. Sinkt die Spannung unter 6 V müssen die Akkumulatoren ausgetauscht bzw. geladen werden. Die Anzeige ist (siehe Bild 6.44)

grün: Akku voll	Akkuspannung ≥ 7,2 V
gelb: Spannung ok	6 V ≤ Akkuspannung < 7,2 V
rot: Akku leer	Akkuspannung < 6 V

Für die Überwachung wird das Modul „Akkuüberwachung" benutzt. Ich habe es, wie bereits erwähnt, in [2] beschrieben. Es wird der Mikrocontroller MSP430F2013 benutzt. Gegenüber [2] habe ich jedoch ein paar Änderungen vorgesehen. Das neue Schaltbild der „Spannungsüberwachung" ist im Bild 6.46 zu sehen - ein Layoutvorschlag im Bild 6.47. Zunächst fällt der eingebaute Spannungsregler LT3080 auf. Das erlaubt es Versorgungsspannungen über K8 zwischen *4 V* und *36 V* direkt anschließen zu können. Weiterhin wurde die zum Schutz vor positiver Überspannung eingebaute Diode LL4148 (in [2] D1) nun durch zwei in Reihe geschalteten Dioden (D1 und D6) ersetzt. Der Schutz ist immer noch ausreichend. Gleichzeitig wird nun aber vermieden, dass die Schutzdiode öffnet, wenn die Eingangsspannung in die Nähe der maximal möglichen Spannung von *600 mV* gerät. Als Folge konnte durch diese Maßnahme der Eingangsspannungsteiler bestehend aus R1, R10 und R2 hochohmiger gestaltet werden.

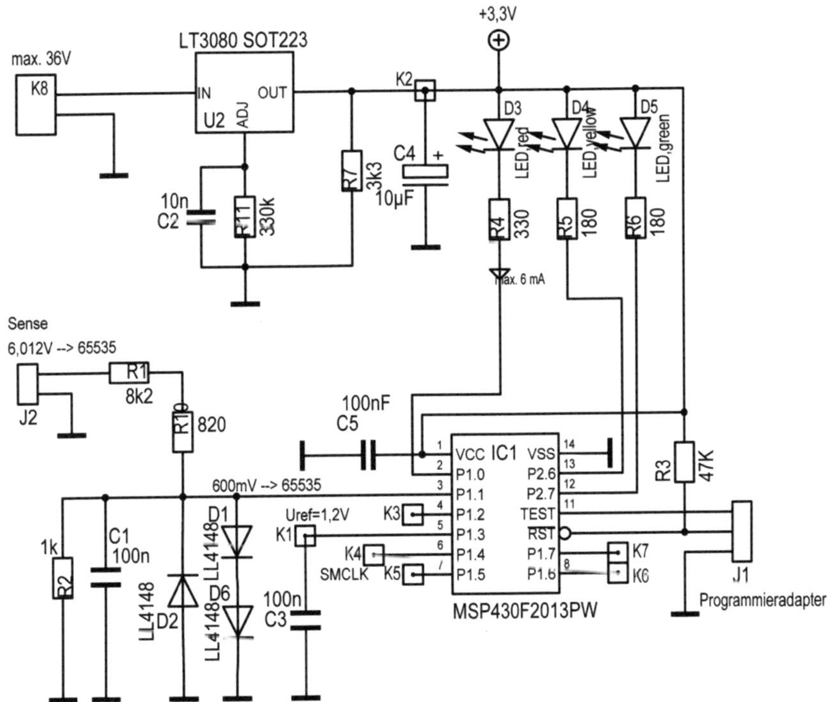

Bild 6.46: Schaltung der verbesserten Spannungsüberwachung.

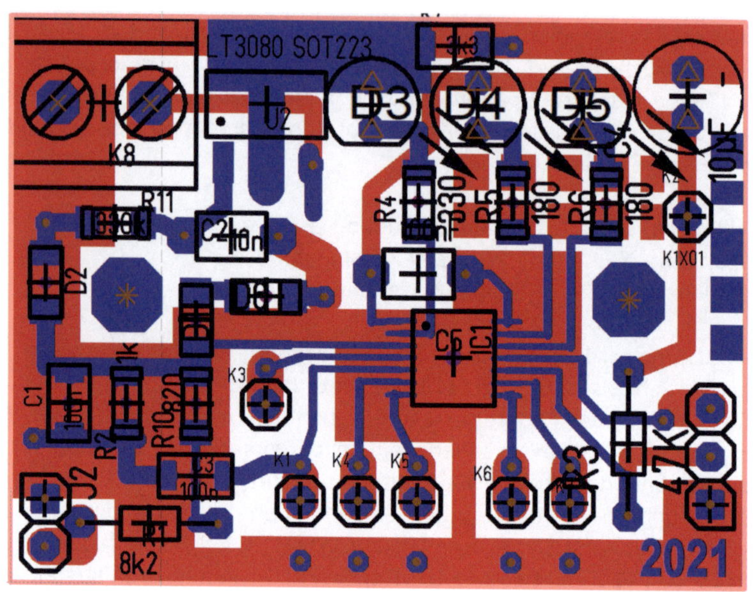

Bild 6.47: Layoutvorschlag für die Schaltung nach Bild 6.46. Originalmaße: 30x40 mm.

6.11.2.1 Programm des Mikrocontrollers

Nachfolgend das Progamm des Mikrocontrollers für die Spannungsüberwachung der Akkumulatoren.

```
/* Spannungsüberwachung für eine Singel-Spannung
 * Mikrocontroller: MSP430F2013
* Stand:  14. Oktober 2021 / F.P.Zantis/Ben Kessel
 */
   #include <msp430f2013.h>
   volatile unsigned int counter;
   volatile unsigned int voltage = 0x00;
   const unsigned int green = 32767;            //7,2V  //32767: 0,3V at K9
   const unsigned int yellow = 27306;           //6V    //27306: 0,25V at K9
   const unsigned int red = 27306;              //6V    //27306: 0,25v at K9

   unsigned int werteP11[11];                   //zur Berechnung des Median
   const unsigned int numofvalues = 11;         //Anzahl der ADU Daten für die
Medianbildung
   unsigned int findmedian (unsigned int[], unsigned int);      //zur Verbesserung
des ADU-Ergebnisses: Medianbildung


 int main (void)
 {
   WDTCTL  = WDTPW | WDTHOLD;           //Stop watchdog timer
   BCSCTL1 = CALBC1_1MHZ;               //SMCLK ist 1 MHz
```

```
    DCOCTL  = CALDCO_1MHZ;                  //use internal DCO
    //DCOCTL    =3;                         //DCO_Frequenzbereich
    //BCSCTL1   = BIT7;                     //XT2 ausschalten
    //BCSCTL1 | = RSEL2;                    //gemessen: 328 kHz
    //BCSCTL1 | = SEL1;                     //gemessen: 165 kHz
    //BCSCTL1 | = RSEL0;                    //gemessen: 117 kHz
    //BCSCTL2 & = ~SELS                     //SMCLK ist gleich DCOclock

    P1SEL =    0x00;
    P1DIR =   0x00;
    P1SEL |=  BIT3;                 //Ausgabe der Referenzspannung
    SD16AE = 0;                     //Ausgabe der Referenzspannung

    //LEDs
    P1DIR |=  BIT0;                 //P1.0 output
    P1OUT &= ~BIT0;                 //P1.0 High; LED red on
    P2SEL  =  0x00;                 //P2 als GPIO verwenden
    P2DIR |=  BIT6;                 //P2.6 output
    P2DIR |=  BIT7;                 //P2.7 output
    P2OUT &= ~BIT6;                 //P2.6 High; LED on
    P2OUT &= ~BIT7;                 //P2.6 High; LED on

    P1DIR |=  BIT2;                 //P1.2 output
    P1OUT &=  ~BIT2;                //P1.2 low
    P1DIR |=  BIT4;                 //P1.4 output
    P1OUT &=  ~BIT4;                //P1.4 low

    __delay_cycles(1000000);

    //Initialisierung AD_Wandler
    SD16CTL   |= SD16SSEL_1;                //Clock für den ADC is SMCLK
    SD16CTL   |= SD16XDIV_3;                //Dividiert durch 48
    SD16CTL   |= SD16DIV_3;                 //Dividiert durch 8
    SD16CTL   |= SD16REFON;                 //Interne Referenzspannung von 1,2 V wird
benutzt
    SD16INCTL0 =  SD16INCH_4;               //ADC A4 an P1.1
    SD16AE      = SD16AE1;                  //P1.1  A+, A_   GND
    SD16CCTL0 |= SD16IE;                    //Interupt des ADC aktivieren
    SD16CCTL0 |= SD16UNI;                   //Zahlenbereich von 0 bis FFFF
    SD16CCTL0 &= ~SD16XOSR;                 //Oversampling
    SD16CCTL0 |= SD16OSR_256;               //abtastrate   1MHz/(48*8*256)
    SD16CCTL0 &= ~SD16SNGL;                 //continous conversion
    SD16CCTL0 |= SD16SC;                    //Start conversion

    _BIS_SR(GIE);                           //alle Interrupts freigegeben
```

```
    while (1)
    {
        voltage = findmedian(werteP11, numofvalues);
        __no_operation();

        if  (voltage < red)
        {
          P1OUT &=  ~BIT0;  //LED red on
          P2OUT |= BIT6;    //LED yellow off
          P2OUT |= BIT7;    //LED green off
          P1OUT |= BIT4;    //charging
          P1OUT |= BIT2;    //high current charging
        }
        else if  ((voltage > yellow) && (voltage < green))
        {
              P1OUT |= BIT0;        //LED red off
              P2OUT &= ~BIT6;       //LED yellow on
              P2OUT |= BIT7;        //LED green off
              P1OUT |= BIT4;        //charging
              P1OUT &= ~BIT2;       //high current charging
        }
        else if (voltage > green)
        {
          P1OUT |= BIT0;    //led red off
          P2OUT |= BIT6;    //LED yellow off
          P2OUT &= ~BIT7;   //LED green on
          P1OUT &= ~BIT4;   //stop charging
          P1OUT &= ~BIT2;   //stop high current charging
        }
    }
}



#pragma vector = SD16_VECTOR
__interrupt void SD16ISR (void)
{
   werteP11[counter] = SD16MEM0;
   counter++;
   if (counter == numofvalues) //die Werte stehen auf Platz 0 bis numofvalues-1
   {
            counter =  0;
        }
}
```

```
unsigned int findmedian (unsigned int thearray[], unsigned int arraysize )
{
    unsigned int  ltmp;
    unsigned int  li;
    unsigned int  lj;

    for   (li =  0; li < arraysize;  ++li)     //hier beginnt de Sortieralgorithmus
    {
        for  (lj =  0; lj <arraysize - li - 1; ++lj)
            {
            if  (thearray[lj] > thearray[lj + 1])
            {
                ltmp = thearray[lj];
                thearray[lj] =  thearray[lj + 1];
            }
        }
    }
    ltmp = arraysize >> 1; //arraysize geteilt durch 2 gibt den PLatz des Median;
z.B. 11/2    5 (Rest  0.5)
     return   thearray[ltmp]; //den Median ausgeben;
}
```

6.11.2.2 Variante für größere Ströme

Für größere Ströme wird der Shunt R3 verkleinert und für den Längstransistor T2 ein leistungsstärkerer Typ eingesetzt. Verkleinert man R3 auf *100 mΩ* können Ströme bis *250 mA* erzeugt werden. Ein passender Transistor wäre da der Typ BD231. Zu beachten ist, dass dieser einen Basisstrom von bis zu

$$I_B = \frac{I_C}{B_{min}} = \frac{250\,mA}{40} = 6{,}25\,mA$$

benötigt. Der Transistor T1 (BC547) kann das liefern. Dazu muss allerdings R2 verkleinert werden:

$$R2 = \frac{U_{battmin} - U_{BE.T2}}{I_{R2}} = \frac{6V - 0{,}7V}{6{,}25\,mA} = 848\,\Omega$$

Der nächstkleinere Wert aus der E12-Reihe ist dann *820 Ω*.

7 • Silent Power

In diesem Kapitel geht es um höchste Qualität der Ausgangsspannung. Das ist eine der häufigsten Begründungen, warum für den Aufbau einer Stromversorgung lineare und analoge Technik eingesetzt wird.

Wie bereits erwähnt: Die höchste Qualität einer elektrischen Spannung liefern Batterien und Akkumulatoren. Diese Spannungsquellen sind potentialfrei. Sie haben z.B. auch keine Verbindung zu Erdpotential. Die Spannung wird durch kontinuierlich ablaufende chemische Prozesse erzeugt und ist deshalb frei von Wechselspannungsanteilen (Brummspannung). Wenn also Brummspannungsfreiheit sehr wichtig ist, so kann man die Energieversorgung mit Hilfe eines Akkumulators bereitstellen.

7.1 Reiner Akkubetrieb (Intervallbetrieb)

Spannungen höchster Reinheit erhält man im reinen Batterie- oder Akkumulatorbetrieb. Dabei kommt es zu Zeiten der Nichtbenutzbarkeit des zu versorgenden Gerätes - nämlich dann, wenn der Akkumulator leer ist und nachgeladen werden muss. Die Aufladung erfolgt dann mit einem handelsüblichen Ladegerät. Abhilfe kann ein Austauschakkumulator schaffen, dann ist die Zeit ohne Energieversorgung nur kurz. Sie entspricht der Zeit die zum Tauschen des Akkumulators erforderlich ist.

Auf jeden Fall erforderlich ist eine Überwachungsschaltung mit der eine Tiefentladung des Akkumulators verhindert werden kann. Im einfachsten Fall wird optisch oder akustisch signalisiert, wenn der Akkumulator fast leer ist. Üblicherweise liegt die Entladeschlussspannung bei Bleiakkumulatoren bei *1,8 V* pro Zelle. Je nach Hersteller kann dieser Wert etwas abweichen. In einem 12 V Bleiakkumulator sind 6 Zellen in Reihe geschaltet, so dass die Entladeschlussspannung für diesen Akku bei *10,8 V* erreicht ist. Entsprechende Schaltungen (mit Mikrocontroller oder Komparatoren) habe ich in [2] bereits vorgestellt.

Konstellationen bei dem der Akkumulator die primäre Versorgung übernimmt, bieten noch zusätzliche Vorteile. Leistungsfähige Netzgeräte linearer Technologie haben ein erhebliches Gewicht. Das wurde sicher spätestens beim Lesen des Abschnittes 6.5 klar. Es gibt einen schweren Transformator und auch massive Kühlkörper. Beides bedingt ein stabiles (massives, schweres) Gehäuse. Wenn man dann noch ein *25 A* Netzteil öfter mal für "kleine" Verbraucher nutzt, erreicht die Wärmeleistung schnell ein Vielfaches der entnommenen Nutzleistung. Als Alternative bietet es sich an, einen im Vergleich zu einem ähnlichen Netzteil erheblich preisgünstigeren Bleiakkumulator zu benutzen. Für kleines Geld bzw. mit wenig Aufwand gibt es nun einmal kein brummfreies Netzteil mit einer Dauerleistung von z.B. *30 A*, das sogar noch Netzausfälle überbrücken kann.

Moderne Bleiakkumulatoren sind wartungsfrei und haben bei sorgfältiger Behandlung eine lange Nutzungsdauer. Auch die Entsorgung ist heute unproblematisch. Bleiakkumulatoren sind, abgesehen vom Gehäuse aus Plastik, zu 100 % recyclebar.

Im Bedarfsfall kann man hinter dem Akkumulator noch eine Stabilisierungsschaltung gemäß Kapitel 2 schalten. Damit sind dann hochreine Spannungen mit guter absoluter Stabilität realisierbar mit

$U_{OUT} < U_{batt}$

U_{OUT} ist die gewünschte Ausgangsspannung
U_{batt} die Spannung, die der Akkumulator liefert

Abgesehen von Bleiakkumulatoren sind heute auch Lithium-Akkumulatoren weit verbreitet. Diese haben bei gleicher Kapazität weniger Gewicht. Ein großer Nachteil ist allerdings, dass Lithium-Akkumulatoren immer ein Batterie-Management-System (BMS) benötigen. Dieses sorgt für gleichmäßige Auslastung der einzelnen Zellen. Das wäre noch nicht so schlimm, doch das BMS entscheidet zudem wann der Akkumulator voll geladen ist oder wann er entladen ist. In beiden Fällen schaltet es den Akkumulator schlagartig hochohmig. Der Nutzen von Lithium-Akkumulatoren wird durch die Qualität des BMS bestimmt. Schaltet dieses zu frühzeitig ab, kann die Nennkapazität nicht genutzt werden. Es ist schwierig eine genaue Aussage über den Ladezustand eines Akkumulators zu machen. Beim Lithium-Akkumulator ist es noch einmal besonders schwer, da die Entladekurve

$U_{batt} = f(\text{entnommene Ladungsmenge})$
bzw. da beim Entladen die entnommene Ladungsmenge mit der Zeit zunimmt
$U_{batt} = f(t)$

fast waagerecht verläuft und erst kurz vor der vollständigen Entladung nach unten abknickt. Einfach gebaute BMS-Elektronik interpretiert dann den Schluss des Entladevorgangs unter Umständen bereits wenn ein Verbraucher zugeschaltet wird und dieser einen ausgeprägten Einschalt-Stromimpuls zieht. Ich warte auf BMS-Elektronik auf die man sich verlassen kann, am besten entwickelt und produziert in Europa.

Diese Probleme gibt es bei den Blei-Akkumulatoren so nicht, da diese kein permanentes BMS benötigen. Schlecht behandelte Blei-Akkumulatoren verlieren an Kapazität aber es besteht weder Brand- noch Explosionsgefahr.

Bild 7.1: PPTC-Sicherungselement an einer Zusammenschaltung von 8 Blei-Akkumulatoren.

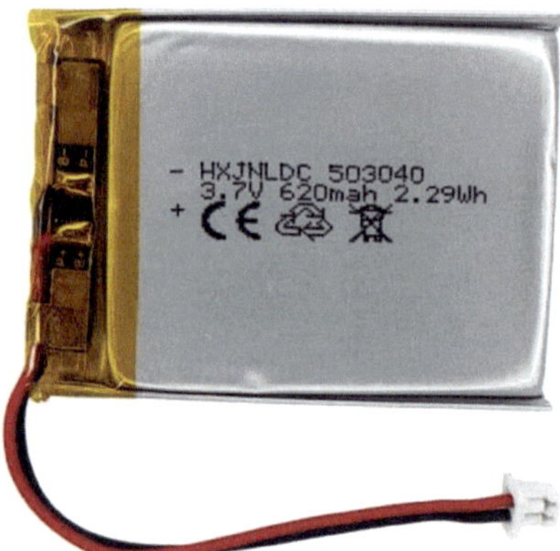

Bild 7.2: Kleiner Lithium-Akkumulator mit integriertem BMS aus China.

7.1.1 Sicherheit

Ganz wichtig ist noch zu berücksichtigen, dass Bleiakkumulatoren (oder auch andere Akkumulatoren) sehr kleine Innenwiderstände haben. Im Kurzschlussfall können sehr große Ströme fließen. Diese führen zu heißen bzw. im schlimmsten Fall brennenden Kabeln. Eine Sicherung unmittelbar an der Batterie ist deshalb Pflicht. Geeignete Sicherungen finden sich in Kraftfahrzeugen. Sie haben infolge der großflächigen Messerkontakte sehr niedrige Übergangswiderstände. Geeignete Fassungen dafür sind ebenfalls im Fachhandel erhältlich.

Ich verwende dafür gerne PPTC-Sicherungselemente (Bild 7.1). Sie haben ein träges Verhalten und lösen deshalb nicht direkt bei jeder kleinen Überlastung aus (z.B. Einschalt-Strompitzen). Dann sind sie reversibel - nach Behebung des Problems schließen sie den Stromkreis selbständig wieder. Wegen der Trägheit sind die Kabelquerschnitte großzügig auszulegen. Einen Überblick über die notwendigen Kabelquerschnitte liefert [4].

Typischerweise läuft in den Shacks der Funkamateure das Hauptkabel vom Akkumulator zu einer Verteilung. Dort verzweigt sich die Versorgungsspannung auf die einzelnen Verbraucher, wie Lampen oder Funkgeräte. Die Sicherheitsregel ist, dass unmittelbar vor einer Kabelquerschnitts-Verkleinerung eine Sicherung platziert werden muss. Diese wird entsprechend dem Kabelquerschnitt nach [4] ausgewählt.

Eine HF-Endstufe zieht im SSB-Betrieb bei etwa *50 W* (HF-Ausgang, Impulsbetrieb) locker *8 A* Strom, der Strom kann bei *100 W* auch *20 A* erreichen. Ein Leitungswiderstand von zunächst vielleicht unbedeutend erscheinenden *0,1 Ω* führt dann eben doch schon zu einem Spannungsabfall von *0,8 V* oder gar *2 V*, womit der extrem niedrige Innenwiderstand des Akkumulators weitestgehend hinfällig ist und die Ausgangsleistung des Senders merklich abnimmt. Selbst ein Elektrolytkondensator mit sehr hoher Kapazität kann das nicht wieder ausgleichen. Die Tabelle 7.1 zeigt die Widerstände von Kabeln, wie sie beispielsweise für Zwecke der Funker in Frage kommen.

Drahtdurchmesser	zwei Leiter	je zwei Leiter parallel
1,5 mm	*0,2 Ω*	*0,1 Ω*
2,5 mm	*0,07 Ω*	*0,035 Ω*
4,0 mm	*0,028 Ω*	*0,014 Ω*

Tabelle 7.1: Widerstände von 10 m langen Stromversorgungsleitungen aus Kupfer bei 20 °C (Hin- und Rückleitung - also gesamt 20 m). Bei der Parallelschaltung (Spalte ganz rechts) müssen die Leitungsabschnitte exakt gleich lang sein. Quelle: [16].

7.2 Gepufferter Betrieb

Eine bequemere Alternative zum Intervallbetrieb ist der gebufferte Betrieb. Dabei ist eine Netzversorgung ständig präsent. Ein separates Ladegerät ist dann überflüssig. Ebenfalls das Abklemmen des Akkumulators, damit dieser aufgeladen werden kann, ist überflüssig.

Das Bild 7.3 zeigt ein mögliches Blockschaltbild für ein Netzgerät mit Akkumulatorversorgung im Pufferbetrieb.

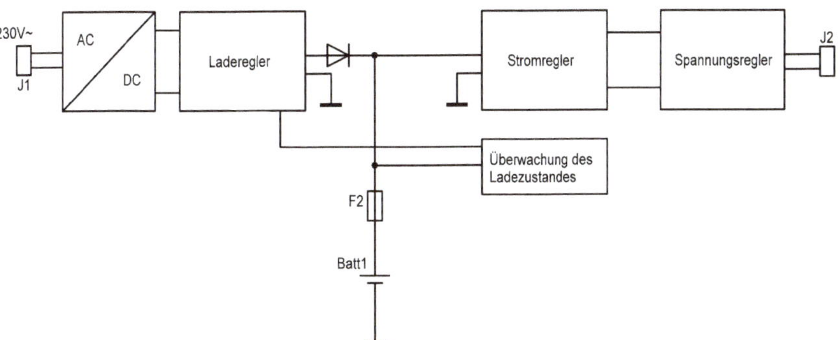

Bild 7.3: Prinzip der Versorgung mit gepuffertem Akkumulator.

7.2.1 Akkumulator mit Ladegerät

In der ersten Variante speist die Netzwechselspannung ein Ladegerät, welches im zu versorgenden Gerät verbaut und ständig aktiv ist. Das macht Sinn, wenn das zu versorgende Gerät nur temporär in Betrieb ist. Während der inaktiven Zeit erfolgt die Nachladung. Bei entsprechendem Verhältnis Nutzungs- und Ladezeit gibt es keine Ausfallzeiten wegen leerem Akkumulator. Die Energie für das zu versorgende Gerät kommt nur aus dem Akkumulator. Ist das Gerät am Versorgungsnetz angeschlossen, gibt es allerdings eine Verbindung direkt zur Erde und/oder über parasitäre Reaktanzen. Das kann zu Brummspannungen z.B. durch „Brummschleifen" führen.

7.2.2 Akkumulator mit Netzgerät

In der zweiten Variante ist das integrierte Netzgerät so ausgelegt, dass es zunächst den Akkumulator laden und geladen halten kann, darüber hinaus aber auch das zu versorgende Gerät speisen kann. So lange eine Verbindung zum Versorgungsnetz besteht gibt es keine Betriebsausfälle. Wird bei der Konstruktion auf eine ausreichende Entkopplung geachtet, tritt die Netzversorgung in den Hintergrund und es ergibt sich eine weitestgehend brummfreie Ausgangsspannung. Ansonsten gilt auch hier: Die permanente Verbindung zum Versorgungsnetz kann sich auf die Qualität der Ausgangsspannung nur nachteilig auswirken.

7.2.3 Laden der Li-Ion-Akkus

Bleiakkus sind hinsichtlich des Ladens und Entladens ungefährlich. Bei falscher Behandlung verliert der Akku an Kapazität. Ansonsten passiert nichts. Anders ist das bei Lithium-Ionen-Akkus. Diese Akkus haben Vorteile gegenüber den Bleiakkus bezüglich Energieinhalt pro Volumen oder Gewicht und auch aufgrund der sehr geringen Selbstentladung. Aber sie sind nicht ungefährlich. Bei falscher Behandlung können sie brennen oder gar explodieren.

Zwischenzeitlich gibt es Lithium-Ionen Akkus in Standard-Abmessungen. Dazu gehört die weit verbreitete Zelle "18650", die ähnlich aussieht wie eine Standard-Mignon-Zelle, jedoch größere Abmessungen hat (Durchmesser 18 mm, Länge 65 mm, Zylinderform). Die "18650"-Zelle wird als eine Lithium-Ionen-Zelle mit oder ohne integrierte Schutzschaltung angeboten. Die Schutzschaltung ist für uns Elektroniker eher störend. Sie erhöht den Innenwiderstand der Zelle und ist, je nach Herkunft hinsichtlich Zuverlässigkeit und Sicherheit vielleicht sogar zweifelhaft. Elektroniker entwerfen die notwendige Schutzschaltung besser selbst oder verzichten darauf und beachten (in diesem Fall unbedingt peinlichst genau) die Anwendungsrichtlinien. Wie schon erwähnt ist der Umgang mit diesen Zellen nicht ungefährlich. Sowohl Kurzschließen als auch Überladen können dazu führen, dass der Akku explodiert und/oder brennt.

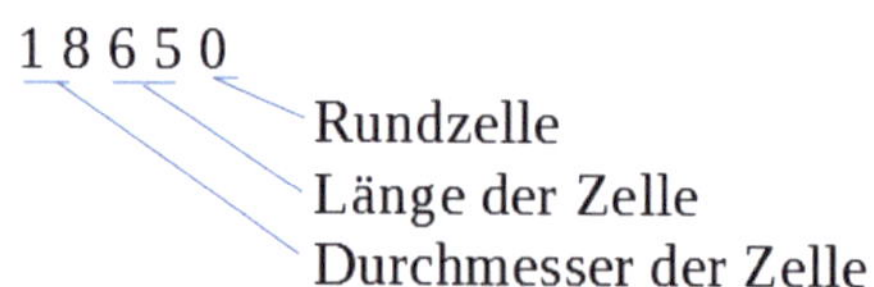

Für die "18650" Zelle gelten die Daten:

Nennspannung: $U_N = 3{,}7\ V$
Ladeschlussspannung: *4,2 V*
Entladeschlussspannung: *2,5 V*
Kapazität: *3000 ... 4000 mAh*

Im Prinzip kann man Li-Ion-Akkus auch mit einem guten Labornetzgerät laden. Allerdings ist dabei äußerste Sorgfalt zwingend erforderlich, da ein Laden mit zu hoher Spannung absolut unzulässig ist und zur Explosion des Akkus führen kann! Zudem gibt es auch Lithium-Ionen-Zellen mit einer Nennspannung von $U_N = 3{,}6\ V$. Bei dieser Zelle ist die maximale Ladeschlussspannung *4,1 V*. Diese Grenzwerte dürfen unter keinen Umständen überschritten werden! Hingegen ist das Laden mit niedrigerer Spannung unkritisch, nur wird der Akku dann nicht ganz voll geladen: Pro *100 mV* weniger Ladespannung sind es etwa *7 %* weniger eingeladene Kapazität. Bei der "manuellen" Ladung braucht man ein gutes, zuverlässiges Labornetzgerät und ein zuverlässiges Voltmeter (Multimeter) mit dem eine Spannungsmessung mit einem Messfehler kleiner gleich *1 %* möglich ist. Man stellt dann mit dem Labornetzgerät eine Ladespannung ein, die zur Sicherheit etwas unter dem Maximalwert der Ladeschlussspannung liegt.

Zu Beginn des Ladevorgangs darf nur ein kleiner Ladestrom in den Akku fließen. Die Größenordnung liegt bei *0,05 C*. Die Strombegrenzung des Netzteils stellt man deshalb bei einem 1 Ah Akku zunächst auf ca. *50 mA* ein. Liegt die Akkuspannung nach einiger Zeit deutlich über der Entladeschlussspannung, kann man den Ladestrom erhöhen und zwar am besten auf einen Wert, der *0,5 C* entspricht; bei einem 1 Ah Akku also dann auf *500 mA*. Ein Akku mit einer Kapazität von $C = 1\ Ah$ wird dann in 2 bis 3 Stunden geladen. Das Aufladen einer völlig entladene 18650-Zelle dauert also dann *7,5 ... 10 h*. Am Ladebeginn wird die Strombegrenzung des Labornetzteils den Strom auf den eingestellten Wert begrenzen. Die am Akku anliegende Ladespannung liegt dabei noch deutlich unter der Ladeschlussspannung. Im weiteren Verlauf geht der Strom langsam zurück und gleichzeitig steigt die Spannung an. Man kann die Ladung beenden, wenn der Strom auf *20 %* des eingestellten Maximalwerts zurückgegangen ist. Im Beispiel also auf *100 mA*. Wenn die Ladeschlussspannung unter *4,1 V* liegt, ist es unkritisch, wenn der Akku noch länger angeschlossen bleibt, da er mit der niedrigen Spannung nicht überladen werden kann.

Für ein häufigeres Laden ist die manuelle Methode nicht zu empfehlen. Abgesehen von den Fehlermöglichkeiten (irren ist menschlich) darf man den Akku beim Laden nicht unbewacht lassen. Alleine schon, um eine Überhitzung zu vermeiden.

Zudem ist bei unseren "Silent"- Spannungsversorgungsgeräten der Akku samt Ladeschaltung günstigerweise im Gerät angeordnet. Deshalb macht es Sinn sich Gedanken über eine Ladeschaltung zu machen.

Grundätzlich könnte man einen Mikrocontroller nehmen und diesen dann entsprechend programmieren. Die Akkuspannung muss dann aber zuverlässig und mit hoher Genauigkeit erfasst werden. Außerdem ist eine Überwachung der Temperatur des Akkus aus Sicherheitsgründen zwingend.

Im Hinblick auf "Silent" ist allerdings eine rein analoge Lösung besser. Um den Aufwand zu minimieren kann man einen speziellen IC dafür verwenden. Die integrierte Schaltung TP4056 ist ein integrierter Laderegler für Lithium-Ionen-Akkus mit einer Ladeschlussspannung von *4,2 V*. Dieser Chip bietet das IU-Ladeverfahren (siehe [4]). Der Baustein hat acht Anschluss-Pins (8-poliges SOP-Gehäuse) und benötigt nur wenige externe Komponenten, um einen funktionierenden Ladekreis aufzubauen. Der maximale Ladestrom beträgt *1000 mA*.

Bild 7.4 zeigt einen Schaltungsvorschlag mit der eine Li-Ion-Zelle geladen werden kann. Basis dieser Schaltung ist die "Typical Application" aus dem Datenblatt des ICs.
Mit R2 wird gemäß der Tabelle 7.2 der gewünschte Ladestrom eingestellt. Wie bereits erwähnt, sollte im Hinblick auf eine lange Akku-Nutzungsdauer der Ladestrom bei *40 %....50 %* der Akkukapazität liegen. Die Ladung dauert dann 2 bis 3 Stunden pro *1 Ah*.

LED D1 leuchtet während des Ladevorgangs. Ist kein Akku angeschlossen, dann blinkt diese Diode. Mit der LED D2 signalisiert der IC, dass der Ladevorgang abgeschlossen bzw. dass der Ladestrom auf einem Zehntel des eingestellten Wertes abgesunken ist. Erfahrungsgemäß kann dabei der Akku noch nicht vollständig aufgeladen sein. Vor allem bei hohen Ladeströmen unterbricht der IC den Ladevorgang bereits vor der vollständigen Aufladung.

Über den Anschluss CE (Pin 8) kann der Baustein extern ein- oder ausgeschaltet werden. In der Schaltung nach Bild 7.4 ist diese Funktion nicht genutzt.

Am Anschluss 1 (TEMP) kann ein Temperatursensor (NTC) angeschlossen werden. Legt man diesen Anschluss auf Masse (GND) ist die Temperaturüberwachung deaktiviert (nicht empfehlenswert). Die Spannung an diesem Anschluss entscheidet darüber, ob der Akku weiter geladen wird oder ob der Ladevorgang abgebrochen wird. Die Spannung muss zwischen 45 % und 80 % der Versorgungsspannung (VCC) betragen. Wird der Akku zu warm, sinkt die Spannung, weil der Widerstand des NTC abnimmt. Ich empfehle, R6 so zu dimensionieren, dass bei *60 °C* die Abschaltung erfolgt. Sofern die Ladeschaltung nur bei Zimmertemperatur arbeitet, kann man den oberen Wert (zu kühl zum Laden) meistens ignorieren.

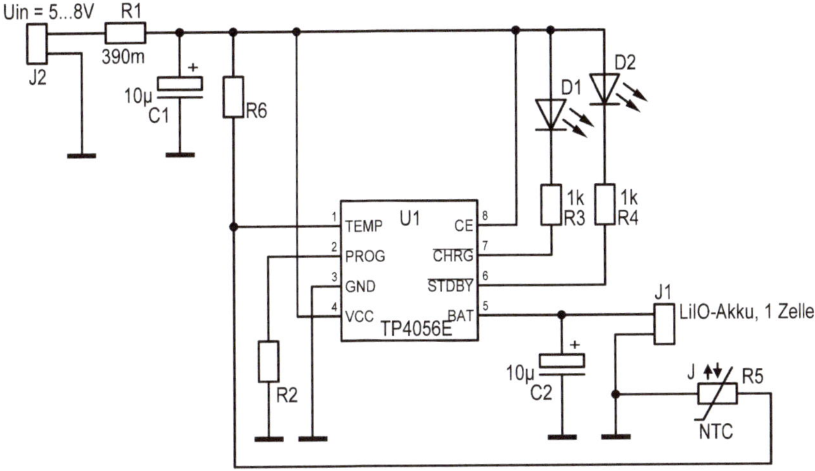

Bild 7.4: Schaltvorschlag für das Laden einer Li-Ion-Zelle. Der NTC muss einen guten thermischen Kontakt mit dem Akku haben. Zur Dimensionierung von R4, R5 und R6 siehe Text.

R2 (kΩ)	I (mA)
30	50
20	70
10	130
5	250
4	300
3	400
2	580
1,66	690
1,5	780
1,33	900
1,2	1000

Tabelle 7.2: Ladestrom und R2.

Verwendet man für R5 einen NTC mit einem Widerstandswert von *1500 Ω* bei *25 °C* und einem B-Wert von 3900 (z.B. EPCOS NTC K164NK001.5-10), so hat dieser bei *60 °C* einen Widerstandswert von (siehe [4])

$$R_{\vartheta} = R_{25} \cdot e^{B \cdot \left(\frac{1}{273+\vartheta} - \frac{1}{273+25}\right)} \qquad \{7.1\}$$

$$R_{60} = R_{25} \cdot e^{B \cdot \left(\frac{1}{273+60} - \frac{1}{273+25}\right)} \qquad \{7.2\}$$

$$R_{60} = 1500\,\Omega \cdot e^{3900 \cdot \left(\frac{1}{333} - \frac{1}{298}\right)} \approx 379\,\Omega$$

Bei diesem Wert muss die Spannung am Anschluss 1 (TEMP) auf *45 %* abgesunken sein. Ein weiterer Anstieg der Temperatur führt dann zum Abschalten des Ladevorgangs. R6 ist dann wie folgt zu dimensionieren:

$$0{,}45 = \frac{1}{R6 + R5} \cdot R5$$

$$R6 = \frac{R5}{0{,}45} - R5$$

$$R6 = \frac{379\,\Omega}{0{,}45} - 379\,\Omega \approx 463\,\Omega$$

Man wählt dann den nächsten Wert aus der E12-Reihe, also *R6 = 470 Ω*. Damit ist der Überhitzungsschutz gewährleistet. Im Bild 7.5 ist der gesamte Zusammenhang $R_{NTC} = f(\vartheta)$ in leicht ablesbarer Form dargestellt.

Dort kann man den mit {7.2} errechneten Wert für R_{60} direkt ablesen.

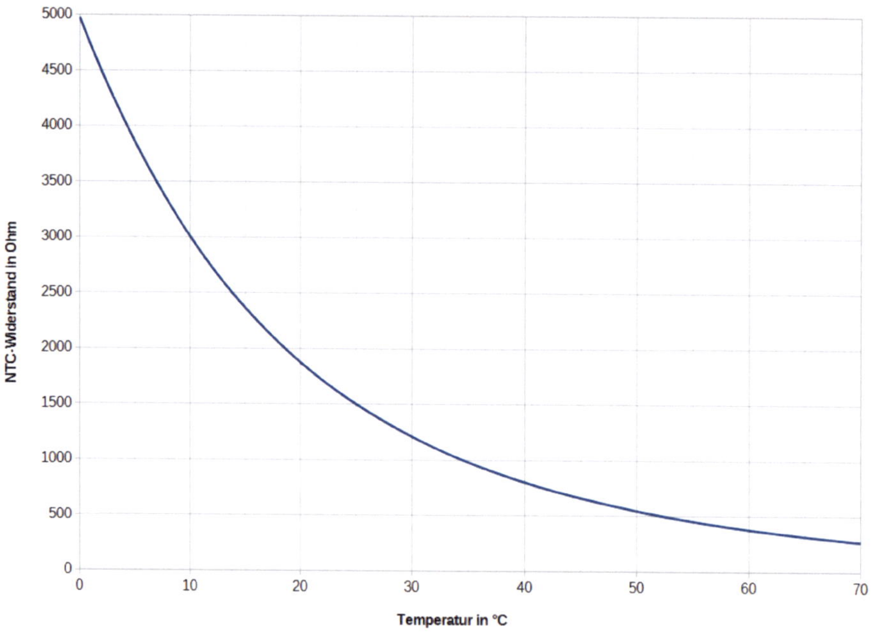

Bild 7.5: Widerstand des NTC über Umgebungstemperatur.

Zur Kontrolle prüfen wir noch die untere Temperatur, bei der die Ladung ebenfalls vom IC unterbrochen wird. Damit *80 %* der Spannung am Anschluss 1 anstehen, muss R5 einen Wert haben von

$$0{,}8=\frac{1}{R6+R5}\cdot R5$$

$$R5=\frac{0{,}8\cdot R6}{1-0{,}8}=\frac{0{,}8\cdot 470\,\Omega}{1-0{,}8}=1880\,\Omega$$

Zu diesem Wert gehört nach [4] eine Temperatur ϑ von

$$R_\vartheta=R_{25}\cdot e^{B\cdot(\frac{1}{273+\vartheta}-\frac{1}{273+25})}$$

$$\frac{R_\vartheta}{R_{25}}=e^{B\cdot(\frac{1}{273+\vartheta}-\frac{1}{273+25})}$$

$$\frac{\ln(\frac{R_\vartheta}{R_{25}})}{B}=(\frac{1}{273+\vartheta}-\frac{1}{298})$$

$$\frac{\ln(\frac{R_\vartheta}{R_{25}})}{B}+\frac{1}{298}=\frac{1}{273+\vartheta}$$

$$\frac{1}{\frac{\ln(\frac{R_\vartheta}{R_{25}})}{B}+\frac{1}{298}}=273+\vartheta$$

$$\frac{\vartheta}{°C}=\frac{1}{\frac{\ln(\frac{R_\vartheta}{R_{25}})}{B}+\frac{1}{298}}-273=\frac{1}{\frac{\ln(\frac{1880\,\Omega}{1500\,\Omega})}{3900}+\frac{1}{298}}-273\approx 19{,}9\,°C \qquad \{7.3\}$$

Im Innern unseres "Silent-Power-Supply" muss also mindestens eine Temperatur von *19,9 °C* herrschen, damit der Ladevorgang funktioniert. Das könnte knapp werden. Um den Wert abzusenken kann man parallel zum NTC einen Widerstand schalten (Bild 7.6). Welchen Widerstandswert R_p müssen wir parallel schalten, damit die untere Abschalttemperatur *13 °C* beträgt? Dabei Hilft die Kurve aus Bild 7.5. Bei $\vartheta = 13$ *°C* ist der Widerstand des NTC ungefähr $R_{NTC} = 2500\ \Omega$. Um den Umschaltpunkt des Komparators zu erhalten wird aber ein Widerstand von 1880 Ω benötigt. Das hatte ich bereits berechnet. Also rechne ich jetzt:

$$\frac{1}{R_{ges}}=\frac{1}{R_{NTC}}+\frac{1}{R_p}$$
$$R_p=\frac{1}{\frac{1}{R_{ges}}-\frac{1}{R_{NTC}}}$$

$$R_p=\frac{1}{\frac{1}{1880}\Omega-\frac{1}{2500}\Omega}=7580\,\Omega$$

Mit einem Parallelwiderstand von *7500 Ω* sinkt die untere Abschalttemperatur also auf etwa *13 °C*. Die obere Abschalttemperatur sinkt dann auch - wegen

$R_p >> R_{NTC}$ bei $\vartheta = 60\,°C$

allerdings nur maginal. Wieviel genau kann man ebenfalls berechnen. R6 wurde mit *470 Ω* festgelegt. Der Umschaltpunkt ist bei *45 %* der Betriebsspannung. Also kann ich schreiben:

$$\frac{0{,}55}{R6}=\frac{0{,}45}{R_{ges}}=\frac{0{,}45}{\frac{1}{\frac{1}{R_{NTC}}+\frac{1}{R_p}}}$$

$$R_{NTC}=\frac{0{,}45}{\frac{0{,}55}{R6}-\frac{0{,}45}{R_p}}=\frac{0{,}45}{\frac{0{,}55}{470\,\Omega}-\frac{0{,}45}{7500\,\Omega}}\approx 405{,}3\,\Omega$$

Schaut man in die Kurve aus Bild 7.5 ist dort die Temperatur knapp unter *60 °C zugehörig* - also vielleicht dann *59 °C*.

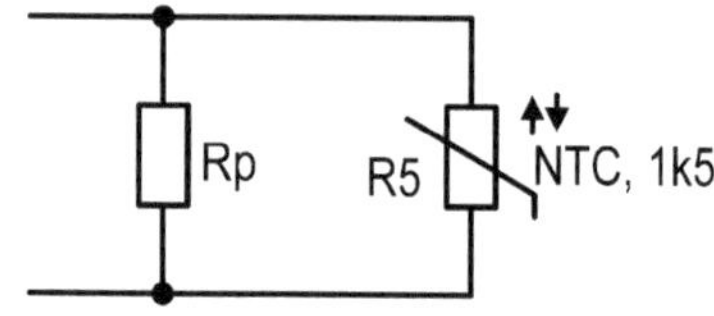

Bild 7.6: NTC mit Parallelwiderstand.

Es gibt vorgefertigte Module, die bereits im Wesentlichen die Schaltung nach Bild 7.4 enthalten. Bild 7.7 zeigt ein solches Modul, welches sogar eine USB-Buchse beinhaltet. Man könnte also optional einen Akku direkt über den USB-Anschluss aufladen. Solche Module erleichtern die Montage, weil man keine SMD-Bauteile verlöten muss. Allerdings kommen sie meistens aus zweifelhafter Quelle (China) und eine sorgfältige Prüfung der Bestückung und Funktion ist ratsam um Frust zu vermeiden.

Bild 7.7: Fertiges Modul, welches bis auf den NTC und R6 die Schaltung nach Bild 7.4 beinhaltet.

7.2.4 Laden der Bleiakkus

Das Laden von Bleiakkumulatoren ist signifikant einfacher, als das Laden von Li-Ion-Akkus. Generell gilt auch hier, dass die Lebensdauer eines Akkumulators abhängig ist von der genauen Beachtung der Ladebedingungen. Besonders schwerwiegend ist eine Überladung und eine ständig zu tiefe Entladung. Allerdings benötigen Bleiakkus kein BMS, weshalb es auch keine Probleme mit einem solchen gibt. Ein kurzzeitiges zu tiefes Entladen hat keine Auswirkungen auf den angeschlossenen Verbraucher - es gibt keine plötzlichen Abschaltungen oder gar Brand-/Explosionsgefahr. Bei Bleiakkumulatoren ist die einzige Konsequenz, dass der Akkumulator eventuell einen dauerhaften Kapazitätsverlust erleidet. Darüber hinaus sind Bleiakkumulatoren vollständig recyclebar und damit nachhaltig.

Bild 7.8 zeigt eine Möglichkeit mit Bauteilen aus der Bastelkiste ein Ladegerät für Bleiakkumulatoren aufzubauen. Der Regler 78S12 liefert bei ausreichender Kühlung einen Strom bis zu *2 A*. Der angeschlossene Akkumulator muss diesen Ladestrom aushalten können. Kleine Akkumulatoren sind damit vielleicht überfordert. In den Datenblättern der Akkumulatoren ist der maximale Ladestrom - der Strom mit dem der Akkumulator zu Beginn geladen wird (initial current) angegeben. Typischerweise sind es *0,3·C*. Mehr Detail zu diesem Thema habe ich bereits in [1] zusammengeschrieben.

Mit R2 stellt man die Ladeschlussspannung ein. Bei Bleiakkumulatoren liegt diese im Zyklusbetrieb (Intervallbetrieb) normalerweise bei *14,4...15 V* und im Standby-Betrieb bei *13,5...13,8 V*. Welche Spannung genau eingestellt wird, entnimmt man dem Datenblatt des jeweiligen Akkumulators. Nach dem Einstellen der Ladeschlussspannung kann der Akkumulator dann an J2 angeschlossen werden. Er wird zunächst mit dem maximalen Ladestrom von *2 A* geladen. Nähert sich die Akkuspannung der Ladeschlussspannung, sinkt der Strom mehr und mehr, bis er fast auf Null gesunken ist. Dann ist der Akkumulator vollständig aufgeladen.

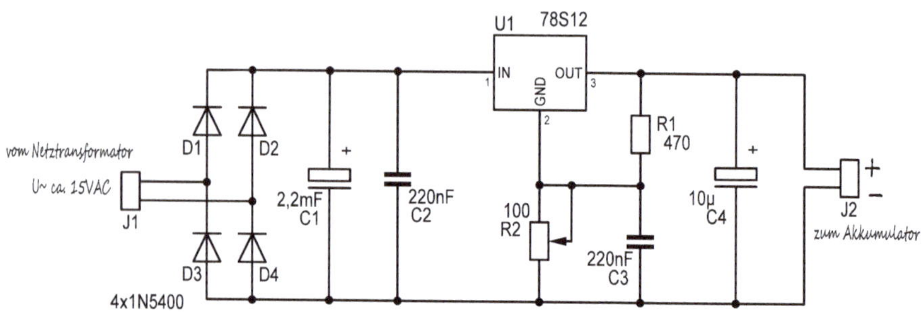

Bild 7.8: Vorschlag für ein einfaches Ladegerät für Bleiakkumulatoren. Die Ladeschlussspannung kann mit R2 zwischen 12 V und 15 V eingestellt werden.

7.3 Silent Power Supply

Das „Silent Power Supply" (Bild 7.9) habe ich in unserem Institut entwickelt, weil die Physiker winzige Signale im Projekt „E.T. - Einstein Teleskop" messen wollten. Das setzte eine hochreine Spannungsversorgung voraus. Hier wurde der Intervallbetrieb (gemäß Abschnitt 7.1) gewählt um höchste Spannungsreinheit zu erhalten. Die Schaltung hat also kein Ladeteil.

Selbst die Anzeigen für Strom und Spannung sind mit analogen Drehspulinstrumente realisiert, die keine taktenden Bauteile enthalten und auch keine zusätzliche Versorgungsspannung benötigen.

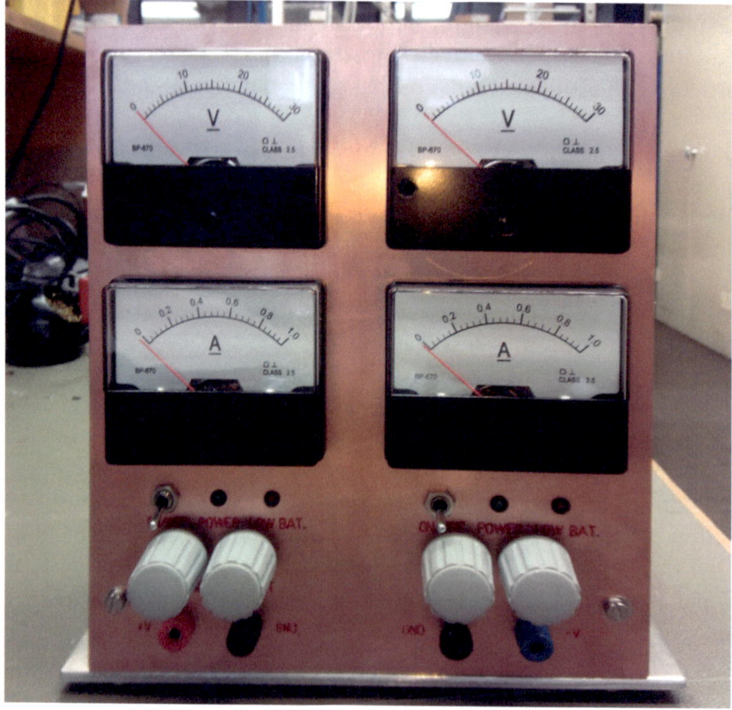

Bild 7.9: „Silent Power Supply"

Im Bild 7.11 ist die Schaltung zum Projekt „Silent Power Supply" abgedruckt. Es werden vier gleiche Blei-Gel-Akkumulatoren mit einer Nennspannung von *12 V* und einer Kapazität von jeweils 7,2 Ah eingesetzt. Davon sind jeweils zwei Akkumulatoren in Reihe geschaltet, so dass eine Nennspannung von *+/- 24 V* zur Verfügung steht. Die Akkumulatorspannung wird von vier Linearreglern zu einer einstellbaren Laborspannungsquelle (*+/- 3,2....18,5 V / 0....1000 mA*) umgesetzt. Da beide Quellen potentialfrei sind, können diese in Serie betrieben werden und liefern dann *6,2 V.....37 V / 0....1000 mA*. Die Akkumulatorspannung wird mit Hilfe eines Komparators überwacht. Dieser zeigt an, wenn die in Reihe geschalteten Akkumulatoren ihre Entladeschlussspannung U_{LS} erreicht haben und sie wieder aufgeladen werden müssen (D4 bzw. D3 „Low Batt"). Da jeweils zwei *12 V* Akkumulatoren in Reihe geschaltet sind, ist die Entladeschlussspannung bei $U_{LS} = 21{,}6\ V$ erreicht (entsprechend eben *1,8 V* pro Zelle).

Die Regelschaltung ist hier mit ICs vom Typ LT3080 umgesetzt. Im Kapitel 6.1 hatte ich diesen Reglertyp schon einmal erwähnt. Er wird hier nun zur Regelung des Stroms und der Spannung verwendet. IC2 ist für den Strom des positiven Zweigs zuständig. Mit R1 wird der Einsatz der Stromregelung/-begrenzung eingestellt. Durch R1 fließt ein Konstantstrom von *10 µA*. Die Spannung an R1 ist also konstant. Sie lässt sich einstellen zwischen

$$U_{R1min} = 0\,\Omega \cdot 10\,\mu A = 0\,V$$

und

$$U_{R1max} = 100\,k\Omega \cdot 10\,\mu A = 1\,V$$

Diese Spannung fällt dann mit umgekehrter Richtung am Shunt R2 (*1 Ω*) ab. Der maximal mögliche Ausgangsstrom ist also

$$I = \frac{1\,V}{1\,\Omega} = 1\,A$$

IC3 regelt die positive Ausgangsspannung. Mit R4 wird die Höhe der Ausgangsspannung eingestellt.

Normalerweise wird einfach ein Widerstand vom Anschluss SET nach GND angeschlossen, der die Ausgangsspannung bestimmt. Der Anschluss SET ist der Ausgang einer Stromquelle, die einen konstanten Strom von *10 µA* liefert. Die Ausgangsspannung ist dann

$$U_{out} = R_{SETGND} \cdot 10\,\mu A$$

In vorliegenden Fall ist aber zwischen Ausgang OUT des LT3080 und dem eigentlichen Ausgang des Netzgerätes ein analoger Strommesser geschaltet (Klemmen K5 und K10, Bild 7.11). Dieser hat einen Widerstand und verursacht deshalb einen Spannungsabfall. Deshalb ist der Widerstand R14 eingefügt. Dieser ist mit dem tatsächlichen Ausgang des Netzgerätes verbunden. Der Trick ist nun, einen größeren Strom fließen zu lassen, so dass die 10 µA die aus dem LT3080 kommen nicht mehr relevant sind. Die Spannung am Widerstand R12 ist jedenfalls

$$U_{R12}=R12\cdot 10\,\mu A=51000\,\Omega\cdot 10\cdot 10^{-6}\,A=0{,}51\,V$$

Diese Spannung liegt an der Reihenschaltung, bestehend aus dem Drehspul-Strommesser an K5 und R14. Es kann unterstellt werden, dass der Widerstandswert von R14 wesentlich größer ist als der Widerstandswert des Strommessers. Somit gilt für den "größeren Strom", der durch R13 und R4 fließt:

$$I_{R4}=I_{R13}=\frac{U_{R12}}{R14}+10\cdot 10^{-6}\,A\approx\frac{U_{R12}}{R14}=\frac{0{,}51\,V}{510\,\Omega}=1\,mA$$

Die Spannung an K2 gegen GND lässt sich nun mit R4 einstellen zwischen

$$((R13\cdot 1\,mA)+0{,}51\,V)\leqslant U_{K2}\leqslant(((R13+R4)\cdot 1\,mA)+0{,}51\,V)$$

$$(2{,}7\,V+0{,}51\,V)\leqslant U_{K2}\leqslant(17{,}7\,V+0{,}51\,V)$$

$$3{,}21\,V\leqslant U_{K2}\leqslant 18{,}21\,V$$

Der Zweig für die negative Ausgangsspannung ist identisch aufgebaut. Hier liegt der Ausgang dann auf GND. Verbindet man die beiden Potentiale von K6, dann erhält man zwei einstellbare Spannungen. Eine positive und eine negative zu einer gemeinsamen Masse (GND).

Bild 7.12 zeigt die bestückte Platine - noch ohne Kühlbleche. Links sind die beiden Komparatoren, mit den zugehörigen Trimmpotentiometern (blau) zu erkennen. Mit diesen wird die Schwellspannung eingestellt, bei deren Unterschreiten die zugehörige LED „LOW BAT“ an der Frontplatte aufleuchtet und signalisiert, dass die Akkumulatoren aufgeladen werden müssen. Kommt man dem nicht sofort nach, riskiert man bei den eingesetzten Bleiakkumulatoren einen dauerhaften Kapazitätsverlust. Weiter geschieht nichts.

Die verwendete Komparatorschaltung aus Bild 7.11 ist im Bild 7.10 herausgezeichnet. So lange die Spannung am Akkumulator über dem Wert der Entladeschlussspannung von *21,6 V* liegt, gibt der Ausgang des Komparators U_{out} = *0V* (GND) aus. Die Eingänge des Operationsverstärkers sind mit dem gleichen Widerstandswert beschaltet: R2 = R3. Am positiven Eingang U+ des Operationsverstärkers ist dann die Spannung

$$U+=\frac{U_{ref}-GND}{R2+R1}\cdot R1=\frac{6{,}2\,V}{100\,k\Omega+10000\,k\Omega}\cdot 10000\,k\Omega\approx 6{,}139\,V$$

Wird dieser Wert am Eingang U_{mess} unterschritten (Entladung), springt der Ausgang U_{out} auf High. Die maximale Ausgangsspannung des verwendeten Operationsverstärkers LM2904 liegt *1,5 V* unterhalb der Versorgungsspannung. Beim Unterschreiten der Ladeschlussspannung sind das demnach

$$U_{schluss} = U_{batt} - 1{,}5\,V = 21{,}6\,V - 1{,}5\,V = 20{,}1\,V.$$

Die Spannung am Eingang U+ des Operationsverstärkers ist jetzt (nach dem Überlagerungsprinzip):

$$U+=\frac{U_{ref}}{R2+R1}\cdot R1+\frac{U_{out}}{R2+R1}\cdot R2$$

$$U+=\frac{6{,}2\,V}{100\,k\Omega+10000\,k\Omega}\cdot 10000\,k\Omega+\frac{20{,}1\,V}{100\,k\Omega+10000\,k\Omega}\cdot 100\,k\Omega\approx 6{,}139\,V+0{,}199\,V=6{,}338\,V$$

Die Hysterese ist dann entsprechend die Differenz der beiden Werte:

$$U_H=\left(\frac{U_{ref}}{R2+R1}\cdot R1+\frac{U_{out}}{R2+R1}\cdot R2\right)-\left(\frac{U_{ref}}{R2+R1}\cdot R1\right)$$

$$U_H=\frac{U_{out}}{R2+R1}\cdot R2 \qquad \{7.4\}$$

$$U_H=\frac{20{,}1\,V}{100\,k\Omega+10000\,k\Omega}\cdot 100\,k\Omega\approx 0{,}199\,V$$

Sie lässt sich vergrößern, indem man R1 verkleinert. Das ist leicht zu erkennen an {7.4}.

Die Versorgungsspannung der Operationsverstärker ist in der *Höhe* mit D7 und D8 (Bild 7.11) auf *22 V* begrenzt. Nach kurzer Ladezeit ändert sich die Hysterese geringfügig, da die Versorgungsspannung des Operationsverstärkers von *21,6 V* (Entladeschlussspannung) auf *22 V* (Spannungsbegrenzung) ansteigt.

$$U_H=\frac{22\,V-1{,}5\,V}{100\,k\Omega+10000\,k\Omega}\cdot 100\,k\Omega\approx 0{,}2029\,V$$

Zum Abgleich verdreht man den Schleifer des Trimmpotentiometers R25 (bzw. R15; Bild 7.11), so dass an ihm bei einer Akkuspannung von 21,6 V eine Spannung *von 6,139 V* zu messen ist. Die LED D4 bzw. D3 leuchtet dann auf. Der Komparatorausgang springt dann zurück auf *0 V*, wenn die Akkumulatorspannung einen Wert erreicht von

$$U_{akku}=\frac{21{,}6\,V}{6{,}139\,V}\cdot 6{,}342\,V\approx 22{,}3\,V$$

Die Hysteresespannung am Akkumulator beträgt dann $U_{hyst}=22{,}3\,V-21{,}6\,V=700\,mV$.

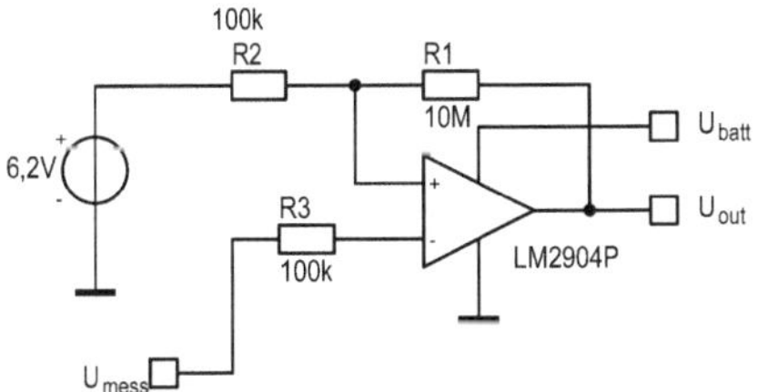

Bild 7.10: Komparator mit Hysterese.

Bild 7.13 zeigt das Mustergerät während des Aufbaus und des Tests.

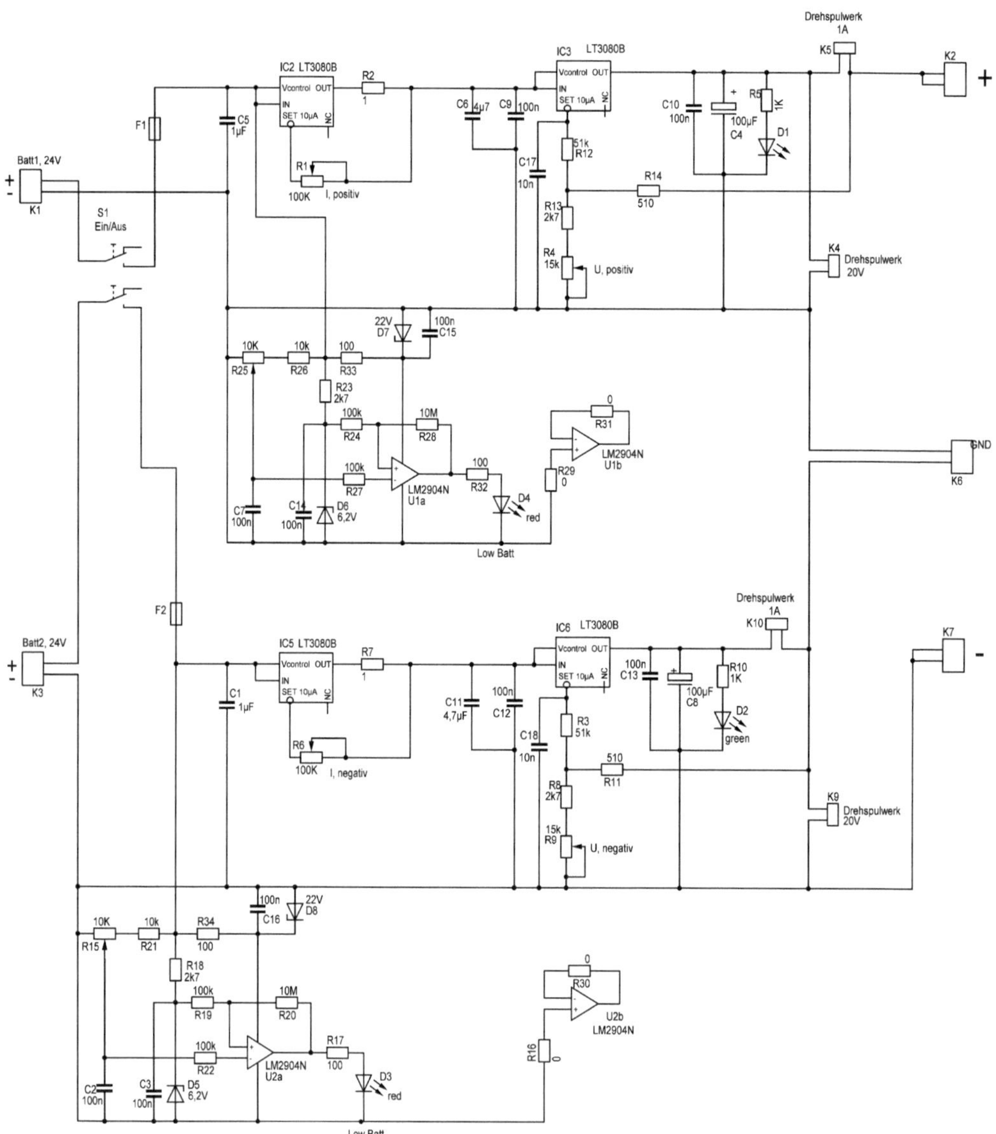

Bild 7.11: Silent Power Supply, Gesamtschaltung.

Bild 7.12: Teilbestückte Platine. Noch ohne Kühlblech, Sicherungen und Potentiometer.

Bild 7.13: Innenansicht des Aufbaus. Gut zu erkennen sind die vier 12 V Bleiakkumulatoren. Die Frontplatte ist aus Platinenmaterial gefertigt. Zwischen Frontplatte und Akkumulatoren erkennt man die Reglerplatine. Ein Kühlkörper für die Spannungsregler ist in diesem Stadium noch nicht angebracht.

7.4 Absolut konstante Spannung

Manchmal ist nicht die Reinheit der Spannung das wichtigste Kriterium sondern die absolute Höhe. Manchmal auch beides. Wie man dies im Netzgerät erreicht, ist vermutlich zwischenzeitlich klar geworden.

Zunächst benötigt der Spannungsregler eine Rückleitung der Ausgangsspannung direkt von den Ausgangsklemmen, also hinter einem eventuell vorhandenen Shunt oder Strommessgerät.

Dann muss das vorgelagerte ungeregelte Netzteil eine Spannung liefern, die in jedem Betriebsfall ausreichend größer ist, als die gewünschte stabile Ausgangsspannung. Ausreichend heißt: größer als die Ausgangsspannung zuzüglich des maximalen Spannungsabfalls am Regler.

Manchmal reicht dies nicht aus. Manchmal muss die eingestellte hochkonstante Spannung an einem Verbraucher ankommen, der über längere Leitungen mit dem Netzgerät verbunden ist. Im Bild 7.14 ist das Prinzip einer Spannungsregelung nochmals dargestellt. Der Regler vergleicht die Ausgangsspannung oder einen Teil davon mit einer Referenzspannung und bildet eine Stellgröße, welche das Stellglied so beeinflusst, dass die Ausgangsspannung möglichst konstant und unabhängig von der Eingangsspannung und der Belastung durch den Lastwiderstand bleibt. Im Beispiel Bild 7.14 ist zu erkennen, dass die Größe der Ausgangsspannung durch die von der Z-Diode erzeugten Referenzspannung und den Spannungsteiler R1, R2 bestimmt wird.

$$U_{OUT} = U_{ref} \cdot \frac{R1 + R2}{R2} \qquad \{7.5\}$$

Da der Spannungsteiler unmittelbar an den Ausgangsanschlüssen des Reglers angeschlossen ist, wird die Spannung am Lastwiderstand nur dann konstant sein, wenn der Leitungswiderstand R_{ltg} zwischen Regler und Lastwiderstand im Verhältnis zum Lastwiderstand R_L klein ist.

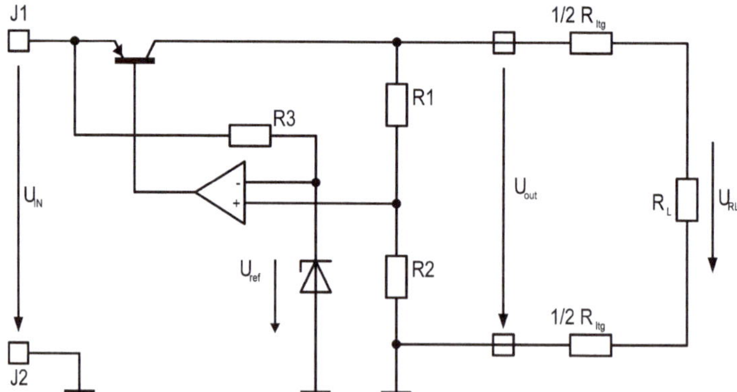

Bild 7.14: U_{out} > U_{RL} bei langen Leitungen zwischen Netzteil und Verbraucher R_L.

7.4.1 Vierleitertechnik

Geht es um die Bereitstellung einer absolut konstanten Ausgangsspannungen am Lastwiderstand R_L , so kann man den Spannungsteiler nicht fest innerhalb des Gehäuses an den Ausgangsklemmen anbringen, sondern muss die Spannung über zwei zusätzliche Leitungen direkt am Lastwiderstand abgreifen. Durch diese sogenannte Vierleitertechnik wird nicht mehr die Spannung an den Ausgangsklemmen U_{OUT} des Reglers konstant gehalten, sondern die Spannung U_{RL} am Lastwiderstand R_L, wie im Bild 7.15 ersichtlich.

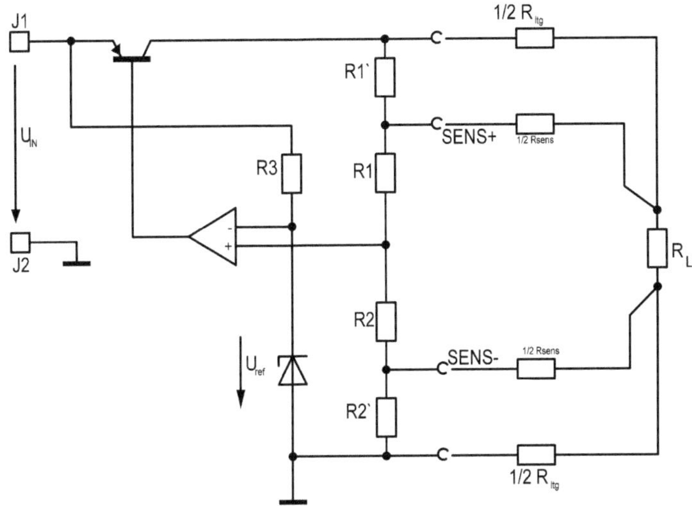

Bild 7.15: Vierleitertechnik.

Der Spannungsabfall am Leitungswiderstand R_{ltg} wird in der Form kompensiert, dass das Netzteil eine um diesen Spannungsabfall höhere Ausgangsspannung liefert. Da die Messeingänge SENS+ und SENS- hochohmig sind, spielt der auch hier unweigerlich vorhandene Leitungswiderstand der Messleitungen R_{sens} keine Rolle.

Zur Realisierung dieser Vierleitertechnik ist eine modifizierte Schaltung erforderlich. Befindet sich zwischen der Stromversorgung und dem Lastwiderstand ein Leitungswiderstand, dann fällt über ihm eine von der Strömstärke abhängige Spannung U_{ltg} ab, die sich nach dem ohmschen Gesetz berechnen lässt:

$$U_{ltg}=R_{ltg}\cdot I \qquad \{7.6\}$$

Dieser Spannungsabfall entsteht je zur Hälfte auf der Hin- und auf der Rückleitung. Er ist im Hinblick auf die Regelung umso störender, je größer der Leitungswiderstand ist. Bei einer weit abgesetzten Last, wie es z.B. bei einem Antennenrotor gegeben sein kann, ist das eventuell sehr nachteilig. Wenn dann noch unterschiedliche Belastungen dazukommen, ist die Spannung am Lastwiderstand ganz schnell nicht mehr konstant, obwohl das Netzteil immer noch eine konstante Ausgangsspannung liefert.

Die Schaltung nach Bild 7.15 funktioniert nur unter der Voraussetzung

$R1 >> R1' >> R_{ltg}$
$R2 >> R2' >> R_{ltg}$

Das ist bei der Dimensionierung zu berücksichtigen.

7.4.2 Kompensation bei konstanter Last

Ist das Netzteil für eine immer gleiche Last - also für einen Anwendungsfall - vorgesehen, kann man auf die Vierleitertechnik verzichten und eine einfache Kompensation der Leitungsverluste realisieren. Ein Schaltungsvorschlag dazu ist im Bild 7.16 ersichtlich. Er stammt von [13]. Über den Messwiderstand R_m (Shunt) wird der aktuelle Laststrom erfasst. Mittels des Operationsverstärkers U1A wird damit eine dem Laststrom proportionale Spannung gegen Masse gewonnen, die an R9 ansteht. Diese, dem Laststrom proportionale Spannung, wird einer mit U1B, T3 und R10 aufgebauten Konstantstromquelle zugeführt. Mit diesem, durch den Laststrom gesteuerten Konstantstrom wird die Rückkopplungsspannung so beeinflusst, dass die Ausgangsspannung des Reglers bei sich vergrößerndem Laststrom ansteigt, was wiederum den Spannungsabfall auf den Leitungen kompensiert.

Für Spannungsregler mit fester oder einstellbarer Ausgangsspannung, bei denen keine Möglichkeit besteht, in den Rückkopplungspfad einzugreifen, lässt sich der Spannungsabfall auf der Leitung dadurch kompensieren, dass der Masseanschluss bzw. der Spannungsteiler einfach um den Betrag des Spannungsabfalls auf der Leitung angehoben wird. Dadurch steigt die Ausgangsspannung eben genau um den Betrag dieses Spannungsabfalls an und die Verluste werden kompensiert.

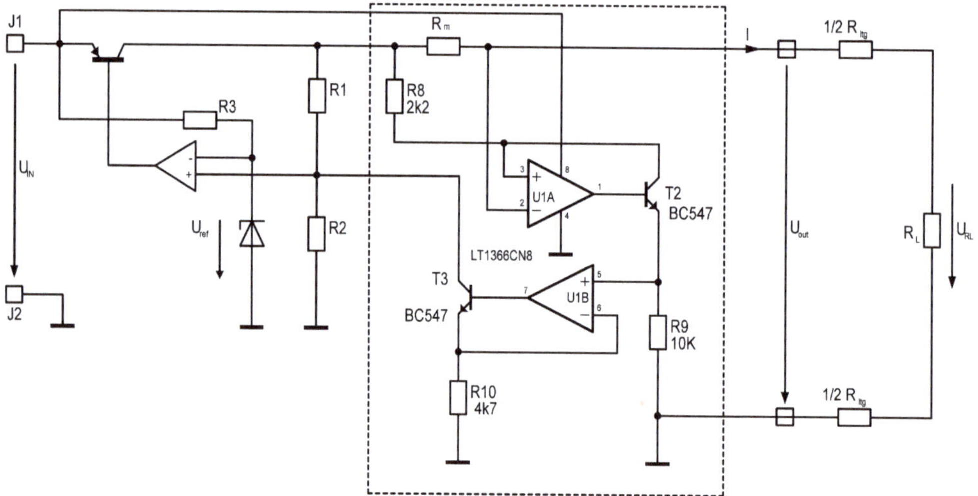

Bild 7.16: Kompensation der Leitungsverluste durch Shunt (R_m, 100 mΩ).

Bild 7.17 zeigt eine praktische Realisierung dieses Konzepts anhand eines Festspannungsreglers. Die Schaltung ist aber sowohl für Festspannungsregler als auch für einstellbare Spannungsregler geeignet. Die Auswahl der Bauteile ist relativ unkritisch. Einzig der Operationsverstärker muss sowohl am Eingang als auch am Ausgang für Spannungen vom Massepotential bis zum Potential der Versorgungsspannung, also von Spannungsschiene zu Spannungsschiene ausgelegt sein (sogenannter Rail-to-Rail-Operationsverstärker).

Zu nennen wäre zum Beispiel der Typ LT1366 von Linear Technology oder der Typ AD822 von Analog Devices. Beide Typen sind für einen großen Betriebsspannungsbereich geeignet. Sie sind im SMD-Gehäuse erhältlich aber auch im DIL8-Gehäuse.

Die Spannung U_m am Widerstand R_m ergibt sich zu

$$U_m = R_m \cdot I \qquad \{7.7\}$$

I ist der Strom durch R_m bzw. der Strom der durch die Leitungswiderstände fließt. Die Verlustspannung U_V zwischen dem Ausgang des Reglers und der Last ist

$$U_V = I \cdot R_{Ltg} + I \cdot R_m \qquad \{7.8\}$$

Die Kompensationsspannung U_K ist die Spannung, die das Netzteil an seinen Ausgangsklemmen zusätzlich liefern muss, damit die gewünschte Nennspannung am Lastwiderstand R_L auch wirklich ansteht. Daraus folgt, dass die Kompensationsspannung U_K so groß sein muss, wie die Verlustspannung U_V.

Die Kompensationsspannung liegt am Ausgang des Operationsverstärkers U1B an bzw. Natürlich dann auch am Schleifer des Potentiometers R1. Steht der Schleifer nicht am unteren Anschlag, dann gilt

$$U_K = I_{R9} \cdot (R9 + R1_u) \qquad \{7.9\}$$

Der Operationsverstärker U1A sorgt dafür, dass der Spannungsabfall an R8 den Spannungsabfall an R_m aufhebt. Dazu öffnet er den Transistor T2 entsprechend. Da R8 und R9 den gleichen Wert haben, entsteht auch an R9 der gleiche Spannungsabfall:

$$U_{R8} = U_{R9} = U_{rm} \qquad \{7.10\}$$

Es gilt demnach auch

$$I_{R9} = \frac{U_m}{R8}$$

Eingesetzt in die Gleichung {7.9} ergibt

$$U_K = \frac{U_m}{R8} \cdot (R9 + R1_u) \qquad \{7.11\}$$

Gleichsetzen von {7.8} und {7.11} gibt dann

$$I \cdot R_{Ltg} + I \cdot R_m = \frac{U_m}{R8} \cdot (R9 + R1_u)$$

$$I \cdot (R_{Ltg} + R_m) = I \cdot R_m \cdot \frac{(R9 + R1_u)}{R8}$$

$$(R_{Ltg} + R_m) = R_m \cdot \frac{(R9 + R1_u)}{R8}$$

Wegen *R9* = *R8* dann

$$R9 \cdot (\frac{R_{Ltg}}{R_m} + 1) = R9 + R1_u$$

$$R_{Ltg} \cdot \frac{R9}{R_m} + R9 = R9 + R1_u$$

Da R8 und R9 gleich sind, wird der Spannungsabfall am Shunt R_m kompensiert, wenn der Schleifer von R1 am unteren Anschlag ist. Somit kann mit dem Potentiometer R1 ein Widerstand $R1_U$ entsprechend dem Leitungswiderstand R_{Ltg} eingestellt werden.

$$R1_u = R_{Ltg} \cdot \frac{R9}{R_m} \qquad \{7.12\}$$

Mit *R1* = *25 kΩ* lassen sich also Leitungswiderstände zwischen *0 Ω* (Schleifer am unteren Anschlag) und

$$\frac{R1_u}{R9} \cdot R_m = R_{Ltg} = \frac{25000\,\Omega}{1000\,\Omega} \cdot 0{,}1\,\Omega = 2{,}5\,\Omega$$

(Schleifer am oberen Anschlag) kompensieren.

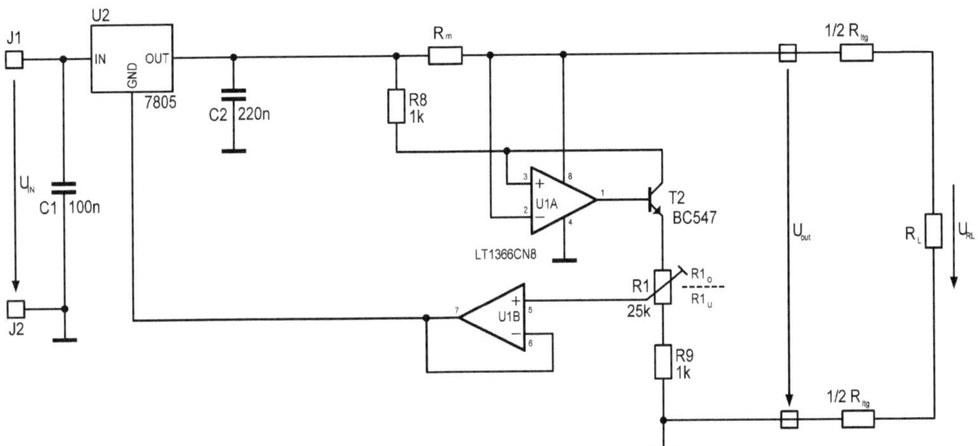

Bild 7.17: Applikation zur Kompensation der Leitungsverluste R_{Ltg} bei einem Festspannungsregler.

8 • Messtechnik und Hilfsmittel

Für den Entwurf und den Bau linearer Stromversorgungsgeräte benötigt man mindestens ein Multimeter. Besser ist ein Oszilloskop. Damit kann man dann auch das dynamische Verhalten der fertigen Schaltung untersuchen. Dazu gehört das Verhalten beim Einschalten, beim Ausschalten und bei Lastwechseln.

Für den Belastungstest kann man Hochlastwiderstände nutzen. Für Dauermessungen unter Last sind Niedervolt- Halogenlampen sehr gut geeignet. Diese Halogenlampen können ganz unkompliziert auch größere Leistungen über längere Zeit aufnehmen. Mit ihnen kann man das Verhalten der Ausgangsspannung bei Lastwechsel untersuchen oder bei Dauerbelastung. Mit einem Dauertest ist es möglich festzustellen, ob die Kühlmaßnahmen ausreichen. Es gibt sie noch auf Trödelmärkten oder auf Plattformen wie *markt.de, nebenan.de* oder *kleinanzeigen.de*.

Noch besser ist eine einstellbare Last, also ein Lastpotentiometer. Diese sind mit Widerstandsdraht aufgebaut. Allerdings sind sie selten und teuer. Universeller ist allerdings eine elektronische Last, bei der man den Widerstandswert der Last mit Hilfe eines Transistors einstellt und optimalerweiser mit der man Lastschwankungen (auch Teillastschwankungen) erzeugen kann. Eine elektronische Last erfordert keine Spezialbauteile und man kann sie in der Regel auch auf konstante Strombelastung einstellen.

8.1 Reinheit der Gleichspannung

Die Ausgangsgleichspannung des fertigen Netzgerätes kann man mit einem Multimeter messen. Dazu stellt man dieses auf einen Gleichspannungs-Messbereich (DC-Messbereich; *dc = direct current*). Lässt man den Regler für die Ausgangsspannung in Ruhe, sollte sich eine konstante Spannung zeigen, die nur im *mV*-Bereich schwankt.

Der Wechselanteil, der der Gleichspannung überlagert ist, muss so klein sein, dass er nicht stört. Dieser Wechselanteil setzt sich zusammen aus

1. dem Restwechselanteil, der nach dem Sieben, Glätten und Regeln vom Versorgungsnetz übrig bleibt,
2. der von der Regelschaltung aufgrund der Regelvorgänge erzeugten Wechselspannung,
3. den Einströmungen und Einstrahlungen elektromagnetischer Felder aus der Umgebung,
4. dem Rauschen der Schaltung selbst.

Den Wechselanteil kann man mit Einschränkungen ebenfalls mit einem Multimeter messen. Dafür stellt man dieses auf einen Wechselspannungsbereich (AC-Messbereich; *ac = alternating current*). Die modernen Multimeter mit Echt-Effektivwert-Anzeige zeigen dann den Effektivwert (RMS-Wert; root mean square - Wert) des Wechselanteils an. Zu beachten ist der Frequenzbereich. Standard-Multimeter messen bis einige hundert Hertz genau.

Bei einem analogen Zeigermessgerät mit Drehspulmesswerk wird der Gleichrichtwert angezeigt. Das ist der gleichgerichtete Wechselanteil, der durch die Trägheit des Messwerks selbst gemittelt ist. Die Skala ist meistens auf den Effektivwert bei sinusförmigen Kurvenverlauf geeicht. Der messbare Frequenzbereich ist fast immer deutlich höher als bei digitalen Multimetern. Man findet auch Messinstrumente mit denen man bis mehrere tausend Hz korrekt messen kann. Hochwertige Messgeräte erlauben es, den gesamten hörbaren Niederfrequenzbereich bis *20 kHz* zu messen.

Die beste Lösung ist allerdings Messen mit einem Oszilloskop. Diese Messgeräte können mindestens bis *10 MHz* messen und zeigen auch das zeitliche Verhalten (die Kurvenform) des Wechselanteils an. Man stellt den gewählten Eingangskanal auf AC. Es wird dann nur der Wechselanteil gezeigt, den man mit hoher Auflösung darstellen kann.

8.2 Statischer und dynamischer innerer Widerstand

Ein Stromversorgungsgerät ist eine Spannungsquelle oder eine Stromquelle. Man möchte so nah wie möglich an das Verhalten einer idealen Quelle herankommen. Der statische Widerstand gehört zum Gleichstromverhalten. Der dynamische Widerstand zum Wechselanteil, der sich der Gleichspannung überlagert, wenn Laständerungen auftreten.

Im statischen Widerstand zeigt sich die Qualität des Aufbaus - aber auch des Regelkreises. Angenommen, es wird eine konstante Ausgangsspannung eingestellt und eine sich nicht ändernde Last angeschlossen. Der durch die Last hervorgerufene Strom führt zu Spannungsabfällen im Transformator, den Gleichrichterdioden, den Leitungen und Leiterbahnen und am meistens vorhandenen Shunt. Eine gute Netzteilschaltung hat auch bei Nennlast eine genügend große Spannungsreserve am Glättungskondensator, die es der Regelschaltung ermöglicht die Verluste zu kompensieren.

$$R_{stat}=\frac{U_{outleer}-U_{outlast}}{I_{outlast}} \qquad \{8.1\}$$

R_{stat} ist der statische innere Widerstand der Netzteilschaltung
$U_{outleer}$ ist die Spannung am Ausgang ohne Belastung (*Ausgangsstrom* $I_{outlast} = 0\,A$)
$U_{outlast}$ ist die Spannung am Ausgang bei dem Laststrom $I_{outlast}$
$I_{outlast}$ ist der Ausgangsstrom bei einem bestimmten Lastwiderstand

Im dynamischen Widerstand zeigt sich sehr deutlich die Qualität des Regelkreises. Bei schnellen Lastwechseln ergeben sich wie beim statischen Widerstand Spannungsabfälle im Leitungsweg, die von der Regelschaltung ausgeglichen werden müssen. Hinzu kommen hier aber noch Wirkungen aus parasitären Reaktanzen. Die Regelschaltung muss auch diese möglichst gut ausregeln. Sie muss schnell, aber ohne großes Überschwingen, agieren. Für den dynamischen inneren Widerstand r_{dyn} gilt

$$r_{dyn}=\frac{\Delta u}{\Delta i} \qquad \{8.2\}$$

Wie misst man nun den dynamischen Innenwiderstand?

Δu ist der Spitze-Spitze-Wert der z.B. mit dem Oszilloskop gemessenen Wechselspannung bei Lastwechsel und *Δi* ist die damit einhergehende Stromänderung. Misst man die Größen mit einem Multimeter im AC-Bereich, sind die Werte kleiner. Das liegt daran, dass Multimeter Effektivwerte ausgeben, die immer kleiner sind als die Spitze-Spitze-Werte. Die Ergebnisse bei der Messung mit dem Oszilloskop und dem Multimeter weichen voneinander ab und bedürfen der Interpretation. Details dazu habe ich in [1] und [15] zusammengestellt.

In jedem Fall ist es wichtig, die Spannung direkt an den Klemmen des Netzteils zu messen, denn manchmal sind die Zuleitungen selbst oder die Übergangsstellen (Klemmen) das Problem. Im Bild 8.1 ist die Last über die Klemmen J1 bzw. J2 sowie die Zuleitungen R_{ltg} angeschlossen. Dies kann sich auf die Meßergebnisse an R_{Last} auswirken.

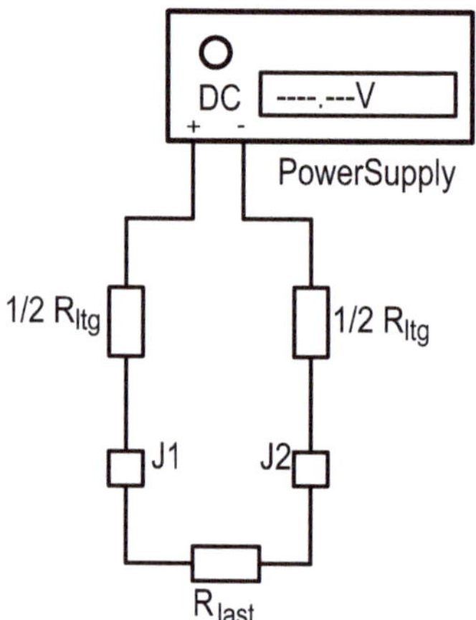

Bild 8.1: Welche Spannung steht tatsächlich an R_{last} an?

8.3 Lastpotentiometer

Wie eingangs erwähnt, sind Lastpotentiometer sehr bequem, denn der Widerstandswert ist variabel. Leider sind Hochlastpotentiometer selten und sehr teuer. Mit etwas Glück findet man sie auf den Trödelmärkten der Funkamateure oder kann sie aus altem Industriegeräte-Schrott ausbauen (Bild 8.2).

Bild 8.2: Ein Hochlast-Potentiometer der Firma Rosenthal.
Hier mit 50 Ω und für 100 W Belastung ausgelegt.

Zur bequemen Handhabung habe ich das Potentiometer aus Bild 8.2 in eine Holzbox eingebaut. Diese stammt aus dem ortsansässigen Baumarkt. Die Drehachse ist ungewöhnlich dick. Sie hat einen Durchmesser von *8 mm*. Die meisten Einstellknöpfe sind für *4- oder 6-mm*-Achsen ausgelegt. Deshalb habe ich einen Schubladenknauf aus Holz (vom Trödelmarkt) dafür verwendet. Der Einstellbereich umfasst einen Winkel von *300°*. Die „Frontplatte" ist einfach nur der Boden der Holzbox mit aufgeklebtem Frontplattenausdruck. Die Anschlüsse sind auf gewöhnliche Telefonbuchsen für 4-mm-Bananenstecker ausgeführt. Zwei der Anschlüsse habe ich mit Schaltern versehen. So kann man auch plötzliche Lastwechsel vornehmen. Über den Bananenbuchsen habe ich Anklemmöglichkeiten für Krokodilklemmen vorgesehen. Dabei handelt es sich einfach um Lötösen, die jeweils mit der Buchse eingeschraubt sind.

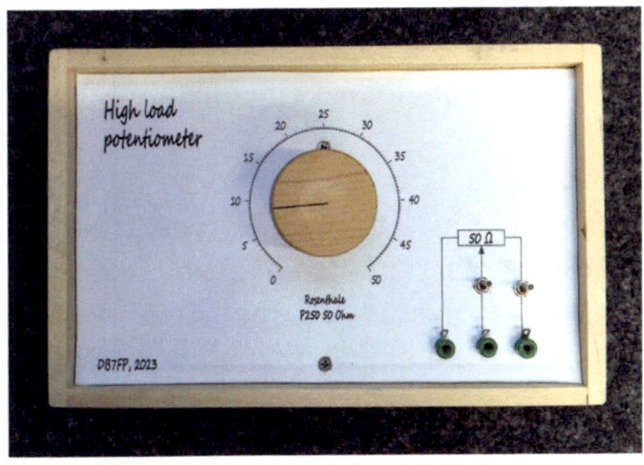

Bild 8.3: Lastpotentiometer in Holzbox eingebaut.

8.4 Elektronische Last

Bild 8.4: Elektronische Last, eingebaut in einem Holzgehäuse.

In diesem Abschnitt beschreibe ich eine einfache und damit leicht nachbaubare elektronische Last, die ich gebaut habe (siehe Bild 8.4) und die mir in meinem Shack schon sehr hilfreich war. Die elektronische Last erlaubt die Untersuchung des Verhaltens von Netzteilen bei Dauerbetrieb oder bei Lastwechseln. Sie bietet die beiden Betriebsarten:

1) konstanter Strom und
2) konstanter Widerstand.

Im Falle 2) kann man mit Hilfe eines Potentiometers den simulierten Widerstandswert zwischen *400 Ω* und *4 Ω* kontinuierlich einstellen. Über einen BNC-Anschluss (siehe Bild 8.4) kann man zusätzlich den virtuellen Lastwiderstand aktiv oder hochohmig schalten (von den Anschlussbuchsen trennen). Mit Hilfe eines Rechtecksignals ist es dann möglich das Verhalten des angeschlossenen Prüflings bei abrupten Lastwechseln zu testen, z.B. zur Ermittlung des dynamischen Innenwiderstands. Für den Anschluss des Prüflings habe ich Lautsprecheranschlüsse verwendet. Diese erlauben den Anschluss des Prüflings ohne zu schrauben. Die abisolierten Leitungen des Prüflings werden einfach eingeklemmt.

Beim Konstantstrombetrieb (Fall 1) arbeitet die Last als Stromsenke, deren eingestellter Laststrom unabhängig von der Eingangsspannung ist. Diese Betriebsart wählt man, z.B. zur Kapazitätsbestimmung von Akkumulatoren. Bild 8.5a zeigt das Prinzip. Den Prüfling (Netzteil, Akkumulator, etc.) schließt man an die Klemmen J2 (Pluspol) und J1 (Minuspol) an. Mit R2 stellt man den gewünschten Konstantstrom ein. Der Operationsverstärker steuert den Transistor so weit durch, dass an R1 die gleiche Spannung wie am Schleifer von R2 bzw. am positiven Eingang U_+ ansteht. Das ist in weiten Bereichen unabhängig vom angeschlossenen Prüfling. Die Voraussetzung ist lediglich, dass der Prüfling den Strom

$$I = \frac{U_+}{R1}$$

liefern kann und die Spannung des Prüflings größer ist als die Spannung $U_{J2} = U_{R1} + U_{CEsat.T1}$.

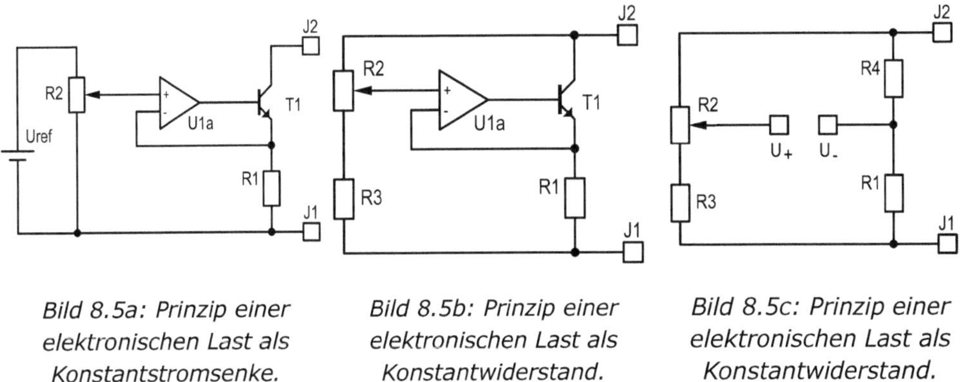

Bild 8.5a: Prinzip einer elektronischen Last als Konstantstromsenke.

Bild 8.5b: Prinzip einer elektronischen Last als Konstantwiderstand.

Bild 8.5c: Prinzip einer elektronischen Last als Konstantwiderstand.

Soll die elektronische Last als Konstantwiderstand arbeiten (Fall 2), so führt man dem U_+ - Eingang des Operationsverstärkers wie im Bild 8.5b zu sehen, einen Teil der an den Lastklemmen anstehenden Spannung, zu, In dieser Variante sorgt der Operationsverstärker nun dafür, dass sich zwischen den beiden Lastklemmen ein konstanter ohmscher Widerstand bildet. Im Prinzip stellt die in Bild 8.5b zu sehende Schaltung eine Widerstandsbrückenschaltung dar: R2 und R3 bilden einen Zweig der Brücke während der als regelbarer Widerstand fungierende Transistor und R1 den zweiten darstellen. In Bild 8.3c ist dies noch einmal vereinfacht dargestellt.

Wenn das Widerstandsverhältnis aus R2 und R3 gleich dem aus R4 und R1 ist, beträgt die Brückenspannung zwischen den Punkten U_+ und U_- unabhängig von der Betriebsspannung und den Absolutwerten der Widerstände *0 V*. Der Operationsverstärker in Bild 8.5b wertet diese Brückenspannung aus und steuert den Transistor so weit an, bis an seinen beiden Eingängen die Spannungsdifferenz *0 V* beträgt.

R2 und R3 lassen sich recht hochohmig auslegen, während man R1, je nach gewünschtem Lastwiderstand, niederohmig wählt. Der Ansatz ergibt sich aus der bekannten Brückenschaltungs-Gleichung (z.B. aus [4]):

$$\frac{R2}{R3} = \frac{R4}{R1}$$

Umgestellt wäre dann der Widerstand des Transistors repräsentiert durch R4:

$$R4 = \frac{R2}{R3} \cdot R1$$

Steht der Schleifer von R2 am unteren Anschlag dann ergibt sich für R4

$$R4=\frac{10000\,\Omega}{1000\,\Omega}\cdot 1\,\Omega=10\,\Omega$$

Der wirksame Widerstand an den Klemmen J2 und J1 ist dann

$$R_{J2\_J1}=R4+R1=10\,\Omega+1\,\Omega=11\,\Omega$$

Steht der Schleifer hingegen am oberen Anschlag so gilt (theoretisch)

$$R4=\frac{0\,\Omega}{1000\,\Omega}\cdot 1\,\Omega=0\,\Omega$$

$$R_{J2\_J1}=R4+R1=0\,\Omega+1\,\Omega=1\,\Omega$$

Praktisch kann der Widerstand zwischen Kollektor und Emitter des Transistors natürlich nicht *0 Ω* werden, so dass der wirksame Widerstand an den Klemmen etwas größer ist als *1 Ω*.

Die vollständige Schaltung meiner elektronischen Last ist im Bild 8.6 zu sehen. Sie benötigt nicht viel Energie und wird deshalb von vier Standard NiMH-Akkumulatoren der Größe AA versorgt. Das hat den Vorteil, dass es keinerlei Potentialverbindungen zum zu prüfenden Netzteil/Schaltungsaufbau gibt und über solche nicht nachgedacht werden muss. Das wäre bei einer angeschlossenen Halogenlampe als Last ebenfalls so.

Die Schaltung benötigt zum Betrieb eine Spannung von *14 V*. Diese wird mit einem Hochsetzsteller (fertiges Modul) aus der Akkumulatorspannung (*4....4,8 V*) gewonnen. Das von mir benutzte Hochsetzsteller-Modul hatte ich schon in [2] vorgestellt. Es hat eine 7-Segement-Anzeige. Man kann es so einstellen, dass die Akkumulatorspannung angezeigt wird. Dies erübrigt eine zusätzliche Überwachung des Ladezustandes der Akkumulatoren. Wird eine Spannung von *4 V* (*1 V* pro Zelle) oder weniger angezeigt, müssen die Akkumulatoren geladen werden.

Wahlweise ist über J7 der Betrieb mit *24 V* möglich. Gleichzeitig würden dann auch die Akkus geladen. Von einem dauerhaften Anschluss der *24 V* Versorgung ist abzuraten. Dies kann zur Überladung der Akkus führen. Deshalb ist der Schalter S4 vorgesehen. Bei meinem Aufbau befindet sich dieser im Innern des Gehäuses, da ich diesen Schalter nur selten betätigen muss. Das Gerät sollte niemals ohne eingelegte Akkumulatoren betrieben werden. Es könnte ansonsten zur Überlastung des Hochsetzstellers kommen. Nämlich dann, wenn der Schalter S4 geschlossen ist. Schutz vor Überlast/Brand leisten die beiden PPTC-Elemente (Multifuse) R27 und R28.

D2 leuchtet, wenn die Betriebsspannung ansteht. D1 gewährleistet eine temperaturstabile Spannung von *5,6 V*. Diese wird mit Hilfe von R22, R7, R3 und R8 so geteilt, dass wahlweise eine Referenzspannung von *1 V* oder *2 V* genutzt werden kann. Die Auswahl erfolgt mit einer Steckbrücke auf J2. Die Auswahl betrifft lediglich die Funktion als Stromsenke. Bei

- U_{ref} = *2 V* ist der Bereich *100 mA* bis *10 A*
  und bei
- U_{ref} = *1 V* ist der Bereich *50 mA* bis *5 A*
  (entsprechend der Frontplattenbeschriftung, siehe Bild 8.4).

Die Umschaltung der Betriebsart (konst. *I* oder konst. *R*) erfolgt mit S1.

Es wird der bewährte Operationsverstärker LM324 genutzt. Im 14-poligen Gehäuse befinden sich 4 Operationsverstärker. Einer der Operationsverstärker steuert den Leistungstransistor bestehend aus T2 und T1. C1 dient lediglich der Vermeidung einer Schwingneigung.

Steht der Schalter S1 in Stellung "const R", wird die am Leistungstransistor anliegende Spannung über R4 und R9 zur Vorgabe des einzustellenden Stromes durch T1 verwendet. An R1 fällt eine zum Strom proportionale Spannung ab, die auf den Operationsverstärker rückgekoppelt wird. Der von der Schaltung an der Klemme J1 simulierte Lastwiderstand R_L ist dann

$$R_L = \frac{U_{J1}}{I_{R1}} = \frac{U_{J1}}{\frac{U_{R1}}{R1}} = \frac{U_{J1} \cdot R1}{U_{R1}} \qquad \{8.3\}$$

Da der Operationsverstärker aufgrund der Rückkopplung die Spannungen am positiven und am negativen Eingang gleich setzt, kann man schreiben:

$$U_{R1} = \frac{U_{J1} \cdot R_S}{R1 + R4 + R9} \qquad \{8.4\}$$

Dabei ist R_S der Schleiferwiderstand; und der Widerstand zwischen Schleifer und GND des Potentiometers R2. Nach Einsetzen der Gleichung {8.4} in {8.3}:

$$R_L = \frac{U_{J1} \cdot R1}{\frac{U_{J1} \cdot R_S}{R1 + R4 + R9}} = \frac{R1 \cdot (R1 + R4 + R9)}{R_S} \qquad \{8.5\}$$

Wegen R10 und R19 kann R_S nicht kleiner werden als *101 Ω*. Steht der Schleifer am oberen Anschlag ist R_S in der Schaltung *10101 Ω*. Setzt man die Widerstandswerte ein, dann erhält man für Linksanschlag des Potentiometers (Schleifer unten):

$$R_L = \frac{0{,}12\,\Omega \cdot (0{,}12\,\Omega + 270000\,\Omega + 68000\,\Omega)}{101\,\Omega} \approx 402\,\Omega$$

Für Rechtsanschlag (Schleifer oben):

$$R_L = \frac{0{,}12\,\Omega \cdot (0{,}12\,\Omega + 270000\,\Omega + 68000\,\Omega)}{10101\,\Omega} \approx 4\,\Omega$$

Mir stand für R2 ein Potentiometer mit linearer Charakteristik zur Verfügung. Das bedeutet, dass sich der Widerstandswert zwischen Schleifer und einem der äußeren Anschlüsse linear mit dem eingestellten Drehwinkel verändert. Setzen wir R_S als relative Größe an:

$$R_S = R2 \cdot S$$

S ist die Schleiferstellung und läuft von 0 bis 1 (entsprechend *0....100 %*; entsprechend *0....10 kΩ*). Ausgehend von Gleichung {8.5} erhalte ich

$$R_L = f(S) = \frac{R1 \cdot (R1 + R4 + R9)}{R2 \cdot S + R10 + R19} \quad \text{für} \quad 0 \leq S \leq 1 \qquad \{8.6\}$$

Da in der Gleichung {8.6} die Schleiferstellung S des Potentiometers im Nenner steht, ergibt sich bei Potentiometern mit linearer Widerstandsbahn eine nichtlineare Einstellungs-Charakteristik. Am Rechtsanschlag (*S=1*; entsprechend *100 %*) erhalte ich den Lastwiderstand von R_L = *4 Ω*. In Mittelstellung (*S=0,5*; entsprechend 50 %) ist der Lastwiderstand *8 Ω*. Bei einer Vierteldrehung vom Linksanschlag (*S=0,25*; entsprechend *25 %*) sind es *16 Ω*. Bei einer Achteldrehung (*S=0,125; 12,5 %*) dann *32 Ω*, u.s.w. (Hyperbel). Dies ist bei der Skalierung auf der Frontplatte zu beachten (siehe Bild 8.4). Dort ist alle *16,7 %* vom maximalen Drehwinkel ein Eintrag.

In der Betriebsart Konstantstrom (Schalter S1 links) wird eine konstante Spannung an den oberen Anschluss des Potentiometers gelegt. Ist über J2 *1 V* ausgewählt, dann ergibt sich bei der Schleiferstellung am oberen Anschlag eine Spannung an C5 (und damit am positiven Eingang des Operationsverstärkers) von

$$U_{C5} = \frac{1V}{R21 + R20 + R2 + R10 + R19} \cdot R2 + R10 + R19$$

$$U_{C5} = \frac{1V}{5600\,\Omega + 1200\,\Omega + 10000\,\Omega + 100\,\Omega + 1\,\Omega} \cdot 10000\,\Omega + 100\,\Omega + 1\,\Omega \approx 0{,}598\,V$$

Der Operationsverstärker stellt nun den Emitterstrom von T1 so ein, dass an R1 die gleiche Spannung abfällt. Das entspricht also einem Strom von

$$I_{T1} = \frac{U_{C5}}{R1} = \frac{0{,}598\,V}{120\,m\Omega} = 4{,}983\,A \approx 5\,A$$

Steht der Schleifer am unteren Anschlag, gilt entsprechend:

$$U_{C5} = \frac{1V}{R21 + R20 + R2 + R10 + R19} \cdot R10 + R19$$

$$U_{C5} = \frac{1V}{5600\,\Omega + 1200\,\Omega + 10000\,\Omega + 100\,\Omega + 1\,\Omega} \cdot 100\,\Omega + 1\,\Omega \approx 0{,}00598\,V$$

Der Strom durch T1 ist jetzt

$$I_{T1} = \frac{U_{C5}}{R1} = \frac{0{,}00598\,V}{120\,m\Omega} = 0{,}05\,A = 50\,mA$$

Ob diese Ströme tatsächlich fließen, hängt natürlich von dem an J1 angeschlossenen Prüfling ab.

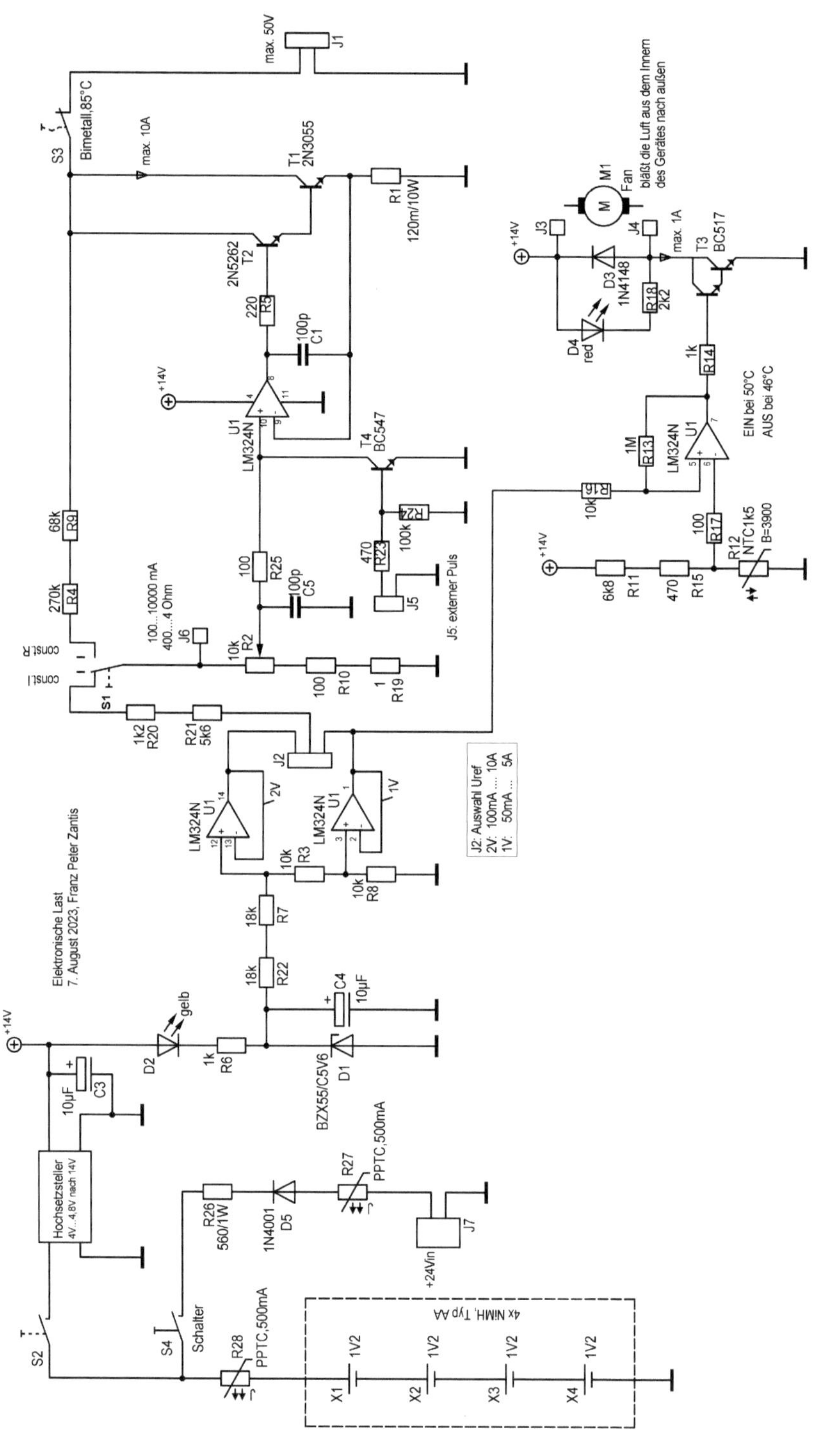

Bild 8.6: Elektronische Last.

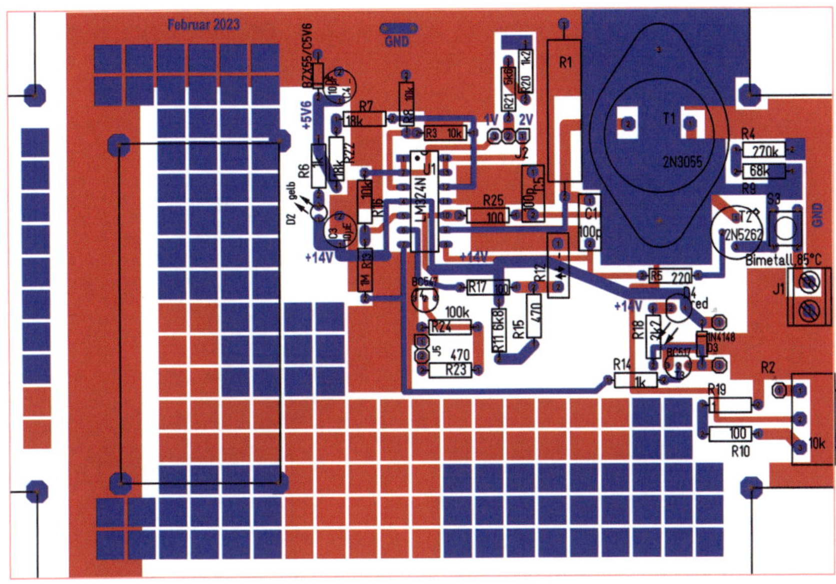

Bild 8.7: Layoutvorschlag zur Schaltung aus Bild 8.6. Die Original-Abmessungen sind 150 mm x 100 mm. Auch hier habe ich wieder viele Kupferpads vorgesehen. Neben der Möglichkeit für Modifikationen gleich Lötpads zur Verfügung zu haben, spart dies auch Ätzmittel oder Fräswerkzeug (bei Platinenfräsen) und minimiert den Kupferabfall (wo auch immer der ansonsten landen würde).

Das Layout ist so ausgelegt, dass der Leistungstransistor T1 direkt auf die Platine geschraubt werden kann, dann ist die maximal mögliche Belastung allerdings sehr gering. Wesentlich besser ist es, den Transistor auf einen großen Kühlkörper zu montieren (siehe Text).

An T1 fällt die in Wärme umzuwandelnde Leistung ab. Deshalb muss dieser Transistor auf einen großen Kühlkörper montiert werden. Da in meinem Aufbau der Kühlkörper des als Widerstand agierenden Transistors (Bild 8.8) nicht überragend groß ist, habe ich einen Lüfter vorgesehen, der die Luft im Gehäuseinnern nach außen bläst. Dieser Lüfter wird von einem Thermostat ein- bzw. ausgeschaltet. Dieser Thermostat ist mit einem Schmitt-Trigger aufgebaut, der in der Schaltung Bild 8.6 unten rechts zu sehen ist. Zusätzlich ist ein Bimetall-Thermostat auf dem Kühlkörper verschraubt, der bei einer Körpertemperatur von ϑ_K = *90 °C* den Stromfluss durch den Transistor unterbricht (im Bild 8.8 rechts gut zu sehen).

Zu beachten ist, dass der Transistor T1 2N3055 maximal *115 W* in Wärme umsetzen kann. Mit der maximal erlaubten Spannung von *50 V* an der Klemme J1, ist der maximal erlaubte Strom

$$I_{max} = \frac{P}{U} = \frac{115\,W}{50\,V} = 2{,}3\,A$$

Also ungefähr Mittelstellung des Potis im Bild 8.4 (J2 in Stellung *1 V*). Stellt man einen größeren Strom ein, kann T1 beschädigt werden. Ein Strom bis zu *5 A* darf nur eingestellt werden, wenn die angelegte Spannung 23 V nicht überschreitet.

Bild 8.8: Der "Lastwiderstand" der elektronischen Last.
Auf der Rückseite ist zusätzlich ein Bimetall-Thermostat aufgeschraubt.

Im Schaltbild (Bild 8.6) ist unten rechts der Schmitt-Trigger gezeichnet, der den Ventilator ein- oder ausschaltet. Im Schaltbild kann man sehen, dass die Temperaturerfassung mit dem NTC1K5 (R12) realisiert wurde. Dieser erfasst die Temperatur der Luft im Gehäuseinnern. Es wurde der gleiche NTC genutzt der auch im Kapitel 7.2.3 Verwendung fand ($R_{25°C} = 1500\ \Omega$, $B=3900$).

Ein ähnlicher Komparator wurde schon im Abschnitt 7.3 im Zusammenhang mit dem Signalisieren des Ladezustandes der Bleiakkumulatoren beschrieben.

Die vom Komparator genutzte Referenzspannung wird von D1 bereitgestellt und mit R22, R7, R3, R8 und U1 auf $U_{ref} = 1\ V$ *gebracht.* Diese liegt über R16 am U_+ Anschluss des Operationsverstärkers U1.

Die Schaltung des Komparators ist so aufgebaut, dass sich durch das Umschalten des Operationsverstärker-Ausgangs die am positiven Eingang U_+ anliegende Umschaltspannung ändert. Bei kühler Luft ist der Ventilator abgeschaltet. Der Ausgang von U1 (Pin 7) liegt auf Masse. Die Spannung an U_+ ist somit

$$U_{+in} = \frac{U_{ref}}{R16 + R13} \cdot R13 = \frac{1V}{10k\Omega + 1\,M\Omega} \cdot 1M\Omega \approx 0{,}99\,V$$

Wird der NTC (R12) erwärmt, sinkt die Spannung am U_- Eingang des Operationsverstärkers. Wird die Spannung U_{+in} unterschritten, dann springt der Ausgang auf "High". Im vorliegenden Fall bedeutet dies, er springt auf eine Spannung, die um *1,5 V* unterhalb der Versorgungsspannung des Operationsverstärkers liegt.

$$U_{out} = U_{batt} - 1{,}5\ V = 14\ V - 1{,}5\ V = 12{,}5\ V$$

Die *1,5 V* sind bauteilspezifisch und ich habe sie dem Datenblatt entnommen. Bei einem anderen Operationsverstärker ergäbe sich ein anderer Wert. Nun ändert sich die Spannung U_+ entsprechend dem Überlagerungsprinzip wie folgt:

$$U_+ = U_{out} - \frac{U_{out} - U_{ref}}{(R13 + R16)} \cdot R13 = 12{,}5\,V - \frac{12{,}5\,V - 1\,V}{(10\,k\Omega + 1\,M\Omega)} \cdot 1\,M\Omega \approx 1{,}11\,V$$

Jetzt sind die beiden Umschaltpunkte bekannt. Die Hysterese ist

$$U_{Hyst} = 1{,}11\,V - 0{,}99\,V = 0{,}12\,V$$

Der Lüfter soll bei einer Lufttemperatur von *50 °C* starten. Dem Bild 7.5 kann entnommen werden dass dazu ein Widerstand des NTC von etwa $R_{NTC40} = 550\ \Omega$ gehört. Damit am NTC eine Spannung von $U_{NTC40} = 0{,}99\ V$ anliegt, muss der Widerstand R11 ein Wert haben von

$$R11 = \frac{U_{batt} - U_{NTC40}}{\frac{U_{NTC\,40}}{R_{NTC\,40}}} = \frac{14\,V - 0{,}99\,V}{\frac{0{,}99\,V}{550\,\Omega}} \approx 7228\,\Omega$$

Aus der E12-Reihe erhält man diesen Widerstandswert aus einer Reihenschaltung bestehend aus einem Widerstand von *6,8 kΩ* und einem Widerstand von *470 Ω*. Steigt die Temperatur weiter, so sinkt die Spannung am U_- -Eingang des Operationsverstärkers U1 unter die Spannung, die am U_+ Eingang liegt und der Ausgang springt auf high, wodurch der Lüfter M1 anläuft.

Damit der Lüfter wieder ausschaltet muss die Spannung am Eingang U_+ über *1,11 V* ansteigen. Für den dazu notwendigen Widerstandswert des NTC R_{NTC} kann man ansetzen:

$$\frac{U}{R_{NTC} + R11} = \frac{U_{NTC}}{R_{NTC}}$$

Im Schaltbild (Bild 8.4) ist R_{NTC} identisch mit R12. *U* ist die Betriebsspannung von *14 V*. Entsprechend kann man umformen:

$$\frac{R_{NTC}+R11}{U}=\frac{R_{NTC}}{U_{NTC}}$$

$$\frac{R11}{U}=R_{NTC}\cdot\left(\frac{1}{U_{NTC}}-\frac{1}{U}\right)$$

$$R_{NTC}=\frac{R11}{\frac{U}{U_{NTC}}-1}=\frac{7270\,\Omega}{\frac{14\,V}{1{,}11\,V}-1}=626\,\Omega$$

Aus Bild 7.5 ergibt sich dazu die Temperatur von *etwa 46 °C*. Die Hysterese der Temperatur ist dann

$$\vartheta_{Hyst}=50\,°C-46\,°C=4\,°C$$

Durch Verkleinern des Widerstandswertes von R13 kann man die Hysterese vergrößern.

Da kein Strom in die Eingänge des Operationsverstärkers hineinfließt (zumindest theoretisch), hat der Widerstand R17 keine Bedeutung. Er kann auch durch eine Brücke ersetzt werden.

Die Leistungsfähigkeit der einstellbaren Last kann durch Parallelschalten eines weiteren Transistors 2N3055 erhöht werden. Details wie man das macht hatte ich im Kapitel 5 beschrieben.

Das Bild 8.9 zeigt meine elektronische Last beim Zusammenbau.

Bild 8.9: Meine elektronische Last während des Zusammenbaus. Der Kühlkörper mit Transistor und Bimetallschalter befindet sich bereits im (Holz-) Gehäuse. Die Platine ist noch außerhalb. Man erkennt den aufgebauten Hochsetzsteller aus [2].

8.5 Kleine Transformatoren-Hilfe

In [1] habe ich schon viele praktisch verwertbare Informationen über Netztransformatoren zusammengetragen. Einige weitere Tipps möchte ich hier ergänzen.

Im Kapitel 6 habe ich Netzteilschaltungen beschrieben, die mit „großen" Netztransformatoren arbeiten. Wird z.B. das im Abschnitt 6.5 beschriebene Netzteil tatsächlich mit einem *500-VA*-Netztransformator betrieben, dann ist der Einschaltstrom zu beachten. Bei einem solchen Transformator führt der Einschaltstrom durchaus schon zum Auslösen der gewöhnlichen Haushaltssicherungen bzw. -automaten. Die Auslösecharakteristik der Haushaltsautomaten (Leitungsschutzschalter) haben die Auslösecharakteristik H oder nach neuem System als A bezeichnet (Details dazu in [4]). Die Auslösecharakteristik ist „flink". Man kann den Automaten gegen einen mit der Auslösecharakteristik C austauschen. Dieser löst deutlich träger aus. Allerdings stellt sich das selbe Problem wieder, wenn das Netzgerät an einem anderen Stromkreis betrieben wird. Deshalb ist es besser im Gerät Vorkehrungen zu treffen, die den Einschaltstrom begrenzen. Im Schaltbild 6.23 ist dazu der NTC-Widerstand R9 vorgesehen. Diese Art zur Einschaltstrombegrenzung habe ich bereits in [2] vorgestellt. Alternativ kann man auch die in [2] vorgestellte Einschaltverzögerung einbauen. Zunächst wird der Transformator über einen Widerstand eingeschaltet. Dieser wird nach einer kurzen Zeit von einem Relaiskontakt überbrückt.

Wer den notwendigen Trafo im Fachhandel kauft, hat natürlich wenig Probleme mit den Daten, denn diese stehen im Katalog und sind zudem meistens aufgedruckt. Dabei wird der Sekundärspannungswert stets für die Nennlast angegeben. Im Leerlauf oder bei Teillast misst man um so höhere Werte, je kleiner der Transformator ist. Ein Transformator für *300 VA* oder *500 VA* ist teuer. Deshalb empfehle ich, nach gebrauchter Ware Ausschau zu halten. Es gibt zahlreiche gebrauchte Transformatoren die tadellos funktionieren. Beim Kauf auf Trödelmärkten und beim Ausschlachten von Geräten sollte man über den Trafo so viele Informationen wie möglich sammeln. Manchmal sind auch schon kleine Hinweise hilfreich, z.B. in Form von noch lesbaren Schriftfragmenten oder über die Verbindung zu anderen Bauteilen, falls der Trafo noch irgendwo eingebaut ist. Ansonsten bleibt nur die Möglichkeit, die Daten selbst zu ermitteln.

Handelt es sich um einen Transformator mit genormter Baugröße dann helfen Tabellenwerke wie [4]. Dort sind die Baugrößen und die zugehörigen Leistungen zusammengestellt. Allerdings finden sich in ausgemusterten Geräten zunehmend Trafos aus ausländischer Produktion, mit anderen als die in den EU-Normen festgelegten Abmessungen. Hier kann eine Faustformel $P_{trafo} = f(m)$ zur Abschätzung der entnehmbaren Wirkleistung helfen:

$$P_{trafo} \approx m \cdot 40 \frac{W}{kg} \qquad \{8.7\}$$

m ist die Masse des Transformators in *kg*

Die Wirkleistung ist bei guten Transformatoren im Nennbetrieb sehr nahe bei der Scheinleistung. Für einen *500-VA*-Transformator kann man dann umgekehrt feststellen, dass dieser eine Masse hat von

$$m \approx \frac{P_{trafo}}{40\frac{W}{kg}} = \frac{500\,W \cdot kg}{40W} = 12{,}5\,kg$$

Es ist also ein sehr stabiles Chassis erforderlich. Bei der Montage lohnt es sich vor allem bei größeren Transformatoren, auch den mechanischen Aufbau zu beachten. Damit bei Belastung nicht Brummen durch mechanisches Schwingen entsteht, sollten die Kerne bei Schnittbandkerntrafos möglichst durchgeschweißt sein. Falls die Kernbleche verschraubt sind, ist es zur Geräuschunterdrückung hilfreich, wenn diese in Trafolack getränkt sind. Dadurch wird auch gleichzeitig die Wicklung gegen Feuchtigkeit geschützt.

Auch macht es Sinn schwere Trafos auf Schwingmetallpuffer, so genannte „Silentblöcke" zu montieren. Diese gibt es z.B. im Autohandel. Sie wurden dort z.B. zur Montage von Wasserkühler in Autos mit Verbrennungsmotor verwendet und sind noch als Ersatzteile erhältlich. Diese Maßnahme hilft ebenfalls Brummgeräusche zu unterdrücken.

Ringkerntrafos kann man auf dicken Filzzwischenlagen (alternativ: hochfestes Tesamoll) zentral mit einem Gewindebolzen und einer Druckplatte befestigen.

Mit dem Ohmmeter misst man zwischen allen Anschlüssen des Transformators die Gleichstromwerte aus. Beim Durchmessen zeigt es sich, dass eine oder mehrere Wicklungen hochohmiger sind als andere. Jetzt wäre die Kenntnis des ehemaligen Einsatzes hilfreich: War es kein Röhrengerät, dann ist die hochohmige Wicklung die Primärwicklung. Es gilt: Die Primärwicklung ist um so niederohmiger, je größer der Trafo ist. Eine Stichproben von 17 Transformatoren unterschiedlichster Leistung ergaben den folgenden Zusammenhang:

$$\frac{S}{[VA]} = 706 \cdot \left(\frac{R_{prim}}{\Omega}\right)^{-0{,}77} \quad \text{für } 0{,}8\ \Omega \leq R \leq 2500\ \Omega \qquad \{8.8\}$$

S ist die Scheinleistung des Transformators. Das Ergebnis ist als gute Näherung zu bewerten. Wer nicht rechnen möchte kann auch das Diagramm aus Bild 8.10 nutzen.

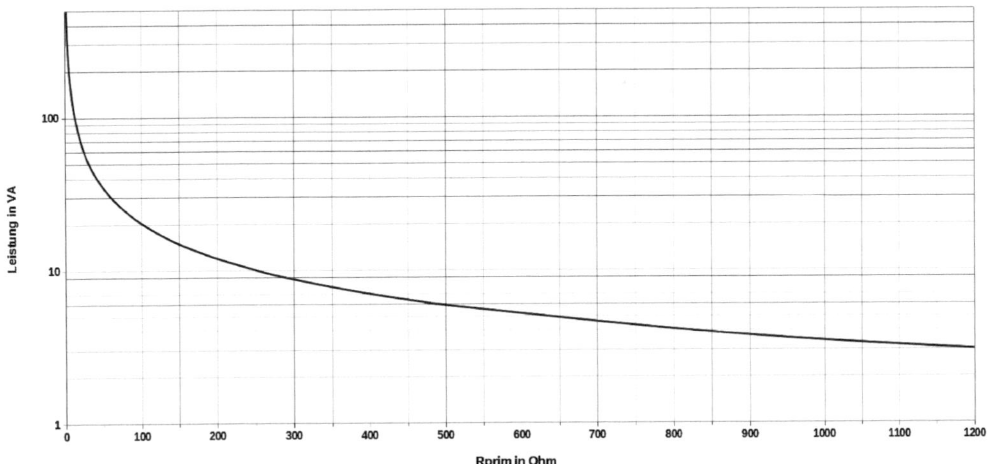

Bild 8.10: Ungefähre Ausgangsleistung über dem ohmschen Widerstand der Primärwicklung (Diagramm zur Gleichung {8.8}).

Bei Trafos zum Anschluss an *115 V* oder *230 V* misst man zwei fast identische Widerstandswerte. Diese sind in Reihe zu schalten. Sie stellen die Primärwicklung dar. Bei Unsicherheiten bezüglich der Zusammenschaltung bietet es sich an zunächst eine kleine, ungefährliche Wechselspannung anzuschließen.

Noch ein Hinweis zur Lage der Primärwicklung. Soweit es kein Trafo mit Zweikammeraufbau ist, befindet sie sich immer unter den Sekundärwicklungen, d.h. ihre Anschlüsse kommen in Kernnähe heraus.

Dann sollte im Hochohmbereich geprüft werden, ob zwischen den Wicklungen ein Nebenschluss (eine Verbindung zwischen den Wicklungen) existiert. In diesem Fall ist der Trafo unbrauchbar. Der Schaden ließe sich nur durch Umwickeln beheben.

Ist man sich sicher, die Primärwicklung zu kennen, kann man die Netzspannung *(230 V~)* anschließen. Ist man sich nicht sicher oder möchte vorsichtig sein, dann empfiehlt sich der erste Betrieb in Reihenschaltung mit einer Glühlampe. Ich habe mir dazu ein Hilfsmittel aufgebaut (Bild 8.11). Man kann damit jeden Verbraucher zunächst über eine Glühlampe in Reihenschaltung betreiben. Leuchtet die Lampe nicht mit voller Helligkeit und ist die Sekundärspannung kleiner als erwartet, dann ist ein Fehler unwahrscheinlicher geworden und man kann die Glühlampe mit dem Schalter überbrücken.

Es empfiehlt sich, dabei den Leerlauf-Wechselstrom zu messen. Als Erfahrungswert gilt, dass der gemessene Wert in *mA* der Leistung entspricht. Beispiel: bei einem *30-VA*-Trafo werden ca. *30 mA* gemessen. Größere Abweichungen nach oben oder unten deuten auf eine Berührung zweier nebeneinander liegender Windungsdrähte oder gar auf einen Lagenschluss hin. Auf jeden Fall sollte man vor den weiteren Messungen den Trafo etwa eine halbe Stunde im Leerlauf am Netz belassen. Danach darf er sich nicht nennenswert erwärmt haben.

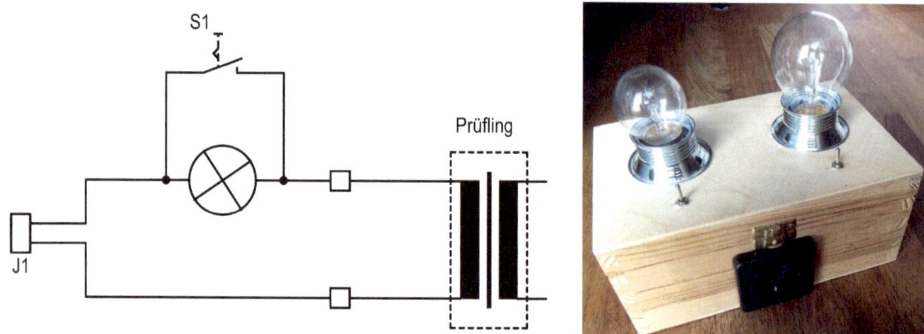

Bild 8.11: Hilfsmittel mit dem Verbraucher zunächst über eine in Reihe geschaltete Glühlampe betrieben werden kann. Links: Schaltbild; rechts: praktisch aufgebautes Gerät mit zwei unterschiedlichen Glühlampen (40 W und 200 W).

Windungsschlüsse (Kurzschlüsse innerhalb einer Wicklung) lassen sich mit ohmscher Messung nur sehr bedingt bis gar nicht feststellen. Mit etwas Erfahrung und einem Oszilloskop geht es aber. Bei Verdacht auf Windungschluss lädt man einen Kondensator mit der sekundären Nennspannung auf. An die Sekundärwicklung misst man die Spannung mit einem Oszilloskop. Die Primärwicklung bleibt offen. Dann schließt man den Kondensator an die Sekundärwicklung und beobachtet das Ergebnis auf dem Oszilloskop.

Im Bild 8.12 sind typische Ergebnisse zu sehen: Links ist das Oszillogramm bei einem Transformator ohne Windungsschluss zu sehen. Die Schwingung klingt allmählich aus. Rechts ist ein typisches Bild bei Vorliegen eines Windungsschlusses. Aufgrund des Windungsschlusses wird die Schwingung sehr stark gedämpft. Es sind in der Regel mehrere Versuche notwendig um Messergebnisse zu erhalten die die Problematik so schön zeigen wie im Bild 8.12.

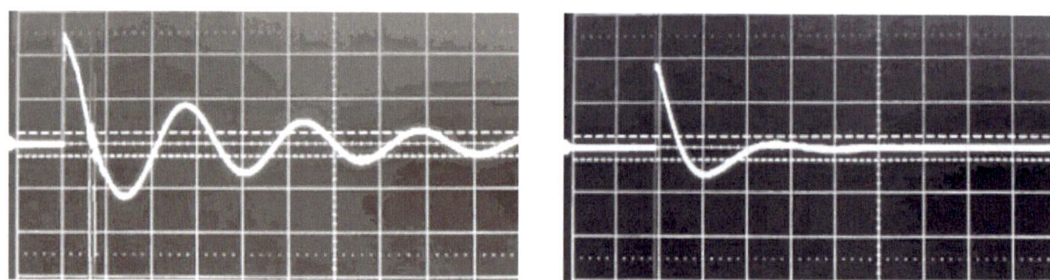

Bild 8.12: Ergebnis ohne (links) und mit Windungsschluss (rechts). Details siehe Text.

Zum Schluss dieses Abschnittes noch eine Betrachtung für vorsichtige Maker und Funkamateure. Wenn man Recycling ernst nimmt stößt man noch oft auf alte Transformatoren, deren Primärwicklung für eine Netzspannung von *220 V* ausgelegt ist. Die aktuelle Netzspannung ist *230 V. Das sind 4,5 % m*ehr. Normalerweise muss man nichts beachten und kann den Transformator auch mit *230 V* betreiben. Tatsächlich werden die Netztransformatoren aber bis kurz vor der magnetischen Sättigung betrieben. Weitere Erhöhung der Anschlussspannung führt dann dazu, dass der Strom sehr stark ansteigt, ohne dass mehr Leistung auf die Sekundärseite übertragen wird. Das kann dann passieren, wenn sich der Wert der aktuellen Anschlussspannung an der oberen Toleranzgrenze befindet. Gemäß der

Vereinbarungen in der Norm EN 60038 beträgt die zulässige Toleranz ±*10 %*. Somit wäre die höchste Spannung *253 V*. Bezogen auf 220 V sind das dann schon *15 %* zuviel. Auch die Sekundärspannung steigt dann entsprechend an. Wer vorsichtig ist kann einen Widerstand in Reihe schalten. An diesem fällt dann die Differenz zwischen *230 V* und *220 V*, also 10 V, ab. Das gilt dann nur für Nennlast. Allerdings ist gerade Nennlast die kritische Arbeitssituation.

Zur Auslegung geht man von der Nennbelastung und von rein ohmscher Belastung aus. Ich habe für das lineares Netzteil ohne Spannungsanzeige aus Kapitel 6.7 dem im Bild 8.13 abgebildeten Transformator gefunden. Er hat zwei Sekundärwicklungen. Jede Wicklung liefert maximal 4 A bei einer Spannung von $15\ V_{eff}$. Zusammen macht das eine maximale Ausgangsleistung von

$$P_{sek}=2\cdot(U_{eff}\cdot I_{max})=2\cdot(15\,V\cdot 4\,A)=120\,W$$

Für die Auslegung des geplanten Widerstandes reicht es, wenn wir annehmen, dass diese Leistung auch in die Primärwicklung "hineinfließt". Bei einer effektiven Anschlussspannung von 230 V gehört dazu ein Primärstrom von

$$I_{prim}=\frac{P_{max}}{U_{eff}}=\frac{120\,W}{230\,V}\approx 0{,}522\,A$$

Damit wir an unserem Widerstand *R*, den wir in Reihe mit der Primärwicklung schalten, einen Spannungsabfall von *10 V* erhalten, muss dieser einen Widerstandswert haben von

$$R=\frac{10\,V}{0{,}522\,A}\approx 19{,}16\,\Omega$$

Der nächste Wert aus der E12-Reihe wäre dann *18 Ω. D*ieser Widerstand muss die elektrische Leistung von

$$P=I^2\cdot R=(0{,}522\,A)^2\cdot 18\,\Omega\approx 5\,W$$

in Wärme umwandeln können. Bei Nennleistung wird dann der Transformator mit seiner ursprünglich vorgesehenen Nennspannung von *220 V* belastet. Zumindest dann, wenn auch die aktuelle Netzspannung gerade ihren Nennwert hat.

Bild 8.13: Ein alter Transformator aus der Zeit als die Netzspannung noch einen Wert von U_{eff} = 220 V hatte.

8.6 Schutzschaltungen

Netzteile, die hohe Ströme liefern können, stellen auch immer eine Gefahr dar. Das Netzteil aus Bild 6.23 kann Ausgangsströme bis zu *24 A* liefern. Bei einer Ausgangsspannung von *13,8 V* ergibt dies eine Leistung von *331,2 W*. Mit den Informationen aus Kapitel 5 sollte der Leser in der Lage sein, Stromversorgungsgeräte zu konstruieren, mit denen noch höhere Ausgangsströme möglich sind.

Derartige Ströme können im Kurzschlussfall schnell einen Brand verursachen. Man kann ein starkes Relais am Ausgang des Netzteils als Kurzschlussschutz nutzen. Bei einem Festspannungsnetzteil (*13,8 V* ist bei Funkamateuren beliebt) kann man den Schaltungsvorschlag aus Bild 8.14 nutzen. Mit dem Starttaster S1, der sich an der Frontplatte befindet, wird die Ausgangsspannung an J2 freigeschaltet. Das Relais RE1 zieht an und hält sich selbst. Bei einem Kurzschluss am Ausgang bricht die Spannung zusammen, so dass das Relais abfällt und den Stromfluss unterbricht. Erst bei erneuter Betätigung von S1 wird die Spannung wieder auf die Ausgangsbuchsen geschaltet. Relais die hohe Ströme schalten können, gibt es z.B. in Kraftfahrzeugen mit Spulen-Nennspannungen von *12 V* (PKW) oder *24 V* (LKW, Busse). Bild 8.15 zeigt dazu zwei Beispiele. Sie werden häufig auch im Restposten-Handel zu geringen Preisen angeboten.

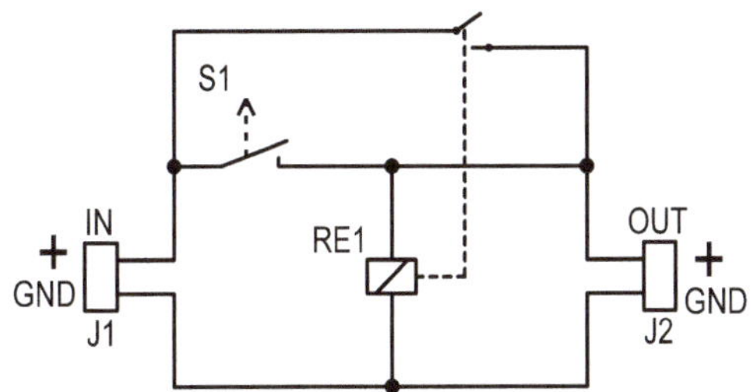

Bild 8.14: Vorschlag für einen Kurzschlussschutz am Ausgang bei einem Hochstrom-Netzteil.

Bild 8.15: Beispiele für ein Hochstromrelais.
Links für 12 V / 50 A.
Rechts für 24 V / 40 A (wegen der eingebauten Freilaufdiode ist bei diesem Relais die Polung an der Spule zu beachten).

Neben Kurzschlüssen am Ausgang kann auch durch einen Defekt eine zu hohe Spannung an den Ausgangsklemmen anliegen. Ein angeschlossenes Gerät würde zerstört werden. Es ist demnach sinnvoll, auch für den Fall einer etwaigen Überspannung am Ausgang eine Abschaltung vorzusehen

Im Abschnitt 2.2 hatte ich die Parallelstabilisierung vorgestellt. Dabei handelt es sich um so etwas wie den Ersatz für Hochleistungs-Z-Dioden. Bei einem Festspannungsnetzteil kann man eine entsprechende Schaltung am Ausgang des Netzteils vorsehen. Diese wird bei Überspannung leitend und löst z.B. die eingebaute Schmelzsicherung aus.

Besonders Effektiv ist die Schaltung nach Bild 8.16. Die Anschlüsse J1 und J2 verbindet man mit dem Ausgang des Stromversorgungsgerätes. An den Anschlüssen J3 und J4 schließt man das zu versorgende Gerät an. Überschreitet die Spannung am Widerstand R4 den Schwellwert von 5,8 V (Zenerspannung von D1 plus $U_{BE.T1}$) wird der Thyristor Th1 gezündet. Dieser schließt die Ausgangsklemmen kurz und die Sicherung F1 löst aus. Damit ist der Verbraucher vom Netzgerät getrennt. Der Kondensator C1 verhindert, dass kurze, noch ungefährliche Überspannungen zum Auslösen der Sicherung führen. Damit sind z.B. Überspannungen beim Abschalten des Verbrauchers durch parasitäre Induktivitäten oder durch Unzulängichkeiten der Spannungsregler-Schaltung gemeint. Rechnerisch zündet der Thyristor bei

$$U_{J1.J2}=U_{J3.J4}=\frac{U_Z+U_{BE.T1}}{R4}\cdot(R4+R5)$$

bzw. mit Bauteilwerten dann:

$$U_{J1.J2}=U_{J3.J4}=\frac{5{,}8\,V}{1000\,\Omega}\cdot(1000\,\Omega+R5)$$

Interessant ist, mit welchem Wert R5 bestückt werden muss. Zur Vereinfachung schreibe ich

$$U=U_{J1.J2}=U_{J3.J4}$$

Dann kann ich schreiben

$$R5=U\cdot\frac{1000\,\Omega}{5{,}8\,V}-1000\,\Omega$$

Gemäß dieser Gleichung kann die Schaltung erst ab einer Spannung von *5,8 V* funktionieren. Dann nämlich ist R5 durch eine Drahtbrücke zu ersetzen. R5 kann auch nicht beliebig groß gewählt werden. Es muss schon ein signifikanter Strom von einigen Milliampere fließen können. Die Funktion ist gewährleistet bei etwa

$$5{,}8 \leq U \leq 40\,V$$

Bei anderen Spannungen muss R4 und damit auch R5 geändert werden. Für die (nicht nur bei Funkamateuren) beliebte Ausgangsspannung von *13,8 V* bestücke ich R5 mit einem *1500 Ω* Widerstand. Bild 8.17 zeigt den zugehörigen Abschaltvorgang.

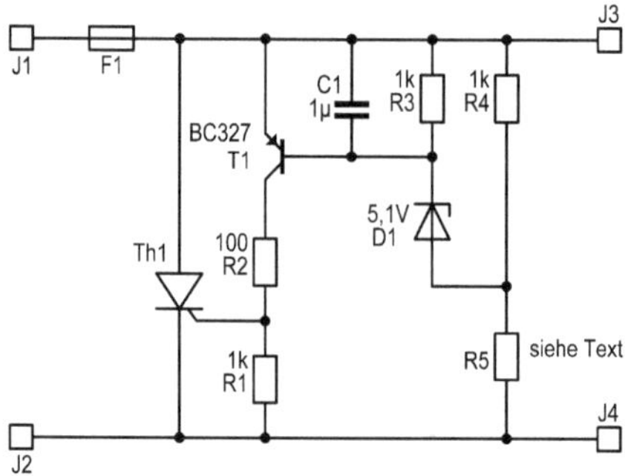

Bild 8.16: Überspannungsschutz.

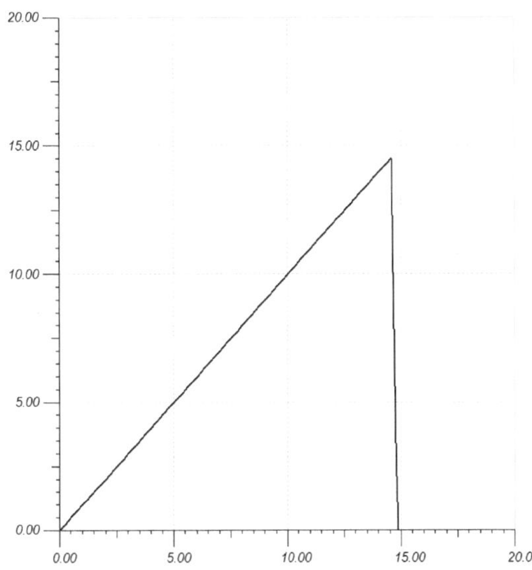

Bild 8.17: Abschaltvorgang der Schaltung nach Bild 8.16 für R5 = 1500 Ω. Abszisse: Spannung $U_{J1.J2}$ in Volt; Ordinate: Spannung $U_{J3.J4}$ in Volt.

Bibliographie

[1] Zantis, F.P. "Stromversorgung ohne Stress, Band 1: Grundlagen"
Elektor Verlag Aachen 2011, ISBN 978-3-89576-248-2

[2] Zantis, F.P. "Stromversorgung ohne Stress, Band 2: Anwendungen, Applikationen und Bauanleitungen"
Elektor Verlag Aachen 2018, ISBN 978-3-89576-331-1

[3] Zantis, F.P. "Stromversorgung ohne Stress, Band 3: Energy Harvesting"
Elektor Verlag Aachen 2021, ISBN 978-3-89576-454-7

[4] Machon et.al. "Friedrich Tabellenbuch Elektrotechnik/Elektronik"
Bildungsverlag E1NS 2020, ISBN 978-3427530305

[5] Bartsch, H.-J. "Taschenbuch Mathematischer Formeln"
Verlag Harri Deutsch, Thun und Frankfurt/Main 1984, ISBN 3 87144 774 9

[6] Diedrich/Zantis "Filtern ohne Stress"
Elektor Verlag Aachen 2009, ISBN 978-3-89576-190-4

[7] Zantis, F.P. "Wie versorgt man einen Shack mit Solarenergie?"
GRIN-Verlag München 2022, ISBN 978-3-34668-014-3

[8] Nührmann, D. "Werkbuch Elektronik"
Franzis Verlag München, 1979, ISBN 3-7723-6541-8

[9] ITT "Dioden, Z-Dioden, Gleichrichter, Thyristoren 1974/75"
Datenbuch der Firma INTERMETALL semiconductors ITT

[10] Zantis, F.P. "Mikrocontroller für Maker und Funkamateure"
GRIN-Verlag 2022, ISBN 978-3-34600-336-2 (e-Book)

[11] Zantis, F.P. "Die quadratische Funktion"
Elrad 1989, Heft 9, Seite 70-72

[12] Zantis, F.P. "Gerade und Parabel in der Praxis"
Elrad 1989, Heft 10 Seite 69-70

[13] Götz, M. "Leitungskompensation an Stromversorgungen"
Funkamateur 2016, Heft 4, Seite 358-359

[14] Reiser, U. "Verlustleitungsreduzierung durch elektronische Trafoumschaltung"
Funkamateur 1993, Heft 1, Seite 48

[15] Zantis, F.P. "Formfaktoren"
Elektor 1989, Heft 6, Seite 70-72

[16] Krüger, H. "Der Trick mit dem Akkumulator"
Funkamateur 1998, Heft 4, Seite 442-443

Formelzeichen

b	Breite
c	spezifische Wärmekapazität $J/(kg \cdot K)$
d	Dicke
F	Formfaktor oder Korrekturfaktor oder Kraft in Newton
I	elektrischer Strom in A (Ampere)
l	Länge
P	elektrische Wirkleistung oder Wärmeleistung
$\dot{Q}$	Wärmestrom oder Wärmeleistung
Q	Bildleistung in var
R	elektrischer Widerstand (Resistor)
R_{th}	thermischer Widerstand
R_{thJC}	thermischer Widerstand zwischen Sperrschicht (Junction) und Gehäuse (Case)
R_{thCS}	thermischer Widerstand zwischen Bauteilgehäuse (Case) und Kühlkörper (Sink)
R_{thSA}	thermischer Widerstand zwischen Kühlkörper (Sink) und Umgebungsluft (Ambiente)
R_{thCA}	thermischer Widerstand zwischen Bauteilgehäuse (Case) und Umgebungsluft (Ambiente)
S	Siebfaktor oder Scheinleistung in VA
T	Temperatur in K (Kelvin, absolute Temperatur)
ΔT	Temperaturdifferenz in K (Kelvin)
U	elektrische Spannung in V (Volt)
U_{eff}	Effektivspannung
U_F	Dioden-Durchflussspannung (Spannung in Durchlassrichtung; F für Forward)
U_N	Nennspannung in V
$\hat{U}$	Scheitelspannung; höchste vorkommende Spannung
U_{CEsat}	Kollektor-Emitter-Sättigungsspannung
u	Spannung, Wechselanteil
u_{eff}	Effektivspannung, Wechselanteil
$\hat{u}$	Scheitelspannung, Wechselanteil
U_+	Spannung am positiven Eingang des Operationsverstärkers
U_-	Spannung am negativen Eingang des Operationsverstärkers
ϑ	Temperatur in °C
ϑ_A	Umgebungstemperatur (A für Ambiente)
ϑ_C	Gehäusetemperatur (C für Case; z.B. bei Halbleitern)
ϑ_J	Sperrschichttemperatur (J für Junction; bei Halbleitern)
$\Delta\vartheta$	Temperaturdifferenz in K (Kelvin)
X_C	kapazitiver Blindwiderstand
X_L	induktiver Blindwiderstand

Stichwortverzeichnis